Arbeitsbuch Optik und Quantenphänomene

Der Lehrstoff anhand ausgewählter Aufgaben

von
Andreas Kratzer

Mit 37 Bildern und 15 Tabellen

R. Oldenbourg Verlag München Wien 1994

Die Deutsche Bibliothek - CIP-Einheitsaufnahme

Kratzer, Andreas:
Arbeitsbuch Optik und Quantenphänomene : der Lehrstoff
anhand ausgewählter Aufgaben / von Andreas Kratzer. - 1. Aufl.
- München ; Wien : Oldenbourg, 1994
  ISBN 3-486-22887-0

Gesamtherstellung: R. Oldenbourg Graphische Betriebe GmbH, München

ISBN 3-486-22887-0

Inhaltsverzeichnis

A Optik   **13**

1 Einführung   **13**
  1.1 Historischer Überblick 13
      1.1.1 Newtons Korpuskulartheorie 18
  1.2 Wellen 18
      1.2.1 Einleitung 18
      1.2.2 Wellengleichung in Kugelkoordinaten 20
  1.3 Komplexe Schreibweise 22
      1.3.1 Einleitung 22
      1.3.2 Die Benutzung der komplexen Darstellung 23
      1.3.3 Realteil eines komplexen Produkts 26
  1.4 Fourier–Reihe und Fourier–Integral 27
      1.4.1 Einleitung 27
      1.4.2 Fourier–Reihen (Einführung) 28
      1.4.3 Fourier–Transformation 31

2 Die elektromagnetische Theorie des Lichts   **36**
  2.1 Die Wellengleichung und ihre Lösungen 36
      2.1.1 Einleitung 36
      2.1.2 Grundwissen über Maxwellgleichungen 37
  2.2 Energie und Impuls von Licht 43
      2.2.1 Einleitung 43
      2.2.2 Die elektromagnetische Welle 44
      2.2.3 Strahlungsflußdichte 45
      2.2.4 Bestrahlungsstärke 46
      2.2.5 Strahlungsdruck 48
      2.2.6 Strahlungsdruck der Sonne 48
  2.3 Phasen– und Gruppengeschwindigkeit 49
      2.3.1 Einleitung 49
      2.3.2 Gruppengeschwindigkeit 51
      2.3.3 Auseinanderlaufen eines Pulses 52
      2.3.4 Phasengeschwindigkeit 52
  2.4 Dispersion von Licht 53
      2.4.1 Einleitung 53
      2.4.2 Polarisationsmechanismen 58
      2.4.3 Die erzwungene, gedämpfte Schwingung 59

	2.4.4	Plasmaschwingungen	65
2.5		Elektromagnetische Wellen an Grenzflächen	69
	2.5.1	Einleitung	69
	2.5.2	Herleitung der Fresnelschen Gleichungen	71
	2.5.3	Lichtbrechung (planparallele Glasplatte)	74
	2.5.4	Fresnelsche Gleichungen: Senkrechter Lichteinfall	75
	2.5.5	Totalreflexion	77
	2.5.6	Das Pulfrich-Refraktometer	78
	2.5.7	Brewsterwinkel	80
	2.5.8	Intensitätsverlust durch Reflexion	83

3 Die geometrische Optik — **84**

3.1		Das Fermatsche Prinzip	84
	3.1.1	Einleitung	84
	3.1.2	Herleitung des Snelliusschen Gesetzes	84
3.2		Die optische Abbildung	85
	3.2.1	Einleitung	85
	3.2.2	Ebener Spiegel	93
	3.2.3	Brennpunkte	94
	3.2.4	Näherung dünner Linsen	95
	3.2.5	Dünne Linse	96
	3.2.6	Dünne Linsen – drei Medien	97
	3.2.7	Dicke Linse	98
	3.2.8	Laterale und axiale Vergrößerung	99
	3.2.9	Systemmatrix einer dünnen Linse	100
	3.2.10	System dünner Linsen	101
	3.2.11	Teleobjektiv	103
	3.2.12	System dicker Linsen	104
3.3		Linsenfehler	107
	3.3.1	Einleitung	107
	3.3.2	Reflektoren	110
	3.3.3	Achromate	110
	3.3.4	Achromatisches Linsensystem	114
	3.3.5	Beste Form einer Linsen	116

4 Die Welleneigenschaften von Licht — **120**

4.1		Beugung	120
	4.1.1	Einleitung	120
	4.1.2	Doppelspaltexperiment	125
	4.1.3	Der Doppelspalt als Refraktometer	126
	4.1.4	Linienbreite eines Beugungsgitters	127
4.2		Interferenz	127
	4.2.1	Einleitung	127
	4.2.2	Kohärenz	129
	4.2.3	Zweistrahl-Interferenz	130
	4.2.4	Satellit	132

4.2.5   Jamin–Interferometer 132
4.2.6   Newtonsche Ringe 134
4.2.7   Interferenzfilter 135
4.3   Anwendungen von Beugung und Interferenz 136
4.3.1   Einleitung 136
4.3.2   Auflösungsvermögen I 137
4.3.3   Auflösungsvermögen II 138
4.3.4   Schärfentiefe 140
4.3.5   Radioastronomie 142
4.4   Die Polarisation von Licht 146
4.4.1   Einleitung 146
4.4.2   Dichroismus 148
4.4.3   Brewster Fenster 148
4.4.4   Gekreuzte Polarisatoren 149
4.4.5   Das Wollaston–Prisma 151
4.4.6   Phasenverschiebungs–Plättchen 152
4.4.7 $\lambda/2-$ und $\lambda/4-$Plättchen 154
4.4.8 $\lambda/4-$Plättchen 157
4.4.9   Optische Aktivität 157
4.4.10 Depolarisatoren 159

B Quantenphänomene und Atomphysik   161

5 Einführung – Historischer Überblick   161

5.1   Lichtquanten 161
5.2   Atomphysik 163

6 Wellen und Teilchen   169

6.1   Photonen 169
6.1.1   Einleitung 169
6.1.2   Photoeffekt 170
6.1.3   Austrittsarbeit verschiedener Metallen 171
6.1.4   Strahlungsdruck 172
6.1.5   Compton–Effekt 173
6.1.6   Compton– und Photoeffekt 176
6.1.7   Energieauflösende γ–Detektoren 177
6.1.8   Wechselwirkungen zwischen Photonen und Nukleonen 178
6.1.9   Gravitationsrotverschiebung 179
6.2   Emission von Licht 181
6.2.1   Einleitung 181
6.2.2   Lambert–Strahler 185
6.2.3   Grenzfälle der Planckschen Strahlungsformel 186
6.2.4   Das Stefan–Boltzmannsche Strahlungsgesetz 187
6.2.5   Oberflächentemperatur von Erde und Sonne 188
6.2.6   Solare Radiostrahlung 189

    6.2.7   Sonnenstrahlung 191
6.3 Materiewellen 193
    6.3.1   Einleitung 193
    6.3.2   Klassische Teilchen 196
    6.3.3   Die Schrödingergleichung I 196
    6.3.4   Die Schrödingergleichung II 198
    6.3.5   Wellenpakete 202
    6.3.6   Elektronen im Kern 204

7 Aufbau der Atome   **205**
7.1 Das Bohrsche Atommodell 205
    7.1.1   Einleitung 205
    7.1.2   Das Bohrsche Atommodell des Wasserstoffs 209
    7.1.3   Bohrsche Bahn im Wasserstoff 211
    7.1.4   Korrespondenzprinzip 212
    7.1.5   Linienspektrum des Heliumions 213
    7.1.6   Myonium 214
    7.1.7   Röntgenspektroskopie 215
    7.1.8   Röntgenstrahlung 216

Sachwortverzeichnis   **218**

Vorwort

Die Idee zum vorliegenden Buch entstand während der Übungen zur Vorlesung **Physik III**, gehalten von Prof. Dr. G.M. Kalvius im Wintersemester 1992/1993 an der Technischen Universität München (TUM). Ziel war zunächst die Vertiefung des Vorlesungsstoffes und seine Ergänzung an ausgesuchten Stellen. Da zu dieser Zeit auch das lang erwartete Lehrbuch "Physik III" (Körner, Zinth) Gestalt annahm, konnte der hierin behandelte Stoff ebenfalls bereits berücksichtigt werden.

Das vorliegende Buch ist aber keine reine Aufgabensammlung. Es wurde vielmehr besonderer Wert auf die Qualität der Lösungen und weniger auf die Anzahl der Aufgaben gelegt. Zudem wurde jedem Abschnitt eine Zusammenfassung des Lehrbuchstoffes vorangestellt. Damit ist dieses Buch auch für Studenten anderer Universitäten zur Vertiefung des Stoffes und zur Prüfungsvorbereitung geeignet.

Der erste Teil des Buches ist der *Optik* gewidmet, der zweite Teil trägt die Überschrift *Quantenphänomene und Atomphysik*. Beide Teile beginnen mit einem historischen Überblick. Die Lektüre dieser Abschnitte ist durchaus zu empfehlen, zeigen sie doch wie aufregend die Entwicklung verlaufen ist. Speziell für den Einstieg in das Gebiet der Quantenmechanik ist es, so glaube ich, eine Erleichterung sich zunächst mit den historischen Fakten auseinanderzusetzen.

Ansonsten folgt die Gliederung des Buches weitestgehend der Kapitelfolge des Lehrbuches "Physik III", so daß es auch als Ergänzung des Lehrbuches dienen kann. An einigen Stellen finden sich auch Hinweise auf dieses Lehrbuch.

Außer dem Band "Physik III" dienten als Nachschlagewerk vor allem die Lehrbücher "Optics" von E. Hecht und "Introduction to Classical and Modern Optics" von J.R. Mayer–Arendt. Zusätzliche Anregungen und Informationen wurden Unterlagen der Firmen Melles–Griot und Rodenstock entnommen.

Das Manuskript wurde mit dem Makropaket LaTeX des Textverarbeitungssystems TeX erstellt. Die Bilder wurden entweder mit den Möglichkeiten von LaTeX oder mit dem Graphikpaket GRAPHX von G. Rudolf, Paul-Scherrer-Institut, Villigen, Schweiz produziert.

Für ihre Hilfe bei der Durchsicht des Manuskripts möchte ich mich bei Hans–Henning Klauß und den Betreuern der Übungen herzlich bedanken. Stellvertretend für letztere stehen Uwe van Bürck, Stefan Henneberger, Stefan Schlipf und Ernst Schreier.

Da trotz aller Mühe Fehler nie auszuschließen sind, bin ich natürlich für alle diesbezüglichen Hinweise und weitere Verbesserungsvorschläge dankbar.

A. Kratzer

Verzeichnis der Tabellen

2.1 Feldgrössen und Konstanten der Elektrodynamik. 36
2.2 Begriffe im Zusammenhang mit Dispersion. 54
2.3 Brechungsindizes optischer Gläser 57
2.4 Stetigkeitsbedingungen elektromagnetischer Felder 69
2.5 Fresnelsche Gleichungen: Phasenverschiebung bei äußerer und innerer Reflexion. 77

3.1 Brechungsindizes für Kronglas und Flintglas. 110

4.1 Beugung am Spalt und einer kreisförmigen Öffnung. 123
4.2 Typische Größenordnungen der Kohärenzlänge. 128

6.1 Eigenschaften der Photonen. 169
6.2 Austrittsarbeiten einiger Metalle. 171
6.3 Strahlungsfeldgrößen. 182
6.4 Die Sonne und ihre Wärmestrahlung. 189
6.5 Welleneigenschaften (Materiewellen) 193
6.6 Die Heisenbergschen Unschärferelationen 195

7.1 Serien des Wasserstoffspektrums. 205

Verzeichnis der Abbildungen

1.1 Vergleich der Gesichtsfelder verschiedener Teleskope. 17
1.2 Gruppen- und Phasengeschwindigkeit 20
1.3 Fourier-Reihe der Rechteckfunktion. 30
1.4 Fourier-Reihe der Sägezahnfunktion. 31
1.5 Fourier-Reihe der Rechteckfunktion bis $m = 317$. 32
1.6 Fourier-Transformation des Rechteckpulses (Spalt) 33
1.7 Fourier-Transformation der gedämpften Kosinusschwingung 34
1.8 Gaußfunktion 35

2.1 Schwebungen (Erläuterung von Phasen- und Gruppengeschwindigkeit) 50
2.2 Die erzwungene, gedämpfte Schwingung (Amplitude und Phase) 62
2.3 Die erzwungene, gedämpfte Schwingung (Leistungsaufnahme) 63
2.4 Die erzwungene, gedämpfte Schwingung (Lorentzform) 64
2.5 Der Realteil der Dielektrizitätskonstante 64
2.6 Das Pulfrich-Refraktometer 79

3.1 Herleitung des Snelliusschen Gesetzes 84
3.2 Gebräuchliche Linsenformen. 86
3.3 Sphärische Grenzfläche 89
3.4 Ebener Spiegel 94
3.5 Dünne Linse (virtuelles Bild). 97
3.6 Linsensystem mit Zwischenbild 101
3.7 Linsensystem mit Hauptebenen 102
3.8 System dicker Linsen 106
3.9 Chromatische Aberration an einer dünnen Linse 116
3.10 Chromatische Aberration an einem Linsensystem 116

4.1 Beugung am Spalt 122
4.2 Beugung am Doppelspalt 123
4.3 Beugung am Gitter 124
4.4 Der Interferenzkontrast 131
4.5 Jamin-Interferometer 133
4.6 Schärfentiefe einer "Wegwerf"-Kamera 141
4.7 Gekreuzte Polarisatoren (Malussches Gesetz) 150
4.8 Polarisation - Lage des Koordinatensystems 155

6.1 Compton-Effekt 173
6.2 Impulshöhenspektrum 177

6.3   Wiensches und Stefan–Boltzmannsches Gesetz 183
6.4   Plancksche Strahlungsformel und Wiensches Verschiebungsgesetz 185
6.5   Grenzfälle der Planckschen Strahlungsformel 187

A. Optik

1. Einführung

1.1 Historischer Überblick

In diesem Abschnitt wird ein detaillierterer historischer Überblick gegeben als im Lehrbuch. Speziell wird die Verbindung der Entwicklung der Optik mit der Entwicklung der Astronomie aufgezeigt. Letztere bestimmte einerseits das Weltbild, hatte andererseits aber auch große praktische Bedeutung wie z.B. für die Ortsbestimmung in der Seefahrt. In neuerer Zeit waren und sind Optik und Astronomie eng verflochten mit theoretischen Erkenntnissen in Quantenmechanik und Relativitätstheorie.

Hinweise auf optische "Instrumente" finden sich schon sehr früh. Erste Anwendungen   **1900** B.C. der Optik sind Spiegel. Erste Theorien zur Optik werden von den griechischen Philosophen entworfen. In griechischen Schauspielen wird die Benutzung von Brenngläsern   **400** B.C. (also Linsen) erwähnt. EUCLID erkennt die geradlinige Ausbreitung des Lichts und   **300** B.C. formuliert ein Reflexionsgesetz.

HERO VON ALEXANDRIA sieht als Grundprinzip, daß das Licht den kürzesten Weg zwischen zwei Punkten nimmt (das erweist sich später als falsch).

Von CLEOMEDES wird die Lichtbrechung studiert.   **50**

Zu dieser Zeit sind wesentliche Fortschritte der Wissenschaften nur in der arabischen Welt zu verzeichnen. Der arabische Naturforscher IBN AL–HAITHAM, der mit lateinischen Namen ALHAZEN genannt wird, ist hier besonders zu erwähnen. Er beschäftigt sich mit Reflexionsgesetzen, untersucht verschiedene Spiegelformen und gibt eine Be-   **1000** schreibung des menschlichen Auges.

Schließlich gewinnt auch die europäische Wissenschaft an Bedeutung. ROGER BACON ($\approx$1214–1292), der als Begründer des Begriffs "Naturgesetz" gilt, findet Abbildungsge-   **1200** setze für konvexe Linsen und sagt das Teleskop (allerdings mehr als magisches Instrument) vorher. Gelegentlich wird er auch als Erfinder der *Brille* genannt. Brillen werden im Abendland erstmals gegen Ende des 13. Jahrhunderts hergestellt.

LEONARDO DA VINCI (1452–1519) beschreibt die *camera obscura*, die man auf ALHA-   **1400** ZEN zurückführt.

Jetzt beginnt die Blütezeit der Optik. 1608 beantragt HANS LIPPERSHEY in Holland ein   **1600** Patent[1] für ein *Teleskop*. GALILEO GALILEI (1564–1642) baut ebenfalls ein Teleskop und beginnt 1609 mit astronomischen Untersuchungen. Er findet dadurch Beweise für

---

[1] Der Antrag wird aber zurückgewiesen.

ein neues Weltbild mit der Sonne als Mittelpunkt[2].

JOHANNES KEPLER (1571–1630) ersetzt das konkave Okular beim Galileischen Teleskop durch ein konvexes. Damit erreicht er ein größeres Gesichtsfeld, allerdings steht das Bild am Kopf. Er findet außerdem die Totalreflexion und die Näherung kleiner Winkel beim Brechungsgesetz. In seinem Buch "Dioptrice" (1611) beschreibt er das Keplersche und das Galileische[3] Teleskop.

In Leyden formuliert WILLEBRORD SNELL (1591–1626) das Brechungsgesetz (1621). Die bekannte Formulierung mit der trigonometrischen Sinusfunktion stammt von RENÉ DESCARTES (1596–1650), der es 1637 veröffentlicht[4].

Verbesserungen am Keplerschen Teleskop stammen u.a. von FRANCISCO FONTANA (1580–1656) aus Neapel. Untersuchungen über Abbildungsfehler führten zu sehr langen Teleskopen. CHRISTIAAN HUYGENS (1629–1695) benutzt 1655 bei der Entdeckung des ersten Saturnmondes ein 7 m–Teleskop; später werden noch Teleskope bis über 40 m Länge gebaut (HEVELIUS, Danzig).

Abweichend von HERO findet PIERRE DE FERMAT (1601–1665) das Prinzip der kürzesten Zeit als Grundprinzip der Lichtausbreitung. GRIMALDI (1618–1663) untersucht die Lichtbeugung. ROBERT HOOKE (1635–1703), der vor allem durch das erste Lehrbuch über Mikroskopie bekannt wird, untersucht Interferenzen an dünnen Filmen. Hier beginnt die *Wellentheorie* des Lichts.

Die Entscheidung zwischen Korpuskular– und Wellentheorie spielt eine wichtige Rolle im Leben ISAAC NEWTONS (1642–1727). Dieser bevorzugt schließlich die Korpuskulartheorie. Er studiert auch die Farbzerlegung mit einem Prisma und findet, daß das Snellsche Brechungsgesetz für jede einzelne Farbe gilt. Er zeigt, daß die Farbaufspaltung proportional der Ablenkung ist und schließt daraus, daß das Keplersche Teleskop nur durch Vergrößerung der Länge (dünne Linsen = lange Brennweite) leistungsfähiger gemacht werden kann, da dadurch der Farbfehler[5] verringert wird. NEWTON glaubt, daß die chromatische Aberration nicht korrigiert werden kann. Er findet aber eine andere Lösung, das *Spiegelteleskop*[6] (Reflektor). Spiegelteleskope wurden auch von JAMES GREGORY 1663 und von N. CASSEGRAIN 1672 entwickelt. NEWTONS Teleskop war die einfachste Konstruktion (1672). Allerdings ist, da zu der Zeit nur Metallspiegel bekannt sind, die Herstellung guter Spiegel problematisch.

Die Wellentheorie wird durch HUYGENS weiter ausgebaut. Er findet, daß sich Licht im optisch dichteren Medium langsamer ausbreitet (Erklärung der Brechung mit ebenen Wellen!). Er entdeckt die Polarisation des Lichts (an Calcite). Der Däne OLE RÖMER (1644–1710) beweist die Endlichkeit der Lichtgeschwindigkeit mit astronomischen Methoden. Er benutzt dazu die Variationen der Zeitabstände der Verfinsterungen des innersten Jupitermondes Io, die mit dem Abstand von der Erde zusammenhängen.

1700 Der Schweizer LEONHARD EULER (1707–1783) verteidigt die Wellentheorie. Auch glaubt er weiterhin an die Korrektur der chromatischen Aberration und übt damit,

---

[2] Die Entdeckung der Jupitermonde bewies z.B. das nicht alle Himmelskörper um den gleichen Mittelpunkt kreisen müssen.

[3] Diese Konstruktion wird heute z.B. bei Operngläsern noch verwendet.

[4] Der Engländer THOMAS HARRIOT hat es 1597 schon benutzt, aber nicht veröffentlicht.

[5] Der Farbfehler (chromatische Aberration) wird durch die unterschiedliche Brechung verschiedener Farben verursacht. Er ist das Hauptproblem der alten Teleskope.

[6] Der Bau des ersten Spiegelteleskops wird ROBERT HOOKE zugeschrieben.

genau wie SAMUEL KLINGENSTJERNA (1698–1765) und CHESTER MOORE HALL Kritik an NEWTON.

JOHN DOLLOND (1706–1761) bekommt 1758 ein Patent auf seine achromatischen Linsen[7]. 1765 gelingt PETER DOLLOND (1730–1820) ein Teleskop mit Achromaten, das alle früheren Refraktoren in den Schatten stellt. Mit 1 m Brennweite hat es dieselbe Leistungsfähigkeit wie ältere Teleskope mit 20 m Brennweite.

Da die Herstellung der Flintglaslinsen, die für die Achromaten verwendet werden, sehr schwierig ist, geht auch die Entwicklung der Reflektoren weiter. WILHELM HERSCHEL (1738–1822), aus Hannover und ursprünglich Organist, wird in England berühmt für seine Reflektoren und ein bedeutender Astronom. Die Qualität seiner Spiegelteleskope führt zur Entdeckung von Uranus. 1789 stellt HERSCHEL ein Spiegelteleskop von 12 m Brennweite und 1.2 m Öffnung fertig. Weiters untersucht er die Erwärmung durch verschiedene Farben und entdeckt das infrarote Licht (1800). Übrigens hat zu dieser Zeit CARL FRIEDRICH GAUSS (1777–1855) seine Fehlerrechnung entwickelt und kann sie zur Vorbestimmung der Position des Planetoiden Ceres verwenden, der nach einigen wenigen Ortsbestimmungen in der Nähe der Sonne nicht mehr beobachtbar war.

JOHANN RITTER entdeckt 1801 das ultraviolette Licht. W.H. WOLLASTON (1766–1828) findet 1802 die schwarzen Linien im Sonnenspektrum (*Fraunhofersche Linien*). Der Schweizer PIERRE GUINAND findet eine Methode Glasschmelze zu rühren und kann so bessere Rohlinge herstellen. Im Jahr 1805 holt ihn JOSEPH VON UTZSCHNEIDER nach München. GUINAND bildet JOSEPH FRAUNHOFER (1787–1826) aus. FRAUNHOFER wird Partner von UTZSCHNEIDER. Er erfindet das Spektroskop und untersucht damit die *Fraunhoferschen Linien*[8] im Sonnenspektrum. Diese Linien dienen von nun an zur Bestimmung des Brechungsindex neuer Glassorten. Zunächst arbeitet auch FRAUNHOFER mit Prismen, später verwendet er Beugungsgitter. 1800

Spektroskopie

Durch Entwicklung von Spektroskopie und Photographie (auf welche hier nicht näher eingegangen wird) wird aus der Astronomie die Astrophysik. Die Spektroskopie wird zur Untersuchung vieler Lichtquellen benutzt und man entdeckt die kontinuierlichen Spektren heißer Festkörper und die Linienspektren in Flammen und Funken. Auch der Zusammenhang zwischen Wellenlänge und Farbe wird jetzt offensichtlich.

1833 findet DAVID BREWSTER (1781–1868) Absorptionslinien mit Stickoxidgas. Dies war der erste Hinweis auf die Herkunft der Fraunhoferschen Linien. Der Mathematiker GEORGE STOKES und der Astronom ANDERS ÅNGSTRÖM (1814–1874) kommen der richtigen Theorie sehr nahe, aber GUSTAV KIRCHHOFF (1824–1887) ist der erste, der eine Theorie über die Fraunhoferschen Linien veröffentlicht. Zusammen mit dem Chemiker ROBERT BUNSEN (1811–1899) untersucht er die Spektrallinien von Atomen. Er findet, daß ein mäßig heißes Gas vor einer heißen Quelle mit kontinierlichem Spektrum einige Linien absorbiert. Ist die Quelle dagegen kälter als das Gas, überlagert das Gas dem Spektrum der Quelle Linien (Emissionslinien). Wir kommen darauf im Teil B zurück.

Einer der ersten, der ein Gitter-Spektroskop einsetzt, ist ÅNGSTRÖM. Er führt auch die Einheit *Ångström* (Å), natürlich mit anderem Namen, ein. Heute ist die standardisierte

---

[7] MOORE HALL hat schon 20 Jahre vorher ein achromatisches Linsensystem gebaut, es aber nicht patentieren lassen.

[8] Man spricht immer von Linien, da die Spektrometer im allgemeinen Schlitze als Apertur haben.

Einheit das Nanometer ($1\,\mathrm{nm} = 10\,\text{Å}$).

Wellen-
theorie

Nach 1800 hat sich auch die Wellentheorie weiterentwickelt. THOMAS YOUNG (1773–1829) greift die Wellentheorie wieder auf und führt das Prinzip der Interferenz ein. AUGUSTIN FRESNEL (1788–1827) beginnt mit der Betrachtung von Kugelwellen. Er kann die geradlinige Ausbreitung herleiten. Da er von longitudinalen Wellen ausgeht hat er natürlich Probleme mit der Polarisation. YOUNG schlägt Transversalwellen im Äther vor. Die alte Korpuskulartheorie stirbt langsam.

Teleskope

Durch die Entdeckung der achromatischen Linsensysteme erlangten Refraktoren im 19. Jahrhundert eine sehr große Bedeutung. Bei der Weltausstellung in London wird 1851 demonstriert wie man Glas mit einer sehr dünnen Silberschicht überziehen kann. 1856 baut STEINHEIL in München erstmals ein Spiegelteleskop mit versilberten Glasspiegeln. Kurz darauf gelingt dies auch LÉON FOUCAULT (1819–1868) in Paris.

1850

HIPPOLYTE FIZEAU (1819–1896) führt die erste terrestische Messung der Lichtgeschwindigkeit durch. FOUCAULT benutzt eine Anordnung von WHEATSTONE (1802–1875) zur Messung der Dauer von elektrischen Entladungen um die Lichtgeschwindigkeit in Wasser zu messen (Drehspiegelmethode). Das Ergebnis ($c_{\mathrm{Wasser}} < c_{\mathrm{Luft}}$) ist mit Newtons Korpuskulartheorie nicht vereinbar (siehe Aufgabe 1.1.1).

MICHAEL FARADAY (1791–1867) findet, daß die Polarisationsrichtung eines Lichtstrahls durch ein starkes Magnetfeld verändert werden kann.

MAXWELL schlägt 1879 ein Experiment vor, um die Existenz des Äthers zu beweisen. ALBERT MICHELSON (1852–1931) führt es 1881 in Potsdam durch und wiederholt es zusammen mit EDWARD MORLEY (1838–1923) 1887 mit gesteigerter Präzision. Ergebnis: Der Äther ist absolut stationär zur Erde. Aber: Die stellare Aberration kann nur mit einer relativen Bewegung des Äthers erklärt werden.

JULES POINCARÉ (1854–1912) äußert 1899 Zweifel an der Existenz des Äthers. Auch ALBERT EINSTEIN (1879–1955) geht in seiner speziellen Relativitätstheorie vom leeren Raum aus und behauptet, daß sich das Licht unabhängig von der Geschwindigkeit der Quelle mit der konstanten Geschwindigkeit c ausbreitet.

Elektro-
dynamik

Der Schotte JAMES MAXWELL (1831–1879) veröffentlicht seine dynamische Theorie des elektromagnetischen Feldes 1864. Er deutet Licht als elektromagnetische Strahlung und vermutet eine solche Strahlung auch in anderen Wellenlängenbereichen. Er zeigt, daß die Ausbreitung elektromagnetischer Wellen im Vakuum mit der Geschwindigkeit $c = 1/\sqrt{\varepsilon_0\mu_0}$ erfolgt[9]. HEINRICH HERTZ (1857–1894) beweist 1888 die Existenz der Radiowellen.

1900

Das Jahr 1900 ist auch der Beginn der Quantenmechanik, die durch MAX PLANCK (1858–1947) eingeführt wird. 1905 führt EINSTEIN eine neue Korpuskulartheorie ein. Er veröffentlicht seine spezielle Relativitätstheorie. EINSTEIN erklärt auch den Photoeffekt, der zunächst in der Photozelle und später im Photovervielfacher Anwendung findet. NIELS BOHR (1885–1962) behandelt 1913 die Quantenmechanik des Wasserstoffatoms. Darüber mehr im historischen Überblick von Teil B.

Jetzt werden auch immer mehr Spiegelteleskope gebaut. Die Refraktoren sind an einer Grenze angelangt, da die großen Linsen zu schwer werden und, im Gegensatz zu Spiegeln, ja nur am Rand gelagert werden können. 1917 wird ein $2.5\,\mathrm{m}$ Spiegelteleskop gebaut an dem EDWIN HUBBLE arbeitet. Die Maßangabe bezieht sich in neuerer Zeit

---

[9] ε_0 ist die Influenzkonstante und μ_0 ist die Induktionskonstante.

auf den Durchmesser. 1924 wird in Potsdam erstmals eine Photozelle für die Astronomie verwendet. Durch die Entwicklung der Quantenmechanik können die gemessenen Sternspektren gedeutet werden.

Um 1930 findet man eine Methode Aluminium statt Silber für die Spiegel zu verwenden. Diese Spiegel sind viel haltbarer. Ein weiterer Fortschritt ist die neue Glassorte "Pyrex", die weniger temperaturempfindlich ist. Damit wird der 5 m Spiegel für den Mt. Palomar gebaut. Elektronische Lichtdetektoren werden weiterentwickelt. Es entstehen auch Teleskope mit größerem Gesichtsfeld (beim Cassegrain–Spiegelteleskop entsteht nur entlang der Achse ein vollkommenes Bild). Das Chrétien–Teleskop ist durch einen hyperbolisch (statt parabolisch) geschliffenen Hauptspiegel gekennzeichnet (Gesichtsfeld etwa 1 Grad). BERNHARD SCHMIDT (1879–1935) benutzt in Hamburg eine Linse zur Korrektur der Spiegelfehler. Da die Linse nur unwesentlich von einer flachen Glasscheibe abweicht, ist ihre chromatische Aberration vernachlässigbar, aber sie ist extrem schwer zu schleifen. Große *Schmidt-Spiegel* haben ein Gesichtsfeld von etwa 5 Grad. Bild 1.1 gibt einen Eindruck von den Größenordnungen bei der Diskussion von Gesichtsfeldern.

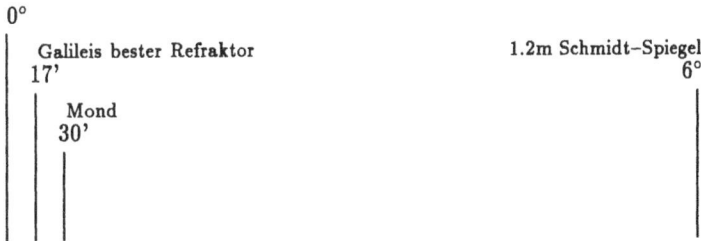

0°
Galileis bester Refraktor   1.2m Schmidt–Spiegel
17'   6°
Mond
30'

Bild 1.1: Eine wichtige Größe bei Teleskopen ist das Gesichtsfeld. Es ist entscheidend für Himmelsdurchmusterungen. Seine Vergrößerung war neben der Verbesserung der Auflösung immer ein Hauptanliegen der Konstrukteure. Dieses Bild vergleicht die Gesichtsfelder eines Refraktors und eines modernen Reflektors mit der Größe des Mondes.

In neuerer Zeit werden weitere Theorien entwickelt. Dazu gehören Fourier–Transformation, "transfer functions" und "spatial filtering". Computer berechnen komplexe Linsen und Linsensysteme.   **1950**

Die Radioastronomie entwickelt sich immer stärker. Dies hängt natürlich auch mit der Entwicklung der Radargeräte im 2. Weltkrieg zusammen.

Schließlich wird der LASER erfunden. Holographie und Nachrichtenübertragung werden entwickelt.   **1960**

Aber auch die Entwicklung im Teleskopbau ist noch nicht beendet. Materialien mit noch geringerem Ausdehnungskoeffizienten (Cervit und Quarz) werden verwendet. Aktive Optiken werden entwickelt.

1.1.1   Newtons Korpuskulartheorie

Aufgabe:

Wie Sie sicher wissen kann elektromagnetische Strahlung Wellen- und Teilcheneigenschaften zeigen. Die Lichtteilchen heißen *Photonen*. Sie wurden von ALBERT EINSTEIN "entdeckt". Vor EINSTEIN versuchte man auch schon eine *Teilchentheorie* des Lichtes zu formulieren. Es sollte eine rein mechanistische Theorie werden. NEWTON war der berühmteste Verfechter dieser Theorie. Versuchen Sie sich an der Formulierung einer Theorie. Reflexion, Brechung und Beugung müssen erklärt werden. Wo ist die Grenze einer solchen Theorie?

Lösung:

In einer mechanistischen Theorie werden von einer Lichtquelle Lichtteilchen ausgesandt, die von unserem Auge registriert werden können. Diese Teilchen durchfliegen den leeren Raum geradlinig mit einer bestimmten Geschwindigkeit. Damit läßt sich bereits die Reflexion rein mechanisch erklären (Billardkugeln). Für die Lichtbrechung müssen wir eine Kraft annehmen, die auf unsere Teilchen in der Nähe der Oberfläche anderer Stoffe wirkt und eine Geschwindigkeitsänderung hervorruft.

Natürlich kommen wir nicht mit einer Teilchenart aus, sondern wir brauchen ein Teilchen für jede Farbe des Spektrums. Die für die Brechung verantwortlichen Kräfte wirken auf diese Teilchen verschieden. Deshalb kann ein Prisma die Farben sortieren. Da es verschiedene Teilchen sind, kann sie aber ein zweites Prisma auch wieder vermischen. (Beispiel: Pulver aus gelben und blauen Körnern, das vermischt grün erscheint.)

Nach dieser Theorie kann es aber keine Beugung geben, sondern alle Gegenstände müssen scharf begrenzte Schatten werfen.

Außerdem müßte die Geschwindigkeit der Teilchen aufgrund der postulierten Kräfte im Medium zunehmen. Dies wurde experimentell widerlegt.

Der berühmteste Anhänger dieser Theorie war NEWTON. Da sich die Beugung nur bei entsprechend kleinen Objekten auswirkt, erfolgte eine experimentelle Entscheidung zwischen Korpuskular- und Wellentheorie erst um 1800 durch YOUNG und FRESNEL. Aber auch die Wellentheorie brauchte zunächst noch ein neues Medium, den Äther. HUYGENS hat seine Wellentheorie ja mit Wasser- und Schallwellen verglichen.

Entscheidend bei der Wellentheorie ist, daß Energie und nicht Materie weitergegeben wird. Aber immerhin brauchte man damit nur einen neuen Stoff und nicht eine Unzahl verschiedenfarbiger Lichtkorpuskeln.

1.2   Wellen

1.2.1   Einleitung

Wir setzen im folgenden voraus, daß die Geschwindigkeit der Welle <u>unabhängig</u> von deren Frequenz ist. Ein zeitliches konstantes *Wellenprofil*, das sich mit der positiven

Geschwindigkeit v in $+x$-Richtung bewegt, wird beschrieben durch die Funktion

$$\Psi = f(x,t) = f(x - vt).$$ (1.1)

Die eindimensionale Wellengleichung lautet

$$\frac{\partial^2 \Psi}{\partial x^2} = \frac{1}{v^2} \frac{\partial^2 \Psi}{\partial t^2}.$$

Da die Wellengleichung eine Differentialgleichung zweiter Ordnung ist, gibt es zwei linear unabhängige Lösungen. Eine allgemeine Lösung können wir folgendermaßen schreiben:

$$\Psi = C_1 f(x - vt) + C_2 g(x + vt).$$

Die Funktionen f und g müssen natürlich zweimal differenzierbar sein. Bei der Konstruktion dieser Lösung haben wir ausgenutzt, daß eine lineare Superposition von Lösungen möglich ist, da die Wellengleichung eine lineare Differentialgleichung ist, und daß die Geschwindigkeit von der Frequenz unabhängig ist. Folglich gilt diese Konstruktion nicht im *dispersiven* Medium (siehe Abschnitt 2.4).

Die dreidimensionale Wellengleichung lautet

$$\nabla^2 \Psi = \frac{1}{v^2} \frac{\partial^2 \Psi}{\partial t^2}.$$ (1.2)

Eine Lösung dieser Gleichung ist die ebene Welle[10] in der allgemeinen Form

$$\Psi = C_1 f\left(\vec{r}\,\frac{\vec{k}}{k} - vt\right) + C_2 g\left(\vec{r}\,\frac{\vec{k}}{k} + vt\right).$$ (1.3)

Eine ebene harmonische dreidimensionale Welle ist durch

$$\Psi = A_0 \exp\left(i\vec{k}(\vec{r} \mp \vec{v}t) + \delta\right) \quad \text{mit} \quad A_0 = \text{const.}$$ (1.4)

oder unter Benutzung der Kreisfrequenz $\omega = 2\pi\nu = 2\pi/T$

$$\Psi = A_0 \exp\left(i\left(\vec{k}\vec{r} \mp \omega t\right) + \delta\right) \quad \text{mit} \quad A_0 = \text{const.}$$ (1.5)

gegeben. Dabei ist δ die Anfangsphase. Eine Kugelwelle wird in Aufgabe 1.2.2 behandelt.

Da die Wellengleichung eine lineare Differentialgleichung ist, gilt, wie schon erwähnt, das *Superpositionsprinzip*:

Sind Ψ_1 und Ψ_2 Lösungen der Wellengleichung, so ist auch $\Psi_1 + \Psi_2$ eine Lösung.

Außerdem erfüllt, falls $\Psi(x)$ eine Lösung der Wellengleichung ist, auch $a\Psi(x)$ die Wellengleichung, wobei a eine Konstante ist.

Die Welle breitet sich in Richtung des *Wellenvektors* $\vec{k}$ aus. Ist die mit der Welle verbundene Störung, wie z.B. im Fall der Schallwelle, ebenfalls in Richtung von $\vec{k}$, so spricht man von einer *longitudinalen* Welle. Ist die Störung dagegen senkrecht zu $\vec{k}$, so handelt es sich um eine *transversale* Welle.

Aus den Maxwellschen Gleichungen folgt:

---

[10] Eine *ebene Welle* ist eine Welle, deren Flächen gleicher Phase Ebenen sind.

Elektromagnetische Wellen sind transversale Wellen.

Ist die Schwingungsebene im Raum fixiert, so sprechen wir von einer *linear polarisierten* Welle. Offensichtlich verhält sich die Wellenfunktion also wie eine Vektorgröße. Die Schwingungsebene wird durch die vektorielle Amplitude $\vec{A}_0$ festgelegt.

Wir haben bisher nur von der Geschwindigkeit v der Welle gesprochen. Wir müssen aber aufgrund der *Dispersion*, also der Abhängigkeit der (Phasen-)Geschwindigkeit der Welle von deren Frequenz, zwischen *Phasen–* und *Gruppengeschwindigkeit* unterscheiden. Der Grund dafür ist, daß wir in der Praxis keine streng *monochromatischen* Wellen haben, da diese sowohl zeitlich als auch räumlich unendlich ausgedehnt sein müßten (siehe Abschnitt 1.4 und Gleichung 1.15). Eine Überlagerung mehrerer Frequenzen hat aber zur Folge, daß sich im dispersiven Medium die Welle und ihre Einhüllende mit verschiedenen Geschwindigkeiten bewegen.

Die *Phasengeschwindigkeit* ist die Geschwindigkeit mit der sich ein Phasenpunkt der Welle bewegt:

$$v_{\mathrm{ph}} = \frac{\omega}{k}\,.$$

Die *Gruppengeschwindigkeit* ist die Geschwindigkeit mit der sich ein Phasenpunkt der Einhüllenden bewegt:

$$v_{\mathrm{gr}} = \frac{\mathrm{d}\omega}{\mathrm{d}k}\,.$$

Bild 1.2 soll den Unterschied zwische Phasen– und Gruppengeschwindigkeit verdeutlichen. Näheres dazu in Abschnitt 2.3.

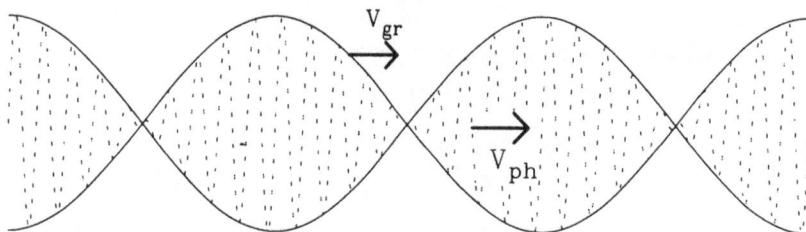

Bild 1.2:   Ein Phasenpunkt der Welle bewegt sich mit der Phasengeschwindigkeit; ein Phasenpunkt der Einhüllenden bewegt sich mit der Gruppengeschwindigkeit.

Hinweis:
Im Fall elektromagnetischer Wellen ist die Wellengleichung äquivalent zu den Maxwellgleichungen und kann aus diesen abgeleitet werden.

1.2.2   Wellengleichung in Kugelkoordinaten

Aufgabe:

Eine ebene Welle, wie man sie aus der Wellengleichung in kartesischen Koordinaten erhält, ist eine Idealvorstellung. Alle Lichtstrahlen sind divergent und haben deshalb gekrümmte Wellenfronten. Kartesische Koordinaten sind also nicht immer von Vorteil.

Von besonderer Bedeutung ist die Punktlichtquelle als idealisierte Form einer Lichtquelle (siehe z.B. Abschnitt 4.1.1, *Huygenssches Prinzip*). In diesem Fall liegt es nahe
Kugelkoordinaten statt kartesischer zu verwenden.

1. Schreiben Sie die Wellengleichung für kugelsymmetrische Wellen. Gehen Sie dazu
   von der Darstellung von x, y und z in Kugelkoordinaten aus und berücksichtigen
   sie die Symmetrie des Problems.

2. Geben Sie die allgemeine Lösung dieser Wellengleichung an.

Lösung:

1. In Kugelkoordinaten lauten die kartesischen Koordinaten

$$x = r \sin \Theta \cos \Phi, \quad y = r \sin \Theta \sin \Phi, \quad z = r \cos \Theta .$$

Da wir ein kugelsymmetrisches Problem betrachten, ist unsere Wellenfunktion
unabhängig vom Winkel ($\Psi(\vec{r}) = \Psi(r)$). Natürlich legen wir unseren Koordina-
tenursprung an den Ort der Punktlichtquelle.

Wir leiten jetzt den Laplace–Operator für $\Psi(r)$ aus der kartesischen Form des
Laplace–Operators her. Für die x–Koordinate schreiben wir die Umformung im
Detail:

$$\frac{\partial \Psi}{\partial x} = \frac{\partial \Psi}{\partial r} \frac{\partial r}{\partial x}$$

und

$$\frac{\partial^2 \Psi}{\partial x^2} = \frac{\partial^2 \Psi}{\partial r^2} \left(\frac{\partial r}{\partial x} \right)^2 + \frac{\partial \Psi}{\partial r} \frac{\partial^2 r}{\partial x^2}$$

Um die Ableitungen nach x einsetzen zu können, verwenden wir:

$$x^2 + y^2 + z^2 = r^2$$

und erhalten damit:

$$\frac{\partial r}{\partial x} = \frac{x}{r} \quad \text{und} \quad \frac{\partial^2 r}{\partial x^2} = \frac{1}{r} \frac{\partial x}{\partial x} + x \frac{\partial (1/r)}{\partial x} = \frac{1}{r} \left(1 - \frac{x^2}{r^2} \right) .$$

Einsetzen ergibt:

$$\frac{\partial^2 \Psi}{\partial x^2} = \frac{x^2}{r^2} \frac{\partial^2 \Psi}{\partial r^2} + \frac{1}{r} \left(1 - \frac{x^2}{r^2} \right) \frac{\partial \Psi}{\partial r} .$$

Genauso bilden wir die Ableitungen nach y und z. Der Laplace–Operator ist die
Summe der zweiten Ableitungen nach den kartesischen Koordinaten:

$$
\begin{aligned}
\nabla^2 \Psi &= \frac{\partial^2 \Psi}{\partial x^2} + \frac{\partial^2 \Psi}{\partial y^2} + \frac{\partial^2 \Psi}{\partial z^2} \\
&= \frac{x^2 + y^2 + z^2}{r^2} \frac{\partial^2 \Psi}{\partial r^2} + \frac{1}{r} \left(3 - \frac{x^2 + y^2 + z^2}{r^2} \right) \frac{\partial \Psi}{\partial r} \\
&= \frac{\partial^2 \Psi}{\partial r^2} + \frac{2}{r} \frac{\partial \Psi}{\partial r} \\
&= \frac{1}{r} \frac{\partial^2}{\partial r^2} (r \Psi) .
\end{aligned}
$$

Die Wellengleichung sieht damit, nach Multiplikation mit r, folgendermaßen aus:

$$\frac{\partial^2}{\partial r^2}\left(r\Psi\right) = \frac{1}{v^2}\frac{\partial^2}{\partial t^2}\left(r\Psi\right).$$ (1.6)

2. Wie man sofort sieht, ist Gleichung 1.6 eine eindimensionale Wellengleichung in der Variablen r für die Funktion $(r\Psi)$. Die allgemeine Lösung ist also:

$$\Psi(r,t) = C_1\frac{f(r-vt)}{r} + C_2\frac{g(r+vt)}{r}.$$ (1.7)

Der erste Term beschreibt eine Welle, die sich vom Ursprung wegbewegt, der zweite eine Welle, die sich zum Ursprung hinbewegt. Letzterer wird in der Elektrodynamik aus physikalischen Gründen oft weggelassen, womit aber die Symmetrie der Maxwellgleichungen bezüglich der Zeit aufgehoben wird.

Bemerkung:
Der Spezialfall der *harmonischen* Kugelwelle ist:

$$\Psi(r,t) = \frac{A}{r}\exp\left(ik\left(r\mp vt\right)\right).$$

Beachten Sie, daß A die *Quellstärke* ist und nicht die Amplitude der Welle. Die Amplitude einer jeden Kugelwelle nimmt mit $1/r$ ab. Dies ist eine Konsequenz der Energieerhaltung. Gleichzeitig ist damit die Kugelwelle unser erstes Beispiel einer Welle, deren Profil nicht erhalten bleibt. Weiters ist zu beachten, daß man für diese Lösung fordern muß, daß $r \gg d$ und $\lambda \gg d$ sind, wobei d die Dimension der Quelle ist. Für $r \to 0$ würde sich sonst $A_0 = A/r \to \infty$ ergeben. Dies kommt aber nur daher, daß wir in unserer Gleichung am Ursprung keine Quelle berücksichtigt haben. Dies ist physikalisch natürlich nicht sinnvoll. Irgendwas muß die Welle ja verursachen und unser $r \to 0$ Problem wird dadurch entschärft.

1.3   Komplexe Schreibweise

1.3.1   Einleitung

Es ist oft vorteilhaft die komplexe Exponentialdarstellung bei Schwingungen und Wellen zu wählen. Die Physik findet sich im Realteil wieder, aber der Rechenaufwand ist oft geringer. Grundlage dieser Darstellung ist die *Euler–Gleichung*:

$$\exp(i\Theta) = \cos\Theta + i\sin\Theta.$$ (1.8)

FEYNMAN bezeichnet diese Gleichung als die bemerkenswerteste Formel der Mathematik. Wir verwenden sie, um das Problem der harmonischen Schwingungen mit Hilfe einer Exponentialfunktion behandeln zu können. Dies ist viel leichter als die Arbeit mit Sinussen und Kosinussen.

1.3.2 Die Benutzung der komplexen Darstellung

Aufgabe:

1. Lösen Sie die Gleichung

$$\frac{d^2x}{dt^2} + \frac{kx}{m} = \frac{F}{m}$$

einmal mit trigonometrischen Funktionen und einmal mit komplexen Exponentialfunktionen. Die Kraft F sei $F_0 \cos \omega t$. Um welches physikalische Problem handelt es sich?

2. Zeigen Sie, daß die Exponentialfunktion eine Lösung der Wellengleichung ist.

3. Schreiben Sie die Fourier–Reihe

$$f(x) = \frac{A_0}{2} + \sum_{m=1}^{\infty} A_m \cos mkx + \sum_{m=1}^{\infty} B_m \sin mkx$$

in komplexer Exponentialform.

Lösung:

Die Darstellung $\exp(ix) = \cos x + i \sin x$ (*Euler Gleichung*) kann als eine algebraische Definition von Sinus und Kosinus aufgefaßt werden. Die Verwendung der komplexen Exponentialfunktion hat nur praktische Vorteile bei der Rechnung. Man kann alles auch mit den trigonometrischen Funktionen erreichen, es dauert oft nur länger.

1. Es handelt sich bei dieser Gleichung um eine erzwungene, ungedämpfte harmonische Schwingung. Bei der Lösung mit trigonometrischen Funktionen verwenden wir den Ansatz:

$$x = x_0 \cos \omega t\,.$$

Die zweite Ableitung von x nach t ist:

$$\frac{d^2x}{dt^2} = -\omega^2 x_0 \cos \omega t\,.$$

Damit erhalten wir die Gleichung

$$-\omega^2 x_0 \cos \omega t + \frac{k}{m} x_0 \cos \omega t = \frac{F_0}{m} \cos \omega t$$

und daraus:

$$x_0 = \frac{F_0/m}{(k/m) - \omega^2}\,.$$

Bei der Lösung mit der komplexen Exponentialfunktion verwenden wir den Ansatz

$$x = x_0 \exp(i\omega t)$$

und setzen auch die Kraft als

$$F = F_0 \exp(i\omega t)$$

ein. Die zweite Ableitung von x nach t ist:

$$\frac{\mathrm{d}^2 x}{\mathrm{d}t^2} = -\omega^2 x_0 \exp(i\omega t).$$

Damit erhalten wir die Gleichung

$$-\omega^2 x_0 \exp(i\omega t) + \frac{k}{m} x_0 \exp(i\omega t) = \frac{F_0}{m} \exp(i\omega t)$$

und daraus:

$$x_0 = \frac{F_0/m}{(k/m) - \omega^2}.$$

Wir erhalten, wie erwartet, das gleiche Ergebnis.

Die allgemeine Lösung einer linearen Differentialgleichung läßt sich als Summe der allgemeinen Lösung der homogenen Differentialgleichung

$$\frac{\mathrm{d}^2 x}{\mathrm{d}t^2} + \omega_0 x = 0$$

und einer partikulären Lösung der inhomogenen Gleichung, wie wir sie oben gefunden haben, darstellen.

Das ist natürlich beides sehr einfach. Man sieht aber, daß das Differenzieren der Exponentialfunktion nur eine Multiplikation bedeutet und zwar im Fall der zweiten Ableitung mit $(i\omega)^2$. Zudem sind die sehr einfachen Rechenregeln für Exponenten anwendbar und wir umgehen die komplizierteren trigonometrischen Funktionen. Der physikalische Gehalt liegt natürlich immer im Realteil, der i.a. aber nicht explizit ausgeschrieben werden muß. Notwendig ist es z.B. bei der Mittelwertbildung. Will man die mittlere Strahlungsdichte einer elektromagnetischen Welle berechnen, so würde sich das Quadrat der Exponentialfunktion zu Null mitteln, während das Quadrat des Sinus 1/2 ergibt.

Wir können die "komplexe" Lösungsmethode jetzt auf eine erzwungene, gedämpfte Schwingung anwenden und erweitern unsere Bewegungsgleichung um einen Dämpfungsterm, der proportional zur Geschwindigkeit sein soll:

$$m\frac{\mathrm{d}^2 x}{\mathrm{d}t^2} + c\frac{\mathrm{d}x}{\mathrm{d}t} + kx = F.$$

Die Ableitungen kann man sofort hinschreiben:

$$\left[m(i\omega)^2 x_0 + c(i\omega)x_0 + kx_0 \right] \exp(i\omega t) = F_0 \exp(i\omega t).$$

Dieses Problem wird uns im Abschnitt 2.4 noch näher beschäftigen.

2. Wir machen den Ansatz

$$\Psi = A \exp\left(i\vec{k}\vec{r} \mp i\omega t\right)$$

und setzen in die Wellengleichung ein:

$$-k^2\Psi = -\frac{\omega^2}{v^2}\Psi\,.$$

Ψ ist also Lösung mit $k^2 = \omega^2/v^2$.

3. Aus der Euler Gleichung lassen sich folgende Gleichungen ableiten:

$$\begin{aligned} \exp(ix) + \exp(-ix) &= 2\cos x \\ \exp(ix) - \exp(-ix) &= 2i\sin x\,. \end{aligned}$$

Damit ersetzen wir Sinus und Kosinus in der Fourier–Reihe

$$f(x) = \frac{A_0}{2} + \sum_{m=1}^{\infty} A_m \cos(mkx) + \sum_{m=1}^{\infty} B_m \sin(mkx)$$

und erhalten

$$f(x) = \frac{A_0}{2} + \sum_{m=1}^{\infty} \frac{A_m}{2}\left(\exp(imkx) + \exp(-imkx)\right)$$
$$- \, i \sum_{m=1}^{\infty} \frac{B_m}{2}\left(\exp(imkx) - \exp(-imkx)\right).$$

Wir sortieren jetzt nach den Exponenten um:

$$f(x) = \underbrace{\frac{A_0}{2}}_{\equiv C_0} + \sum_{m=1}^{\infty} \underbrace{\frac{A_m - iB_m}{2}}_{\equiv C_m} \exp(imkx) + \sum_{m=1}^{\infty} \underbrace{\frac{A_m + iB_m}{2}}_{\equiv C_{-m}} \exp(-imkx)\,.$$

Mit den neu eingeführten Koeffizienten C_m und C_{-m} sieht die Gleichung also folgendermaßen aus:

$$f(x) = C_0 + \sum_{m=1}^{\infty} C_m \exp(imkx) + \sum_{m=1}^{\infty} C_{-m} \exp(-imkx)\,.$$

Wie man jetzt sofort sieht, könnte man die Exponentialfunktion in eine Summe schreiben, wenn man auch negative m–Werte benutzt. Glücklicherweise geht das auch mit den Koeffizienten aufgrund der Symmetrie von Kosinus und Sinus, da der Sinus das Vorzeichen von B_m ändert, wenn man negative m einsetzt, während es beim Kosinus keine Vorzeichenänderung gibt. Wir können also

$$f(x) = \sum_{m=-\infty}^{\infty} C_m \exp(imkx)$$

schreiben mit den Koeffizienten:

$$C_m = \frac{1}{\lambda} \int_0^{\lambda} f(x) \exp\left(-imkx\right) dx\,.$$

1.3.3   Realteil eines komplexen Produkts

Aufgabe:

Gegeben sind zwei Funktionen

$$\vec{A}(\vec{x},t) = \Re\left[\vec{A}(\vec{x})\exp\left(-i\omega t\right)\right]$$
$$\vec{B}(\vec{x},t) = \Re\left[\vec{B}(\vec{x})\exp\left(-i\omega t\right)\right] .$$

Zeigen Sie, daß der zeitliche Mittelwert des Produktes der beiden Funktionen gegeben ist durch:

$$\langle\vec{B}(\vec{x},t)\vec{A}(\vec{x},t)\rangle = \frac{1}{2}\Re\left[\vec{B}^*(\vec{x})\vec{A}(\vec{x})\right] .$$

Lösung:

Die hier verwendete vektorielle Amplitude wird z.B. bei Transversalwellen gebraucht. Den Realteil kann man folgendermaßen schreiben:

$$\vec{A}(\vec{x},t) = \Re\left[\vec{A}(\vec{x})\exp\left(-i\omega t\right)\right] = \frac{1}{2}\left[\vec{A}(\vec{x})\exp\left(-i\omega t\right) + \vec{A}^*(\vec{x})\exp\left(i\omega t\right)\right] .$$

Für das Produkt der Funktionen können wir die Realteile einsetzen und erhalten:

$$\begin{aligned}
\vec{B}(\vec{x},t)\vec{A}(\vec{x},t) &= \frac{1}{2}\left[\vec{B}(\vec{x})\exp\left(-i\omega t\right) + \vec{B}^*(\vec{x})\exp\left(i\omega t\right)\right]\\
&\quad \cdot\frac{1}{2}\left[\vec{A}(\vec{x})\exp\left(-i\omega t\right) + \vec{A}^*(\vec{x})\exp\left(i\omega t\right)\right]\\
&= \frac{1}{4}\left[\vec{A}(\vec{x})\vec{B}(\vec{x})\exp\left(-2i\omega t\right) + \vec{A}^*(\vec{x})\vec{B}^*(\vec{x})\exp\left(+2i\omega t\right)\right.\\
&\quad \left. + \vec{B}^*(\vec{x})\vec{A}(\vec{x}) + \vec{B}(\vec{x})\vec{A}^*(\vec{x})\right] .
\end{aligned}$$

Wie man sieht ist das gerade 1/2 mal der Realteil der Summe der beiden Funktionen $\vec{A}(\vec{x})\vec{B}^*(\vec{x})$ und $\vec{A}(\vec{x})\vec{B}(\vec{x})\exp\left(-2i\omega t\right)$, also folgt:

$$\vec{B}(\vec{x},t)\vec{A}(\vec{x},t) = \frac{1}{2}\Re\left[\vec{B}^*(\vec{x})\vec{A}(\vec{x}) + \vec{B}(\vec{x})\vec{A}(\vec{x})\exp\left(-2i\omega t\right)\right] .$$

Der zeitliche Mittelwert der Exponentialfunktion ist Null und wir erhalten für den Mittelwert des Produktes

$$\langle\vec{B}(\vec{x},t)\vec{A}(\vec{x},t)\rangle = \frac{1}{2}\Re\left[\vec{B}^*(\vec{x})\vec{A}(\vec{x})\right] .$$

Entsprechend läßt sich für das Kreuzprodukt zeigen, daß

$$\langle\vec{B}(\vec{x},t)\times\vec{A}(\vec{x},t)\rangle = \frac{1}{2}\Re\left[\vec{B}^*(\vec{x})\times\vec{A}(\vec{x})\right] .$$

1.4   Fourier–Reihe und Fourier–Integral

1.4.1   Einleitung

Im Rahmen seiner Theorie der Wärmeausbreitung und Wärmeleitung führte JOSEPH BARON DE FOURIER (1768–1830) die Methode der Entwicklung von Funktionen in Fourier-Reihen und der Darstellung durch Fourier-Integrale ein.

Die *Fourier-Reihe* wird zur Darstellung beliebiger <u>periodischer</u> Funktionen verwendet, das *Fourier-Integral* wird für <u>nicht-periodische</u> Funktionen (z.B. Rechteckspuls) verwendet. Die Grundlage für beides ist das Superpositionsprinzip.

Fourier–Reihe

Die *Fourier-Reihe* ist in trigonometrischer Schreibweise gegeben durch:

$$f(x) = \frac{A_0}{2} + \sum_{m=1}^{\infty} A_m \cos(mkx) + \sum_{m=1}^{\infty} B_m \sin(mkx)\,, \tag{1.9}$$

wobei die *Fourier-Komponenten* durch

$$A_m = \frac{2}{\lambda} \int_0^\lambda f(x) \cos(mkx)\, dx \quad \text{und} \quad B_m = \frac{2}{\lambda} \int_0^\lambda f(x) \sin(mkx)\, dx \tag{1.10}$$

gegeben sind.

In komplexer Schreibweise ist die Fourier-Reihe

$$f(x) = \sum_{m=-\infty}^{\infty} C_m \exp(imkx) \tag{1.11}$$

mit den Koeffizienten:

$$C_m = \frac{1}{\lambda} \int_0^\lambda f(x) \exp(-imkx)\, dx\,. \tag{1.12}$$

Hinweis:
Oben haben wir das x-Intervall $(0,\ \lambda)$ gewählt. Oft wird auch $(-\lambda/2,\ \lambda/2)$ benutzt, wodurch sich die Integrationsgrenzen entsprechend ändern.

Fourier–Integral

Das *Fourier-Integral* (also die *Fourier-Transformation*) geben wir nur in komplexer Exponentialschreibweise an. Uns interessieren die Transformationen zwischen Orts- und Wellenvektorraum und zwischen Zeit- und Frequenzraum. Für den Ortsraum ergibt sich

$$\begin{aligned} F(k) &= \frac{1}{\sqrt{2\pi}} \int_{-\infty}^{+\infty} f(x) \exp(-ikx)\, dx \\ f(x) &= \frac{1}{\sqrt{2\pi}} \int_{-\infty}^{+\infty} F(k) \exp(ikx)\, dk \end{aligned} \tag{1.13}$$

und für den Zeitraum

$$G(\omega) = \frac{1}{\sqrt{2\pi}} \int_{-\infty}^{+\infty} g(t) \exp\left(i\omega t\right) dt$$

$$g(t) = \frac{1}{\sqrt{2\pi}} \int_{-\infty}^{+\infty} G(\omega) \exp\left(-i\omega t\right) d\omega \,. \tag{1.14}$$

Beachten Sie, daß die Exponenten in den Integralen der Funktionen $f(x)$ und $F(k)$ bzw. $g(t)$ und $G(\omega)$ jeweils entgegengesetzte Vorzeichen haben müssen.

Bemerkung:

Beschreibt $f(x)$ einen endlichen Wellenzug mit einer Länge Δx, so ergibt die Fourier–Transformation eine Funktion $F(k)$ der Breite Δk. Man findet:

$$\Delta x \propto \frac{1}{\Delta k} \,. \tag{1.15}$$

Sind Δx und Δk die mittleren quadratischen Abweichungen von den mittleren Intensitäten $|f(x)|^2$ und $|F(k)|^2$, so läßt sich zeigen:

$$\Delta x \, \Delta k \geq \frac{1}{2}. \tag{1.16}$$

Diesen Ausdruck bezeichnet man als *Unschärferelation*. Entsprechende Beziehungen gelten für Δt und $\Delta \omega$. Näheres wird in den Aufgaben erarbeitet.

Für eine streng monochromatische Welle

$$f(x) = \exp\left(ik_0 x - i\omega(k_0)t\right)$$

ist

$$F(k) = \sqrt{2\pi}\,\delta\left(k - k_0\right),$$

wobei $\delta\left(k - k_0\right)$ die *Diracsche Delta-Funktion* ist. Dieses Ergebnis folgt aus der Orthogonalitätsbedingung

$$\frac{1}{2\pi} \int_{-\infty}^{\infty} \exp\left[i\left(k - k'\right)x\right] dx = \delta\left(k - k'\right).$$

1.4.2   Fourier–Reihen (Einführung)

Aufgabe:

Gegeben sind folgende räumlich periodische Funktionen:

$$\text{Rechteckfunktion:}\quad f(x) = \begin{cases} 1 & \text{für } -\lambda/4 < x < +\lambda/4 \\ 0 & \text{sonst} \end{cases}$$

$$\text{Sägezahnfunktion:}\quad f(x) = x \qquad \text{für } -\lambda/2 < x < +\lambda/2\,.$$

1. Geben Sie die Fourier–Reihen bis zum 4. Summanden an.

2. Bilden Sie graphisch die Summe dieser Beiträge.

Lösung:

Wir beschäftigen uns hier zunächst mit räumlich periodischen Funktionen. Das *Fourier Theorem* sagt aus, daß man jede periodische Funktion $f(x)$ mit der Wellenzahl k aus einer Summe harmonischer Funktionen zusammensetzen kann, deren Wellenzahlen ganzzahlige Vielfache von $k = 2\pi/\lambda$ sind (das entspricht ganzzahligen Bruchteilen der Wellenlänge der periodischen Funktion). Dies wird in trigonometrischer Darstellung folgendermaßen geschrieben:

$$f(x) = \frac{A_0}{2} + \sum_{m=1}^{\infty} A_m \cos{(mkx)} + \sum_{m=1}^{\infty} B_m \sin{(mkx)},$$

wobei die Fourier-Komponenten durch

$$A_m = \frac{2}{\lambda} \int_0^{\lambda} f(x) \cos{(mkx)} \, dx$$

$$B_m = \frac{2}{\lambda} \int_0^{\lambda} f(x) \sin{(mkx)} \, dx$$

gegeben sind.

Bei der Berechnung sollte man auf Symmetrien spezieller Funktionen $f(x)$ achten. Für gerade Funktionen $f(x)$, also $f(-x) = f(x)$ braucht man nur Kosinusterme, für ungerade Funktionen $f(-x) = -f(x)$ nur Sinusterme.

1. Zunächst berechnen wir einige Summanden der Fourier-Reihen der gegebenen Funktionen:

   (a) Die Rechteckfunktion ist offensichtlich gerade und es müssen nur Kosinusterme berücksichtigt werden. Wir berechnen A_0:

   $$\begin{aligned} A_0 &= \frac{2}{\lambda} \int_{-\lambda/4}^{\lambda/4} dx \\ &= 1 \,. \end{aligned}$$

   $A_0/2$ ist gerade der Mittelwert der Funktion. In diesem Fall ist A_0 ungleich Null, da der Mittelwert von $f(x)$ ungleich Null ist. Würden die Werte der Funktion $+1$ und -1 sein, wäre A_0 gleich Null. Für die anderen Fourier-Komponenten ergibt sich (mit $k = 2\pi/\lambda$):

   $$\begin{aligned} A_m &= \frac{2}{\lambda} \int_{-\lambda/4}^{\lambda/4} (+1) \cos{(mkx)} \, dx \\ &= \frac{2}{\lambda} \left[\left(\frac{1}{mk} \right) \sin{(mkx)} \right]_{-\lambda/4}^{\lambda/4} \\ &= \frac{\sin{(m\pi/2)}}{m\pi/2} \,. \end{aligned}$$

Die Fourier–Reihe ist also:

$$f(x) = \frac{1}{2} + \frac{2}{\pi} \cos{(kx)} - \frac{2}{3\pi} \cos{(3kx)} + \frac{2}{5\pi} \cos{(5kx)} - \cdots \,.$$

(b) Die Sägezahnfunktion ist ungerade, deshalb kommen nur Sinusterme vor. B_0 ist in diesem Fall Null (Mittelwert!).

$$B_m = \frac{2}{\lambda} \int_{-\lambda/2}^{\lambda/2} x \sin(mkx)\,dx$$

$$= \frac{2}{\lambda} \left[\underbrace{\frac{\sin(mkx)}{(mk)^2}}_{=0} - \frac{x\cos(mkx)}{mk} \right]_{-\lambda/2}^{\lambda/2}$$

$$= -2 \left(\frac{\cos(m\pi)}{mk} \right).$$

Die Fourier–Reihe ergibt sich also zu:

$$f(x) = \frac{2}{k} \left(\sin(kx) - \frac{1}{2}\sin(2kx) + \frac{1}{3}\sin(3kx) - \frac{1}{4}\sin(4kx) + \cdots \right).$$

Das negative Vorzeichen der Beiträge mit geradzahligen m drückt eine Phasenverschiebung um π aus.

2. Die Abbildungen 1.3 und 1.4 zeigen die Fourier–Synthese der Rechteck und der Sägezahnfunktion.

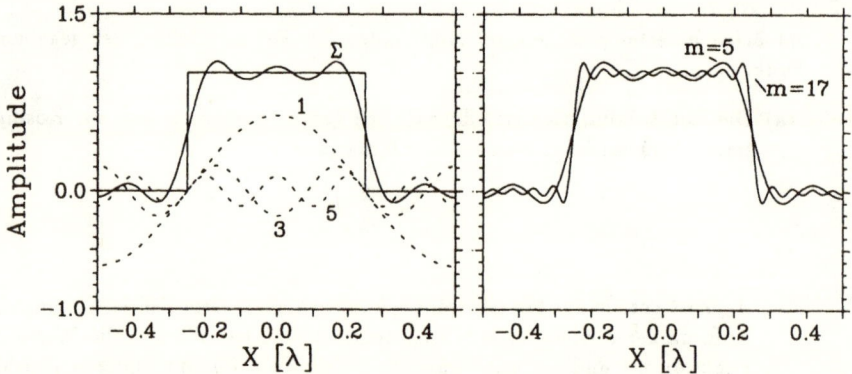

Bild 1.3:   Die Rechteckfunktion: Links die Summe der Beiträge bis $m = 5$, rechts ein Vergleich der Summen bis $m = 5$ und bis $m = 17$.

Wie man sieht, erreicht man schnell die grobe Form des Profils. Für die Details brauchen wir aber immer kürzere Wellenlängen (höhere Frequenzen). Als Beispiel ist in Bild 1.5 noch das Ergebnis für $m = 317$ gezeigt.

Das gleiche kann man natürlich auch mit zeitabhängigen Funktionen machen, also $f(t)$ statt $f(x)$. Man muß dann nur kx durch ωt ersetzen. ω bezeichnet man als Grundschwingungen und die durch die Glieder der Fourier–Reihe beschriebenen Schwingungen sind die Harmonischen dieser Schwingung.

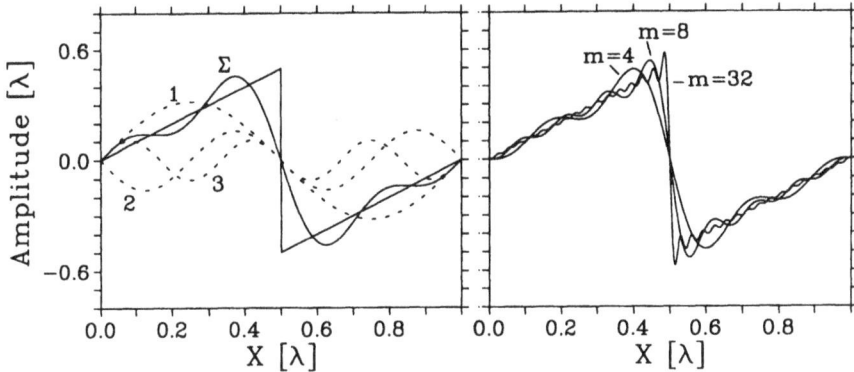

Bild 1.4: Die Sägezahnfunktion: Links ist die Summe der ersten drei nichtverschwin-
denden Beiträge gezeigt, rechts ein Vergleich der Summen von 4, 8 und 32
Beiträgen.

1.4.3 Fourier–Transformation

Aufgabe:

Berechnen und skizzieren Sie die Fourier–Transformierten folgender Funktionen:

1. Ein einzelner räumlicher Rechteckpuls:

$$f(x) = \begin{cases} 1 & \text{für } -a < x < +a \\ 0 & \text{sonst.} \end{cases}$$

2. Eine exponentiell gedämpfte Kosinusschwingung:

$$g(t) = \begin{cases} 0 & \text{für } -\infty < t \le 0 \\ f_0 \exp(-t/2\tau)\cos(\omega_0 t) & \text{für } 0 < t < \infty. \end{cases}$$

3. Eine räumliche Gaußfunktion:

$$f(x) = C \exp\left(-ax^2\right).$$

4. Eine zeitliche Gaußfunktion.

Lösung:

Die Fourier–Transformation erlaubt es auch nichtperiodische Funktionen mit Hilfe
harmonischer Funktionen darzustellen. Der Übergang von der Fourier–Reihe für periodische Funktionen zur Fourier–Transformation für nichtperiodische Funktionen erfolgt durch Vegrößerung der Wellenlänge λ bzw. der Periode T gegen unendlich. Die
Abstände der Fourier–Koeffizienten auf der k– bzw. ω–Achse wird dann immer geringer
und man erhält schließlich ein kontinuierliches "Spektrum".

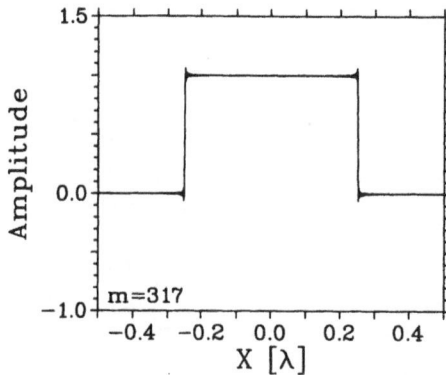

Bild 1.5: Die Rechteckfunktion mit $m = 317$. Abweichungen sind nur noch an den feinen Details zu sehen. Diese können natürlich nur durch sehr kurze Wellenlängen beschrieben werden.

1. Wir benutzen die komplexe Exponentialschreibweise:

$$
\begin{aligned}
F(k) &= \frac{1}{\sqrt{2\pi}} \int_{-\infty}^{+\infty} f(x) \exp(-ikx)\,dx \\
&= \frac{1}{\sqrt{2\pi}} \int_{-a}^{+a} \exp(-ikx)\,dx \\
&= -\frac{1}{\sqrt{2\pi}} \left. \frac{\exp(-ikx)}{ik} \right|_{x=-a}^{x=+a} \\
&= -\frac{1}{\sqrt{2\pi}} \frac{1}{ik} \left((\cos(ka) - i\sin(ka)) - (\cos(ka) + i\sin(ka)) \right) \\
&= \sqrt{\frac{2}{\pi}} \frac{\sin(ka)}{k}\,.
\end{aligned}
$$

Aufgrund der Symmetrie zur y-Achse entfällt der imaginäre Beitrag.

Die Periode dieser Funktion ist $2\pi/a$. Um den Grenzwert für $k \to 0$ zu erhalten, schreiben wir die Gleichung in der Form

$$
F(k) = \sqrt{\frac{2}{\pi}}\, a \frac{\sin(ka)}{ka}
$$

Die Funktion $\sin u / u$ wird in der Optik sehr oft gebraucht. Im Buch von Hecht wird sie als "$\operatorname{sinc} u$" verwendet. Ihr Grenzwert für $u \to 0$ ist

$$
\lim_{u \to 0} \frac{\sin u}{u} = 1\,.
$$

Damit erhalten wir

$$
F(k = 0) = \sqrt{\frac{2}{\pi}}\, a \approx 0.8a\,.
$$

Im Bild 1.6 ist die Transformation für $a = 1$ und $a = 1/2$ gezeigt. Dieses Ergebnis wird uns später wiederbegegnen. Die Fourier–Transformierte ist das Beugungsbild eines Spaltes.

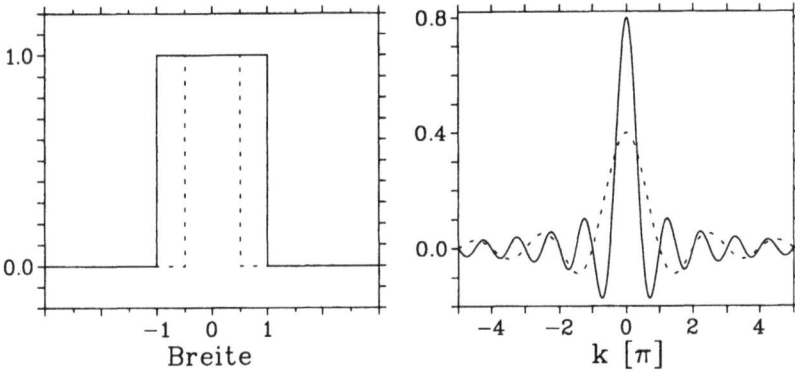

Bild 1.6: Der räumliche Rechteckpuls (links) und seine Fourier–Transformierte (rechts) für $a = 1$ (durchgezogene Linie) und $a = 1/2$ (gestrichelte Linie).

2. Die Fourier–Transformierte der exponentiell gedämpften Kosinusschwingung berechnet sich aus

$$G(\omega) = \frac{1}{\sqrt{2\pi}} \int_0^\infty \left(f_0 \exp\left(-\frac{t}{2\tau}\right) \cos(\omega_0 t) \right) \exp\left(i\omega t\right) \mathrm{d}t \,.$$

Die untere Integrationsgrenze ist 0, da das Signal zur Zeit $t = 0$ eingeschaltet wird. Wir formen die Gleichung etwas um und erhalten

$$G(\omega) = \frac{f_0}{\sqrt{2\pi}} \int_0^\infty \exp\left(\left(i\omega - \frac{1}{2\tau}\right)t\right) \cos(\omega_0 t)\,\mathrm{d}t \,.$$

Dieses Integral finden wir z.B. im *Bronstein*[11] unter "Unbestimmte Integrale":

$$\int \exp\left(ax\right)\cos\left(bx\right)\mathrm{d}x = \frac{\exp\left(ax\right)}{a^2 + b^2}\left(a\cos\left(bx\right) + b\sin\left(bx\right)\right) \,.$$

Wegen $\exp\left(-t/2\tau\right)$ ist der Beitrag der oberen Integrationsgrenze (∞) gleich Null, während die untere Integrationsgrenze

$$G(\omega) = \frac{f_0}{\sqrt{2\pi}} \left[\frac{1/(2\tau) - i\omega}{(i\omega - 1/(2\tau))^2 + \omega_0^2}\right]$$

ergibt. Dieser Ausdruck läßt sich nochmals umformen. Wir verwenden für den Nenner, daß $a^2 - b^2 = (a+b)(a-b)$ und erweitern den Zähler mit $(i\omega_0 - i\omega_0)/2$. Damit ergibt sich

$$G(\omega) = \frac{f_0}{\sqrt{2\pi}} \left[\frac{1/2\left[1/(2\tau) - i\omega + i\omega_0\right] + 1/2\left[1/(2\tau) - i\omega - i\omega_0\right]}{\left[i\omega - 1/(2\tau) + i\omega_0)\right]\left[i\omega - 1/(2\tau) - i\omega_0)\right]}\right] \,.$$

---

[11] Bronstein, Semendjajew, *Taschenbuch der Mathematik* Verlag Harri Deutsch.

Daraus erhalten wir schließlich

$$G(\omega) = \frac{f_0}{2\sqrt{2\pi}} \left[\frac{1}{2\tau} - i\,(\omega + \omega_0) \right]^{-1} + \frac{f_0}{2\sqrt{2\pi}} \left[\frac{1}{2\tau} - i\,(\omega - \omega_0) \right]^{-1} .$$

Da die Funktion $g(t)$ nicht symmetrisch zum Ursprung ist, finden wir in $G(\omega)$ noch einen Imaginärteil. Im allgemeinen ist man an der *spektralen Energieverteilung* $|\,G(\omega)\,|^2 = G(\omega)G^*(\omega)$ interessiert (*power spectrum*). Sie bestimmt den Beitrag pro Frequenzintervall zur Energie in der Schwingung. Aufgrund der Symmetrie der komplexen Darstellung erhalten wir im Frequenzraum eine symmetrische Darstellung mit Maxima bei $\pm\omega_0$. Für das beobachtbare Spektrum brauchen wir nur die positive Frequenz zu berücksichtigen. Nach Multiplikation mit der komplex konjugierten Funktion und mit $\Delta\omega = 1/\tau$ erhalten wir dann

$$|\,G(\omega)\,|^2 = \frac{f_0^2}{2\pi\,\Delta\omega^2}\,\frac{(\Delta\omega/2)^2}{(\omega - \omega_0)^2 + (\Delta\omega/2)^2} .$$

Dieses Ergebnis ist in Bild 1.7 dargestellt.

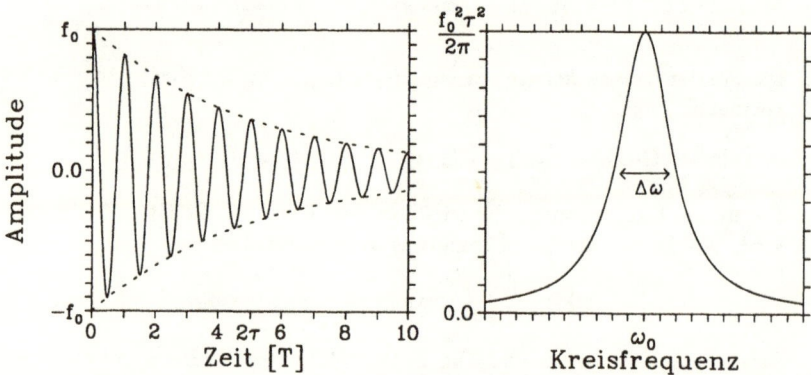

Bild 1.7:   Die gedämpfte Kosinusschwingung (links) und ihr "power spectrum" $|\,G(\omega)\,|^2$ (rechts).

Beachten Sie die hier gewählte Form der Dämpfung. τ ist die "mittlere Lebensdauer" der Intensität $I = |\,g(t)\,|^2$. Die Intensität nimmt also mit $\exp(t/\tau)$ ab.

$|\,G(\omega)\,|^2$ ist eine Lorentzkurve. Ein Beispiel dafür ist die *natürliche Linienbreite* der Frequenzverteilung des Lichts, das von einem Atom abgestrahlt wird. In diesem Fall findet man als relative Breite $\Delta\omega/\omega = 10^{-7}$.

3. Aufgrund der Symmetrie $f(-x) = f(x)$ fallen in der trigonometrischen Darstellung alle Sinus–Anteile heraus. Ebenfalls aufgrund der Symmetrie können wir schreiben

$$F(k) = \frac{C}{\sqrt{2\pi}}\,2 \int_0^\infty \exp(-ax^2)\cos(kx)\,\mathrm{d}x .$$

Dieses Integral findet sich z.B. in der "Tabelle bestimmter Integrale" im *Bronstein* und wir erhalten:

$$F(k) = \frac{C}{\sqrt{2\pi}} 2 \frac{\sqrt{\pi}}{2\sqrt{a}} \exp\left(-\frac{k^2}{4a}\right)$$

$$= \frac{C}{\sqrt{2a}} \exp\left(-\frac{k^2}{4a}\right).$$

Die Fourier-Transformierte der Gaußfunktion ist also wieder eine Gaußfunktion.

Die Gaußfunktion beschreibt z.B. die Maxwellsche Geschwindigkeitsverteilung von Gasmolekülen. Letztere wirkt sich über den *Dopplereffekt* auf die Bandbreite des atomaren Wellenzugs aus. Auch die Stoßverbreiterung führt zu einer Gaußfunktion. Im allgemeinen sind diese Gaußlinien viel breiter als die natürliche Linienbreite und man findet deshalb z.B. in einer Gasentladung gaußförmige Frequenzverteilungen. Eine typische relative Breite für die Stoß- und Dopplerverbreiterung ist $\Delta\omega/\omega = 10^{-5}$.

Bild 1.8 zeigt eine Gaußkurve im Vergleich zu einer Lorentzkurve. Man sieht, daß die Lorentzkurve viel langsamer gegen Null strebt als die Gaußkurve.

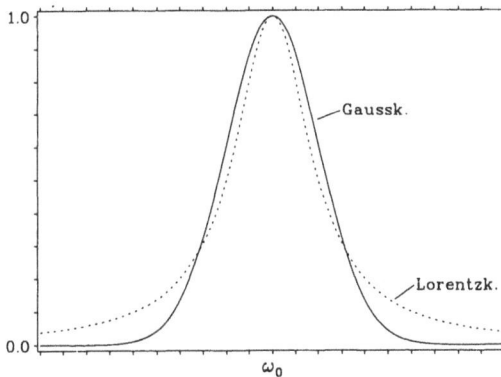

Bild 1.8: Gaußfunktion im Vergleich zur Lorentzfunktion (gestrichelt). Die Lorentzfunktion geht deutlich langsamer gegen Null.

4. Zur Transformation der zeitlichen Gaußfunktion muß lediglich x durch t ersetzt werden und k durch ω.

2. Die elektromagnetische Theorie des Lichts

2.1 Die Wellengleichung und ihre Lösungen

2.1.1 Einleitung

Aus PHYSIK II sind uns bereits die folgenden wichtigen Größen bekannt.

Tabelle 2.1: Feldgrössen und Konstanten der Elektrodynamik.

Name		Einheiten	Bemerkung
Elektrisches Feld	$\vec{E}$	V/m	$1\,\text{V/m} = 1\,\text{N/C}$
Dielektrische Verschiebung	$\vec{D}$	C/m^2	
Magnetfeld	$\vec{B}$	T	$1\,\text{T} = 1\,\text{N/(A·m)}$
Magnetisierendes Feld	$\vec{H}$	$1\,\text{A/m}$	$1\,\text{Oe} = 1000/(4\pi)\,\text{A/m}$
Elektrische Feldkonstante *oder*			
Influenzkonstante	ε_0	$8.854 \cdot 10^{-12}\,\text{C/(V m)}$	Maßsystemkonstante
Dielektrizitätskonstante[1]	ε	—	reine Zahl
Magnetische Feldkonstante *oder*			
Induktionskonstante	μ_0	$4\pi \cdot 10^{-7}\,\text{V s/(A m)}$	Maßsystemkonstante
Permeabilitätskonstante	μ	—	reine Zahl

Die Maxwellgleichungen sind die Grundlage des gesamten Kapitels und werden ausführlich in der Aufgabe 2.1.2 behandelt. Im Lehrbuch werden die (makroskopischen) Maxwellgleichungen im "nichtmagnetischen" ($\mu \approx 1$), nichtleitenden (Ladungsdichte $\rho = 0$, Stromdichte $\vec{j} = 0$) und isotropen (ε skalar) Medium betrachtet:

$$\vec{\nabla}\vec{D} = 0$$
$$\vec{\nabla} \times \vec{E} = -\frac{\partial \vec{B}}{\partial t}$$
$$\vec{\nabla}\vec{B} = 0$$
$$\vec{\nabla} \times \vec{B} = \mu_0 \frac{\partial \vec{D}}{\partial t}. \tag{2.1}$$

---

[1] Gelegentlich wird diese Größe auch als *Dielektrizitätszahl* oder *relative Dielektrizitätskonstante* bezeichnet. Entsprechendes gilt für die Permeabilitätskonstante.

Durch die *dielektrische Verschiebung* $\vec{D} = \varepsilon\varepsilon_0\vec{E}$ berücksichtigen wir die elektrische Polarisation im Medium.

Aus diesen Gleichungen werden die *Wellengleichungen* hergeleitet:

$$\nabla^2\vec{E} - \varepsilon\varepsilon_0\mu_0\frac{\partial^2\vec{E}}{\partial t^2} = 0 \tag{2.2}$$

$$\nabla^2\vec{B} - \varepsilon\varepsilon_0\mu_0\frac{\partial^2\vec{B}}{\partial t^2} = 0. \tag{2.3}$$

Mit Hilfe der Beziehung $\varepsilon_0\mu_0 = 1/c^2$ folgt daraus für die *Phasengeschwindigkeit*:

$$v_{\text{ph}} = \frac{1}{\sqrt{\varepsilon\varepsilon_0\mu_0}} = \frac{1}{\sqrt{\varepsilon}}c = \frac{c}{n}. \tag{2.4}$$

Die Größe $n = \sqrt{\varepsilon}$ ist der *Brechungsindex* des Mediums. Eine Lösung der Wellengleichung ist die ebene Welle

$$\vec{E}(\vec{r},t) = \vec{E}_0\cos\left(\vec{k}\vec{r} - \omega t + \phi\right).$$

Die Vektoren $\vec{k}$, $\vec{E}$ und $\vec{B}$ stehen aufeinander senkrecht. Es handelt sich also um eine *transversale Welle*. Den Zusammenhang zwischen Wellenvektor $\vec{k} = (2\pi/\lambda)\hat{k}$ und Kreisfrequenz ω gibt die *Dispersionsrelation* für Licht

$$\vec{k}^2 = \frac{n^2\omega^2}{c^2}. \tag{2.5}$$

Die Wellenlänge im Medium ist gegeben durch

$$\lambda(n) = \frac{2\pi}{k(n)} = \frac{1}{n}\frac{2\pi c}{\omega} = \frac{1}{n}\frac{c}{\nu} = \frac{1}{n}\lambda_{\text{Vak}} \tag{2.6}$$

und ist damit vom Brechungsindex n des Mediums abhängig. Die Frequenz ist dagegen unabhängig vom Medium.

Bemerkung:
Im Lehrbuch ist mit λ immer die Wellenlänge im Vakuum λ_{Vak} gemeint. Eine solche Definition ergibt die Gleichung $\lambda = 2\pi n/k$.

2.1.2 Grundwissen über Maxwellgleichungen

Aufgabe:

Die Maxwellgleichungen für Quellen im Vakuum lauten in differentieller Form:

$$\vec{\nabla}\vec{E} = \frac{\rho}{\varepsilon_0}$$

$$\vec{\nabla}\times\vec{E} = -\frac{\partial\vec{B}}{\partial t}$$

$$\vec{\nabla}\vec{B} = 0$$

$$c^2\vec{\nabla}\times\vec{B} = \frac{\partial\vec{E}}{\partial t} + \frac{\vec{j}}{\varepsilon_0}.$$

1. Schreiben Sie die angegebenen Maxwellgleichungen in Integralform. Dabei verwenden Sie den Gaußschen und den Stokeschen Satz. Leiten Sie beide her.

2. Wie lauten die Maxwellgleichungen in differentieller Form in isotroper Materie? Beantworten Sie dazu folgende Fragen:

   (a) Was passiert im Dielektrikum?

   (b) Was passiert im magnetischen Material?

Lösung:

Kurze Wiederholung mathematischer Grundlagen:

Wir arbeiten mit skalaren Feldern (z.B. einer Temperaturverteilung) bei der jedem Raumpunkt ein Skalar zugeordnet wird und mit Vektorfeldern (z.B. ein Wärmestrom) bei der jedem Raumpunkt ein Vektor zugeordnet wird.

Man kann Felder auch differenzieren, also ihre Änderung mit dem Ort beschreiben. Das ist der Gradient eines Feldes. Er wird i.a. durch $\vec{\nabla}$ (Nabla) symbolisiert. Auf ein skalares Feld T angewendet, ergibt sich ein Vektorfeld:

$$\text{grad } T = \vec{\nabla} T = \left(\frac{\partial T}{\partial x}, \frac{\partial T}{\partial y}, \frac{\partial T}{\partial z} \right)$$

$\vec{\nabla}$ ist ein Operator, d.h. obwohl er wie ein Vektor als

$$\vec{\nabla} = \left(\frac{\partial}{\partial x}, \frac{\partial}{\partial y}, \frac{\partial}{\partial z} \right)$$

geschrieben wird, bedeutet er allein stehend nichts. Er braucht ein Feld auf das er angewendet werden kann. Es gibt folgende Kombinationen mit diesem Operator und einem skalaren Feld T bzw. einem Vektorfeld $\vec{h}$:

$$\begin{aligned}
\vec{\nabla} T &= \text{grad } T & &\dots \text{ Vektorfeld} \\
\nabla \vec{h} &= \text{div } \vec{h} & &\dots \text{ skalares Feld} \\
\nabla \times \vec{h} &= \text{rot } \vec{h} & &\dots \text{ Vektorfeld}
\end{aligned}$$

Die Maxwell-Gleichungen in Worten:

1. Der Fluß von $\vec{E}$ durch eine geschlossene Fläche ist gleich der Nettoladung innerhalb der Fläche ($\times 1/\varepsilon_0$). Dies ist der *Gaußsche Satz* für das elektrische Feld. Die Quellen des elektrischen Feldes sind Ladungen.

2. Die Rotation von $\vec{E}$ um eine Fläche F ist gleich der zeitlichen Änderung des Flußes von $\vec{B}$ durch die Fläche F. Dies ist das *Faradaysche Induktionsgesetz*. Die Induktionsspannung wirkt dabei der Flußänderung entgegen (*Lenzsche Regel*).

3. Der Fluß von $\vec{B}$ durch eine geschlossene Fläche ist Null. Dies ist der Gaußsche Satz für das magnetische Feld. Er bedeutet, daß es keine magnetischen Ladungen gibt.

4. Die Rotation von $\vec{B}$ um eine Fläche F multipliziert mit dem Quadrat der Lichtgeschwindigkeit ist gleich der zeitlichen Änderung des Flußes von $\vec{E}$ durch die Fläche plus dem Fluß des elektrischen Stroms durch F ($\times 1/\varepsilon_0$). Dies ist das *Ampère-Maxwellsche Gesetz*.

Die letzten beiden Gesetze sind für das Magnetfeld $\vec{B}$, die ersten beiden für das elektrische Feld $\vec{E}$. Beachten Sie, daß in die letzte Gleichung die Lichtgeschwindigkeit quadratisch eingeht. Magnetismus ist ein relativistischer Effekt. Dies ist weniger offensichtlich wenn wir in der letzten Gleichung c^2 durch $1/(\varepsilon_0 \mu_0)$ ersetzen. Dann sieht die vierte Gleichung folgendermaßen aus:

$$\vec{\nabla} \times \vec{B} = \mu_0 \left(\varepsilon_0 \frac{\partial \vec{E}}{\partial t} + \vec{j} \right)$$

Zur Erinnerung: In der Elektrostatik sind die Zeitableitungen gleich Null. Dadurch sind elektrische und magnetische Phänomene entkoppelt. In der Elektrodynamik ist dies nicht der Fall.

1. Die Maxwellgleichungen in differentieller Form lassen sich mit Hilfe des Gaußschen Satzes

$$\oint_F \vec{h} \, d\vec{f} = \int_V \vec{\nabla}\vec{h} \, dV \qquad (2.7)$$

und des Stokesschen Satzes

$$\oint \vec{h} \, d\vec{s} = \int_F \vec{\nabla} \times \vec{h} \, d\vec{f} \qquad (2.8)$$

in die Integralform bringen:

$$\oint_F \vec{E} \, d\vec{f} = \frac{1}{\varepsilon_0} \int_V \rho \, dV$$
$$\oint_F \vec{E} \, d\vec{s} = -\frac{\partial}{\partial t} \int_F \vec{B} \, d\vec{f}$$
$$\oint_F \vec{B} \, d\vec{f} = 0$$
$$\oint_F \vec{B} \, d\vec{s} = \mu_0 \int_F \left(\vec{j} + \varepsilon_0 \frac{\partial \vec{E}}{\partial t} \right) d\vec{f}. \qquad (2.9)$$

Herleitung des Gaußschen Satzes:

Wir betrachten einen Würfel mit den Seiten Δx, Δy und Δz. Der Fluß eines Vektorfeldes $\vec{h}$ durch die Flächen ist gegeben durch h_x, h_y und h_z an den Orten der sechs Seiten integriert über die entsprechenden Flächen. Nehmen wir also eine Fläche $\Delta y \Delta z$, so ist der Fluß durch diese $h_x \Delta y \Delta z$. Für die gegenüberliegende

Seite habe die x-Komponente des Vektorfeldes den Wert h'_x. Ist Δx hinreichend klein so gilt $h'_x = h_x + (\partial h_x/\partial x)\,\Delta x$. Da die Flüsse durch gegenüberliegende Seiten umgekehrte Vorzeichen haben, ergibt sich für beide Seiten $(\partial h_x/\partial x)\,\Delta x \Delta y \Delta z$. Also ist der Gesamtfluß durch den Würfel

$$\int_{\text{Würfel}} \vec{h}\,\mathrm{d}\vec{f} \;=\; \left(\frac{\partial h_x}{\partial x} + \frac{\partial h_y}{\partial y} + \frac{\partial h_z}{\partial z}\right)\Delta x \Delta y \Delta z$$
$$= \vec{\nabla}\vec{h}\,\Delta V\,.$$

Wir betrachten jetzt infinitesimale Würfel und setzen aus ihnen ein beliebiges Volumen zusammen. Es bleibt nur die einhüllende Fläche übrig, da sich ja Beiträge aufeinanderliegender Flächen aufheben. Damit erhalten wir den Gaußschen Satz:

$$\int_{\text{F}} \vec{h}\,\mathrm{d}\vec{f} = \int_{\text{V}} \vec{\nabla}\vec{h}\,\mathrm{d}V$$

Herleitung des Stokesschen Satzes:

Wir betrachten jetzt eine $\Delta x \Delta y$-Ebene. Die Ebene sei so klein, daß man die Änderung von $\vec{h}$ entlang einer Seite venachlässigen kann. Sei die x-Komponente des Vektorfelds entlang der einen x-Seite h_x, so ist die entsprechende Komponente entlang der gegenüberliegenden Seite wiederum $h'_x = h_x + (\partial h_x/\partial y)\Delta y$. Unter Beachtung der entgegengesetzten Vorzeichen (Umlaufsinn!) ergibt sich also für die Summe der beiden x-Kanten $-(\partial h_x/\partial y)\Delta x \Delta y$. Daraus folgt für das Linienintegral:

$$\oint \vec{h}\,\mathrm{d}\vec{s} = \left(\frac{\partial h_y}{\partial x} - \frac{\partial h_x}{\partial y}\right)\Delta x \Delta y\,.$$

Wie man sieht ist dies gerade die z-Komponente der Rotation

$$\oint \vec{h}\,\mathrm{d}\vec{s} = \left(\vec{\nabla}\times\vec{h}\right)_z \Delta f\,.$$

Beliebige Flächen kann man aus infinitesimalen Flächen zusammenbauen und die Beiträge der Stoßkanten heben sich gegenseitig auf. Für eine beliebige Schleife gilt also

$$\oint \vec{h}\,\mathrm{d}\vec{s} = \int_{\text{F}} \left(\vec{\nabla}\times\vec{h}\right)\,\mathrm{d}\vec{f}\,.$$

Dies ist der Stokessche Satz.

2. Bisher haben wir Ladungen und Ströme im Vakuum als Quellen des elektromagnetischen Feldes betrachtet. Diese gehen als *freie Ladungsdichten* ρ und *freie Stromdichten* $\vec{j}$ in unsere Gleichungen ein. Prinzipiell könnten wir mit dieser Form der Maxwellgleichungen alle Felder $\vec{E}$ und $\vec{B}$ berechnen, sobald wir alle Quellen ρ und $\vec{j}$ kennen. Im Fall makroskopischer Materie ist dies aber praktisch unmöglich. Andererseits sind wir dann aber auch nur an makroskopischen Feldern interessiert, so daß eine Mittelung der mikroskopischen Quellen durchaus sinnvoll

ist. Wir unterscheiden deshalb die Maxwellgleichungen für das Vakuum (*mikroskopische Maxwellgleichungen*) von denen für Materie (*makroskopische Maxwellgleichungen*). In der makroskopischen Form kommen Polarisationsladungen und Ströme im Material[2] hinzu.

Wir betrachten zunächst ein *Dielektrikum*. Ein Dielektrikum ist ein Material, das durch ein elektrisches Feld polarisiert wird. Durch das äußere elektrische Feld werden elektrische Dipole induziert (Beispiel: Kern und Elektronenverteilung werden gegeneinander verschoben). Das induzierte Dipolmoment pro Volumeneinheit ist die *elektrische Polarisation* $\vec{P}$. Falls das Feld nicht zu groß ist, ist der Betrag der elektrischen Polarisation proportional zum Feld (*linearer Response*). Im allgemeinen Fall ist der Proportionalitätsfaktor ein Tensor. Im isotropen Material ist der Proportionalitätsfaktor eine Konstante, d.h. die Polarisation $\vec{P}$ ist parallel zum Feld $\vec{E}$:

$$\vec{P} = \varepsilon_0 \chi_{\text{el}} \vec{E}. \tag{2.10}$$

Der Faktor χ_{el} heißt *elektrische Suszeptibilität*.

Die elektrische Polarisation kann auf Ladungsdichten ρ_{pol} und, falls $\vec{P}$ zeitabhängig ist, auf Stromdichten $\vec{j}_{\text{pol}}$ zurückgeführt werden, für die gelten muß:

$$\rho_{\text{pol}} = -\vec{\nabla}\vec{P} \quad \text{und} \quad \vec{j}_{\text{pol}} = \frac{\partial \vec{P}}{\partial t}.$$

Sind ρ und $\vec{j}$ weiterhin die freien Ladungs- und Stromdichten, so muß in den Maxwellgleichungen jetzt für die Ladungsdichte $\rho + \rho_{\text{pol}}$ und für die Stromdichte $\vec{j} + \vec{j}_{\text{pol}}$ stehen. Wir definieren einen neuen Vektor $\vec{D}$:

$$\vec{D} = \varepsilon_0 \vec{E} + \vec{P} = \varepsilon_0 (1 + \chi_{\text{el}}) \vec{E} = \varepsilon \varepsilon_0 \vec{E}. \tag{2.11}$$

Der Vektor $\vec{D}$ heißt *dielektrische Verschiebung* und ε ist die *Dielektrizitätskonstante*[3]. Mit Hilfe von $\vec{D}$ können wir die erste und die letzte Maxwellgleichung dann folgendermaßen schreiben[4]:

$$\vec{\nabla}\vec{D} = \rho$$

$$\varepsilon_0 c^2 \vec{\nabla} \times \vec{B} = \vec{j} + \frac{\partial \vec{D}}{\partial t}$$

---

[2] In diesem Zusammenhang sollte man berücksichtigen, daß zur Zeit der Definition einiger Größen die mikroskopische Ursache teilweise noch unbekannt war. Man könnte sich also durchaus vorstellen, daß manche Definitionen heute anders aussehen würden.

[3] Ein Dielektrikum setzt das Feld in einem Kondensator auf den Wert $\vec{D} = \varepsilon \varepsilon_0 \vec{E}$ herab. ε gibt also eine Art relative "Durchlässigkeit" für das Feld.

[4] Die erste Maxwellgleichung läßt sich z.B. folgendermaßen umformen:

$$\varepsilon_0 \vec{\nabla}\vec{E} = \rho_{\text{pol}} + \rho = -\vec{\nabla}\vec{P} + \rho \rightsquigarrow \vec{\nabla}\left(\varepsilon_0 \vec{E} + \vec{P}\right) = \vec{\nabla}\vec{D} = \rho.$$

Hinzu kommen jetzt noch magnetische Effekte. Auch hier ist es ganz einfach, wenn man das mikroskopische Bild kennt. Die *Magnetisierung* $\vec{M}$ des Materials ist das magnetische Dipolmoment pro Volumeneinheit. Ein Dipolmoment ist (Strom · Fläche). Es gibt also innere Ströme irgendwelcher Art, die die Magnetisierung $\vec{M}$ hervorrufen. Für sie muß gelten:

$$\vec{j}_{mag} = \vec{\nabla} \times \vec{M} \,. \tag{2.12}$$

Im Ampère–Maxwellschen Gesetz wird also $\vec{j}$ durch $\vec{j} + \vec{j}_{mag}$ bzw. durch $\vec{j} + \vec{\nabla} \times \vec{M}$ ersetzt. Diesen neuen Beitrag bringt man i.a. auf die linke Seite der Gleichung:

$$\vec{\nabla} \times \left(\varepsilon_0 c^2 \vec{B} - \vec{M} \right) = \left(\vec{j} + \frac{\partial \vec{D}}{\partial t} \right) \,. \tag{2.13}$$

Wir definieren das *magnetisierende Feld*

$$\vec{H} = \varepsilon_0 c^2 \vec{B} - \vec{M} \tag{2.14}$$

und erhalten

$$\vec{\nabla} \times \vec{H} = \vec{j} + \frac{\partial \vec{D}}{\partial t} \,.$$

! An einem bestimmten Ort in der Materie mißt man das *Magnetfeld* $\vec{B}$. Das *magnetisierende Feld* $\vec{H}$ ist offenbar ein Anteil "von außen", der den Response der Materie, die *Magnetisierung* $\vec{M}$, hervorruft[5] und mit ihm zusammen $\vec{B}$ ergibt. Wir können unter der Annahme eines linearen Responses im isotropen Medium die *magnetische Suszeptibilität* χ_m einführen und erhalten

$$\vec{M} = \chi_m \vec{H}. \tag{2.15}$$

Also ist

$$\vec{B} = \frac{1}{\varepsilon_0 c^2} \left(\vec{H} + \chi_m \vec{H} \right) = \frac{1}{\varepsilon_0 c^2} \left(1 + \chi_m \right) \vec{H}.$$

Mit der *magnetischen Feldkonstante* $\mu_0 = 1/(\varepsilon_0 c^2)$ und der *Permeabilitätskonstante* $\mu = 1 + \chi_m$ können wir auch schreiben

$$\vec{B} = \mu \mu_0 \vec{H}.$$

! Die magnetischen Eigenschaften eines Mediums können für die in der Optik gebräuchlichen Materialien i.a. vernachlässigt werden. Es gilt also $\mu \approx 1$.

Zum Schluß die Maxwellgleichungen in Materie nochmals zusammengefaßt:

$$\vec{\nabla} \vec{D} = \frac{\rho}{\varepsilon_0}$$

$$\vec{\nabla} \times \vec{E} = -\frac{\partial \vec{B}}{\partial t}$$

$$\vec{\nabla} \vec{B} = 0$$

$$\vec{\nabla} \times \vec{H} = \frac{\partial \vec{D}}{\partial t} + \vec{j} \,. \tag{2.16}$$

---

[5] Gelegentlich wird auch eine *magnetische Polarisation* $\vec{J} = \mu_0 \vec{M}$ definiert.

Beachten Sie, daß in den Gleichungen immer noch $\vec{\nabla} \times \vec{E}$ vorkommt. Beachten
Sie weiterhin, daß bei nicht isotropen Medien (d.h. ϵ und μ sind Tensoren) $\vec{E}$!
nicht notwendigerweise parallel $\vec{D}$ ist. Nur bei isotropen Medien gilt : $\vec{D} \parallel \vec{E}$ und
$\vec{B} \parallel \vec{H}$.

Bemerkung:
Manche Autoren (z.B. Feynman) bevorzugen dieselben Einheiten für $\vec{B}$ und $\vec{H}$. Deshalb
definieren sie:

$$\vec{H} = \vec{B} - \frac{\vec{M}}{\epsilon_0 c^2} \, .$$

Mit dieser Definition sieht man besser, daß $|H| < |B|$ ist.

2.2   Energie und Impuls von Licht

2.2.1   Einleitung

Dieser Abschnitt wiederholt einige wichtige Punkte aus der Elektrodynamik.
Enthält ein Volumenelement nur elektromagnetische Feldenergie (Energiedichte u), so
kann man durch Definition eines Vektors $\vec{S}$, der den Energiefluß beschreibt, die lokale
Energieerhaltung im Feld als

$$\frac{\partial u}{\partial t} = -\vec{\nabla}\vec{S}$$

schreiben.
Die Energieerhaltung für ein System geladener Teilchen und elektromagnetischer Fel-
der wird durch *Poyntings Theorem* beschrieben. Die Arbeit, die das elektromagnetische
Feld leistet, muß aus der elektromagnetischen Energie stammen. Die elektromagneti-
sche Energie wird dabei in mechanische oder thermische Energie umgewandelt.
Auf ein geladenes Teilchen wird vom Feld die Kraft $\vec{K} = q(\vec{E} + \vec{v} \times \vec{B})$ ausgeübt. Die
Arbeit pro Zeit ist folglich $\vec{K}\vec{v} = q\vec{v}\vec{E}$. **Das Magnetfeld leistet keine Arbeit.** Sind !
N Ladungen im Volumenelement, so ist die Arbeit pro Zeit $Nq\vec{v}\vec{E}$ also $\vec{j}\vec{E}$ und für ein
endliches Volumenelement

$$\int \vec{j}\vec{E} \, dV \, .$$

Dabei wird eine kontinuierliche Ladungs– und Stromverteilung vorausgesetzt.
Ohne weitere Ableitung[6] sei hier nur das Ergebnis für die Feldenergiedichte u angegeben:

$$\frac{\partial u}{\partial t} + \vec{\nabla}\vec{S} = -\vec{j}\vec{E} \, . \tag{2.17}$$

Der Vektor $\vec{S}$ heißt *Poynting-Vektor*

$$\vec{S} = \vec{E} \times \vec{H} \, . \tag{2.18}$$

Die Definition des *Poynting-Vektors* enthält also das Feld $\vec{H}$. Das ist auch anschaulich   !

---

[6] siehe z.B. Jackson, *Elektrodynamik*.

klar. Das Feld $\vec{B}$ enthält ja die Beiträge der Materie, die "nur" lokal verfügbar sind, sich also mit der Welle nicht bewegen können.

Da das Lehrbuch aber $\mu \approx 1$ voraussetzt, ist folgende Schreibweise möglich:

$$\vec{S} = \frac{1}{\mu_0} \left(\vec{E} \times \vec{B} \right) = \varepsilon_0 c^2 \left(\vec{E} \times \vec{B} \right) .$$

Probleme erwarten wir auch hier wieder im nichtisotropen, magnetischen Material.

Der zeitliche Mittelwert des Poynting–Vektors ist die *Energiestromdichte* oder *Strahlungsflußdichte*:

$$S = \langle |\vec{S}| \rangle = \sqrt{\frac{\varepsilon \varepsilon_0}{\mu \mu_0}} \langle |\vec{E}|^2 \rangle = \varepsilon_0 n c \langle |\vec{E}|^2 \rangle . \tag{2.19}$$

Die Einheit der Strahlungsflußdichte ist $[\mathrm{W/m^2}]$.

Verbunden mit der Absorption von Strahlungsleistung ist der mittlere *Strahlungsdruck*

$$p_\mathrm{S} = \frac{S}{c}. \tag{2.20}$$

Seine Ursache im Wellenbild wird in Aufgabe 2.2.5 behandelt. Beachten Sie, daß wir mit p_S das Zeitmittel des Strahlungsdruckes bezeichnen. Ohne diese Mittelung ist der Strahlungsdruck gleich $|\vec{S}|/c$.

Bemerkung:

Die *Strahlungsflußdichte* S ist die Strahlungsleistung die eine senkrecht zur Strahlrichtung stehende Einheitsfläche empfängt. Dagegen versteht man unter der *Bestrahlungstärke* E_e die Strahlungsleistung, die eine beliebig orientierte Einheitsfläche empfängt (Aufgabe 2.2.4). Diese Größen bezeichnet man als *Strahlungsfeldgrößen*. Berücksichtigen wir die spektrale Empfindlichkeit des menschlichen Auges, so erhalten wir *physiologische Größen*, die *photometrische Größen* heißen. Die *Beleuchtungsstärke* ist die der Bestrahlungsstärke entsprechende photometrische Größe. Sie hat die Einheit Lux (lx).

Meist sind Größen, deren Name "Strahl", "Strahlung" oder "Bestrahlung" enthält, Strahlungsfeldgrößen. Die Namen photometrischer Größen enthalten dagegen i.a. "Licht" oder "Beleuchtung".

Grundsätzlich sollte genau auf die Definition der verschiedenen Größen geachtet werden. Dies gilt insbesondere für die Größe *Intensität*. In Abschnitt 6.2 werden wir weitere Strahlungsfeldgrößen kennenlernen. Dort wird auch vom Strahler selbst die Rede sein.

2.2.2 Die elektromagnetische Welle

Aufgabe:

Eine harmonische Welle bewegt sich durchs Vakuum. Die Wellenlänge beträgt $500\,\mathrm{nm}$. Die Ausbreitungsrichtung ist die positive y-Richtung und das $\vec{B}$-Feld liegt in der xy-Ebene. Wie groß ist das $\vec{E}$-Feld, wenn die Strahlungsflußdichte $1.197\,\mathrm{W/m^2}$ beträgt? In welche Richtung zeigt $\vec{E}$?

Lösung:

Da $\vec{k}$, $\vec{B}$ und $\vec{E}$ aufeinander senkrecht stehen müssen, muß $\vec{B}$ in x–Richtung zeigen. $\vec{E}$ ist also in z–Richtung (jeweils positive Richtungen).
Die Strahlungsflußdichte ist

$$S = \varepsilon_0 nc \langle |\vec{E}|^2 \rangle.$$

Mit $|\vec{E}|^2 = 1/2\, E_0^2$ (siehe Aufgabe 2.2.3) erhalten wir

$$E_0 = \sqrt{\frac{2}{\varepsilon_0 c} S} = 30\, \frac{\mathrm{V}}{\mathrm{m}}.$$

2.2.3 Strahlungsflußdichte

Aufgabe:

Ein 100 mW Laser emittiere einen divergenzfreien Lichtstrahl von 2 mm Durchmesser (rechteckige Intensitätsverteilung). Wie groß ist die Strahlungsflußdichte S und die Amplitude des elektrischen Feldes?

Lösung:

Der Laserstrahl hat die Querschnittsfläche $(1 \cdot 10^{-3})^2 \pi \, \mathrm{m}^2$. Die Strahlungsflußdichte S ist Leistung pro Fläche, also

$$S = \frac{100 \cdot 10^{-3}}{\pi (10^{-3})^2}\, \frac{\mathrm{W}}{\mathrm{m}^2} = 31.8 \cdot 10^3\, \frac{\mathrm{W}}{\mathrm{m}^2}.$$

Im isotropen Medium mit $\mu \approx 1$ gilt für die elektromagnetische Welle $\vec{E} \perp \vec{B}$ und $|\vec{E}| = c/n\, |\vec{B}|$. Damit ist die Strahlungsflußdichte

$$S = \varepsilon_0 nc \langle |\vec{E}|^2 \rangle. \tag{2.21}$$

Das Quadrat der mittleren Feldstärke einer Welle $\vec{E} = \vec{E}_0 \cos(\omega t - kx)$ ist

$$|\vec{E}|^2 = \frac{1}{2} |\vec{E}_0|^2 .$$

Wir setzen jetzt $n = 1$ und erhalten

$$|\vec{E}_0| = \sqrt{\frac{2}{\varepsilon_0 c} S} .$$

Einsetzen der Zahlenwerte ergibt:

$$|\vec{E}_0| = 4900\, \frac{\mathrm{V}}{\mathrm{m}} .$$

2.2.4   Bestrahlungsstärke

Aufgabe:

Eine punktförmige Lichtquelle beleuchte einen kreisrunden Tisch (Radius=1 m). Die Lichtquelle befinde sich über der Tischmitte.

1. In welcher Höhe muß die Lichtquelle hängen, damit die Bestrahlungsstärke E_e am Tischrand maximal ist?

2. Wie groß muß bei dieser Anordnung die Leistung P der Lichtquelle sein, damit die Bestrahlungsstärke an jeder Stelle des Tisches mindestens $3 \, \text{W/m}^2$ beträgt?

Lösung:

1. Bei dieser Anordnung ist der Tisch in der Mitte immer am besten beleuchtet, d.h. die Bestrahlungsstärke ist dort am größten. Die Bestrahlungsstärke wird von zwei Größen bestimmt:

   - dem Abstand der Lichtquelle vom Tisch, da die Bestrahlungsstärke mit $1/l^2$ abnimmt, wenn l der Abstand Lichtquelle–Flächenelement ist.

   - der Projektion des Flächenelements auf eine Fläche senkrecht zur Verbindung Lichtquelle–Flächenelement (Ausbreitungsrichtung der Lichtstrahlen).

In weiter Entfernung vom Tisch führt der Abstand zur Abnahme der Bestrahlungsstärke, nah am Tisch die Projektion.

Wir betrachten eine schmale Fläche F entlang des Tischrandes (ringförmige Fläche mit der Breite Δr, so daß $F = 2\pi r \Delta r$ ist). Der Abstand zur Lichtquelle sei l. Mit dem Radius r des Tisches und der Höhe h der Lichtquelle über der Tischmitte ist

$$l = \sqrt{r^2 + h^2}.$$

Ist Θ der Winkel zwischen h und l (siehe Skizze), so ist $\cos \Theta = h/l$.

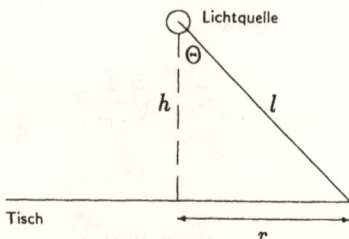

Damit ist die projizierte Fläche (also die Fläche senkrecht zur Ausbreitungsrichtung des Lichts) $F \cos \Theta = F\, h/l$.

Für eine Lichtquelle, die die Gesamtleistung P in den vollen Raumwinkel abstrahlt, ist die *Strahlungsflußdichte*[7] S im Abstand l:

$$S = \frac{P}{4\pi l^2} = \frac{P}{4\pi\left(r^2 + h^2\right)}.$$

Die Projektion auf die Tischfläche wird mit dem Faktor $\cos \Theta$ berücksichtigt und wir erhalten für die Bestrahlungsstärke E_e am Tischrand

$$
\begin{aligned}
E_e = S \cos \Theta \;&= \; \frac{P}{4\pi\left(r^2 + h^2\right)} \cos \Theta = \frac{P}{4\pi\left(r^2 + h^2\right)} \frac{h}{\sqrt{r^2 + h^2}} \\
&= \; \frac{Ph}{4\pi\left(r^2 + h^2\right)^{3/2}}.
\end{aligned}
$$

Diesen Ausdruck müssen wir jetzt nach h ableiten, um das Maximum zu finden. Aus physikalischen Überlegungen wissen wir bereits, daß es Minima für $h = 0$ und $h = \infty$ gibt. Da

$$\frac{dE_e}{dh} = \frac{\left(r^2 + h^2\right)^{3/2} - h(3/2)\left(r^2 + h^2\right)^{1/2} 2h}{\left(r^2 + h^2\right)^3} \frac{P}{4\pi}$$

ist, können wir das Maximum aus

$$\left(r^2 + h^2\right)^{3/2} - 3h^2 \left(r^2 + h^2\right)^{1/2} = 0$$

bestimmen. Durch Multiplikation mit $\left(r^2 + h^2\right)^{-1/2}$ erhalten wir

$$r^2 + h^2 - 3h^2 = 0 \rightsquigarrow r^2 = 2h^2.$$

Also ist

$$h = \frac{1}{\sqrt{2}} r\,.$$

Die Bestrahlungsstärke ist also maximal, wenn die Lichtquelle in einer Höhe $h = 70.7$ cm angebracht wird.

2. Wir fordern $E_e = 3\,\text{W/cm}^2$ und hängen die Lichtquelle in der eben errechneten optimalen Höhe auf. Die geringste Bestrahlungsstärke ist am Tischrand, so daß wir die oben gefundene Gleichung für E_e benutzen können. Wenn wir diese nach P auflösen erhalten wir

$$P = E_e \frac{4\pi\left(r^2 + h^2\right)^{3/2}}{h}.$$

Einsetzen der Zahlenwerte ergibt $P = 97.95\,\text{W}$.

---

[7] Beachten Sie, daß sich die Strahlungsflußdichte auf eine senkrecht zur Strahlrichtung stehende Einheitsfläche bezieht.

2.2.5   Strahlungsdruck

Aufgabe:

Das elektrische Feld einer elektromagnetischen Welle bewegt die Ladungen in einem Dielektrikum transversal zur Ausbreitungsrichtung der Welle. Der Strahlungsdruck dagegen wirkt in Ausbreitungsrichtung. Erklären Sie den mittleren Strahlungsdruck p_S im Wellenbild.

Lösung:

Das elektrische Feld bewegt die Ladungen (q), z.B. Elektronen, auf und ab. Auf die mit der Geschwindigkeit $\vec{v}$ bewegten Ladungen übt das magnetische Feld eine Kraft $\vec{K} = q(\vec{v} \times \vec{B})$ aus. Da sich das magnetische Feld in Phase mit dem elektrischen Feld verändert, wirkt diese Kraft immer in dieselbe Richtung und zwar, da $\vec{v}$ in Richtung $\vec{E}$ zeigt, in Ausbreitungsrichtung der Welle. Diese Kraft ergibt den *Lichtdruck*, der folglich auch in Ausbreitungsrichtung wirkt.

Wir müssen natürlich den zeitlichen Mittelwert der Kraft $\langle K \rangle$ betrachten. Außerdem ersetzen wir B durch E/c und erhalten $\langle K \rangle = q \langle vE \rangle / c$. Dies ist gerade $1/c$ mal die Arbeit, die pro Zeit an der Ladung durch das elektrische Feld verrichtet wird. Der Lichtdruck ist die Kraft pro Fläche und somit $1/c$ mal die Strahlungsflußdichte:

$$p_S = \frac{S}{c}.$$

2.2.6   Strahlungsdruck der Sonne

Aufgabe:

Die Sonne strahlt eine Gesamtleistung von $\approx 4 \cdot 10^{26}$ W ab. Der Abstand Sonne–Erde beträgt $\approx 150 \cdot 10^6$ km, der Durchmesser der Erde ist ≈ 12500 km.

1. Wie groß ist die mittlere Bestrahlungsstärke auf der Erde (unter Vernachlässigung der Atmosphäre).

2. Wie groß ist der Strahlungsdruck auf die Erde, wenn Sie annehmen, daß die Strahlung vollständig absorbiert wird?

3. Welche Kraft wirkt dadurch auf die Erde?

Lösung:

1. Die Sonne strahlt ihre Leistung $P = 4 \cdot 10^{26}$ W in alle Raumrichtungen (Raumwinkel 4π) ab. Die Strahlungsflußdichte im Abstand der Erde $a = 150 \cdot 10^9$ m ist also die Leistung dividiert durch die Kugelfläche in m^2, also

$$S = \frac{P}{4\pi a^2} = 1414.7 \, \frac{\text{W}}{\text{m}^2}.$$

Es ist nach der <u>mittleren</u> Bestrahlungsstärke gefragt. Wir können die Krümmung der Erdhalbkugel berücksichtigen, indem wir die auf eine Scheibe[8] (mit Erdradius) eingestrahlte Leistung berechnen und diese dann durch die Fläche der Halbkugel dividieren. Wir sehen sofort, daß dies einen Faktor 0.5 ergibt ($\pi r^2 / 2\pi r^2$) und erhalten also

$$E_e = 707.35 \, \frac{W}{m^2}$$

als mittlere Bestrahlungsstärke auf der Erdoberfläche.

2. Bei vollständiger Absorption ist der Strahlungsdruck

$$p_S = \frac{S}{c}.$$

Mit $c = 3.0 \cdot 10^8$ m/s ergibt sich für die Scheibe

$$p_S = \frac{S}{c} = 4.716 \cdot 10^{-6} \, \frac{N}{m^2}$$

bzw. für die Halbkugel

$$p_S = \frac{E_e}{c} = 2.358 \cdot 10^{-6} \, \frac{N}{m^2}.$$

Zur Vollständigkeit sei noch die Umwandlung der Einheiten gezeigt:

$$\frac{S}{c} \longrightarrow \frac{Ws}{m^2 m} = \frac{Ws}{m^3} = \frac{J}{m^3} = \frac{Nm}{m^3} = \frac{N}{m^2}.$$

3. Wir müssen jetzt wieder mit der Fläche multiplizieren. Damit verschwindet natürlich unser "Korrekturfaktor" 0.5 wieder, und wir erhalten im Fall der Scheibe dieselbe Kraft K wie im Fall der Halbkugel:

$$K = p_S \pi r^2 = 578.7 \cdot 10^6 \, N.$$

Bemerkung:
In dieser Aufgabe wurden einige Größen auf- bzw. abgerundet, um das Rechnen zu vereinfachen. Abstände und Durchmesser sind auch immer als mittlere Größen zu verstehen. So ist der mittlere Abstand Sonne-Erde $149.6 \cdot 10^6$ km und wird 1 AE (*astronomische Einheit*) genannt. Die über der Erdatmosphäre gemessene Strahlungsflußdichte der Sonne wird als *Solarkonstante* bezeichnet. Ihr langjähriger Mittelwert beträgt $1.37 \cdot 10^3$ W/m^2.

2.3   Phasen- und Gruppengeschwindigkeit

2.3.1   Einleitung

Im Fall eines unendlich ausgedehnten Wellenzuges läßt sich eine Fortpflanzungsgeschwindigkeit nicht definieren. Das einzige Merkmal ist die Phase. Daraus folgt der

---

[8] Es genügt eine Scheibe senkrecht zur Verbindungsgeraden Sonne-Erde zu betrachten, da wegen $a \gg r$ alle Flächenelemente der Scheibe in etwa senkrecht zu dieser Verbindungsgeraden stehen.

Begriff der *Phasengeschwindigkeit*. Die Phasengeschwindigkeit ergibt sich aus der Wellengleichung (2.2 und 2.3) zu[9]

$$v_{\mathrm{ph}} = \frac{\omega}{k} = \frac{c}{n}. \tag{2.22}$$

Wie wir in Abschnitt 2.4 sehen werden, hängt der Brechungsindex im Medium und damit die Phasengeschwindigkeit von der Frequenz[10] der Lichtwelle ab (*Dispersion*). Da die Wellengleichung linear ist, können wir Lösungen verschiedener Frequenz linear überlagern. Überlagern wir z.B. zwei Wellen unterschiedlicher Frequenz, so erhalten wir Schwebungen, d.h. die Amplitude der resultierenden Welle ist moduliert. Dies ist in Bild 2.1 dargestellt.

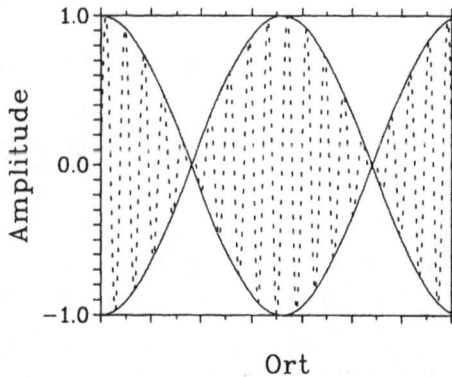

Bild 2.1: Überlagert man zwei Wellen leicht unterschiedlicher Frequenz, so erhält man eine modulierte Welle.

Im Vakuum bewegen sich die beiden Ausgangswellen gleich schnell und somit bewegt sich auch die Modulation (Einhüllende) mit dieser Geschwindigkeit. In einem Medium dagegen haben die Ausgangswellen unterschiedliche Phasengeschwindigkeit und ihre relative Phase wird zeitabhängig. Damit ergibt sich auch für die Einhüllende eine neue Geschwindigkeit. Diese Geschwindigkeit ist die *Gruppengeschwindigkeit*

$$v_{\mathrm{gr}} = \frac{\mathrm{d}\omega}{\mathrm{d}k} = \frac{c}{n} - \frac{kc}{n^2}\frac{\mathrm{d}n}{\mathrm{d}k} = v_{\mathrm{ph}}\left(1 - \frac{k}{n}\frac{\mathrm{d}n}{\mathrm{d}k}\right). \tag{2.23}$$

!   Dabei ist vorausgesetzt, daß nur Wellen eines kleinen Frequenzintervalles überlagert werden (siehe Aufgabe 2.3.2).

Bei der Behandlung der Dispersion (Abschnitt 2.4) werden wir sehen, daß der Brechungsindex auch kleiner als 1 werden kann. Daraus folgt, daß die Phasengeschwindigkeit größer als die Vakuumlichtgeschwindigkeit c ist. Das ist kein Widerspruch zur Relativitätstheorie, da eine monochromatische Welle keine Information übertragen kann. Information wird nicht mit der Phasen-, sondern mit der Gruppengeschwindigkeit übertragen. Die Gruppengeschwindigkeit heißt deshalb auch die *Signalgeschwindigkeit*.

---

[9] Wir bezeichnen mit c die Lichtgeschwindigkeit im Vakuum.
[10] Die Frequenz ist unabhängig vom Medium.

Dies ist richtig solange sich das Licht ohne starke Absorption ausbreitet. Denn auch die Gruppengeschwindigkeit kann in der Nähe starker Absorption (anomale Dispersion) größer als die Lichtgeschwindigkeit werden. Da in diesem Fall aber die Amplitude innerhalb einer Wellenlänge praktisch auf Null abnimmt, kann man auch hier zeigen, daß es kein Widerspruch zur Relativitätstheorie ist. Natürlich sind auch die Voraussetzungen, die zur Ableitung der Gruppengeschwindigkeit benutzt werden, nicht mehr erfüllt (siehe Aufgabe 2.3.2).

2.3.2 Gruppengeschwindigkeit

Aufgabe:

Zeigen Sie, daß ein Puls, der durch

$$u(x,t) = \frac{1}{\sqrt{2\pi}} \int_{-\infty}^{+\infty} A(k) \exp\left[ikx - i\omega(k)t\right] \, dk \tag{2.24}$$

beschrieben wird, sich mit der Gruppengeschwindigkeit

$$v_{gr} = \left.\frac{d\omega}{dk}\right|_0$$

bewegt, wenn die Verteilung der Wellenzahlen nicht zu breit um $k = k_0$ ist.

Lösung:

Unter der gegebenen Voraussetzung können wir die Frequenz ω um ihren Wert bei k_0 entwickeln und erhalten

$$\omega \approx \omega_0 + \left.\frac{d\omega}{dk}\right|_0 (k - k_0) + \cdots$$

Beachten Sie, daß diese Näherung der weiter unten folgenden Definition der Gruppengeschwindigkeit zu Grunde liegt.
Jetzt können wir das Integral folgendermaßen schreiben:

$$u(x,t) \approx \frac{1}{\sqrt{2\pi}} \exp\left[i\left(k_0 \left.\frac{d\omega}{dk}\right|_0 - \omega_0\right)t\right] \int_{-\infty}^{+\infty} A(k) \exp\left[i\left(x - \left.\frac{d\omega}{dk}\right|_0 t\right)k\right] \, dk$$

Vergleich mit Gleichung 2.24 zeigt sofort, daß das Integral jetzt eine Funktion $u(x',0)$ mit $x' = x - (d\omega/dk)|_0 t$ ergibt. Wir können also

$$u(x,t) \approx u\left(x - \left.\frac{d\omega}{dk}\right|_0 t, 0\right) \exp\left[i\left(k_0 \left.\frac{d\omega}{dk}\right|_0 - \omega_0\right)t\right]$$

schreiben. Entsprechend Gleichung 1.1 ist dies, vom Phasenfaktor abgesehen, ein Puls, der sich ungestört mit der *Gruppengeschwindigkeit*

$$v_{gr} = \left.\frac{d\omega}{dk}\right|_0$$

bewegt. Die Gruppengeschwindigkeit ist die mittlere Geschwindigkeit des Pulses.
Bemerkung:
Falls mit dem Puls eine Energiedichte verbunden ist, so erfolgt in dieser Näherung auch der Energietransport mit der Gruppengeschwindigkeit.

2.3.3   Auseinanderlaufen eines Pulses

Aufgabe:

Zeigen Sie, daß ein Puls, der zur Zeit $t = 0$ die räumliche Breite Δx_0 hat, zur Zeit t ungefähr die Breite

$$\Delta x(t) \approx \sqrt{\left(\Delta x_0\right)^2 + \left(\frac{\mathrm{d}^2\omega}{\mathrm{d}k^2}\frac{t}{\Delta x_0}\right)^2}$$

besitzt. Gehen Sie dazu von der "Unschärferelation" $\Delta k \approx (1/\Delta x_0)$ (vgl. Gleichung 1.15) aus.

Lösung:

Die mittlere Geschwindigkeit des Pulses ist die Gruppengeschwindigkeit. Aus der räumlichen Breite des Pulses folgt eine Verteilung der Wellenzahlen gemäß der "Unschärferelation" $\Delta k \approx (1/\Delta x_0)$. Daraus ergibt sich eine "Unschärfe der Gruppengeschwindigkeit"

$$\Delta v_{\mathrm{gr}} \approx \frac{\mathrm{d}^2\omega}{\mathrm{d}k^2}\Delta k \approx \frac{\mathrm{d}^2\omega}{\mathrm{d}k^2}\frac{1}{\Delta x_0}.$$

Damit haben wir eine räumliche Unschärfe $(\Delta v_{\mathrm{gr}})t$, die wir, da es sich um <u>Unsicherheiten</u> handelt, quadratisch zu Δx_0 addieren müssen. Wir erhalten also für die gesamte räumliche Breite zur Zeit t

$$\Delta x(t) \approx \sqrt{\left(\Delta x_0\right)^2 + \left(\frac{\mathrm{d}^2\omega}{\mathrm{d}k^2}\frac{t}{\Delta x_0}\right)^2}.$$

2.3.4   Phasengeschwindigkeit

Aufgabe:

Der Brechungsindex von Kohlenstofftetrachlorid ist $n = 1.46$. Ein Lichtstrahl bewege sich durch einen Tank von 650 m Länge, der mit Kohlenstofftetrachlorid gefüllt ist. Ein zweiter Lichtstrahl bewege sich parallel dazu in Luft. Wie groß ist der Laufzeitunterschied nach 650 m, der sich aus den Phasengeschwindigkeiten ergeben würde?

Lösung:

Für elektromagnetische Wellen im Medium ist die Phasengeschwindigkeit durch

$$v_{\mathrm{ph}} = \frac{c}{n}$$

beschrieben, wobei c die Lichtgeschwindigkeit im Vakuum ist. In Luft ist $n \approx 1$, so daß die Laufzeit für die Länge $l = 650\,\mathrm{m}$

$$t_{\mathrm{Luft}} = \frac{l}{c} = 2.1739 \cdot 10^{-6}\,\mathrm{s}$$

beträgt. Im Kohlenstofftetrachlorid ($n = 1.46$) ergibt sich für die Laufzeit

$$t_{\text{Tank}} = \frac{l}{c/n} = 3.17399 \cdot 10^{-6} \, \text{s}.$$

Somit beträgt der Laufzeitunterschied

$$t_{\text{Luft}} - t_{\text{Tank}} = 1 \, \mu\text{s}.$$

Bemerkung:
Es sei nochmal darauf hingewiesen, daß eine direkte Messung der Lichtlaufzeiten immer die Gruppengeschwindigkeit ergibt, da immer die Laufzeit von Lichtpulsen gemessen wird. Der Unterschied zwischen Gruppen- und Phasengeschwindigkeit hängt von der Dispersion des Mediums ab. Selbst in Luft ist er noch etwa $2 \, \text{km/s}$.

2.4 Dispersion von Licht

2.4.1 Einleitung

Ganz allgemein bezeichnen wir in der Physik als *Dispersion*

> die Abhängigkeit einer physikalischen Größe oder Erscheinung von der Frequenz ν oder Wellenlänge λ einer periodischen Feldgröße.

In der Optik ist die grundlegende Bedeutung dieses Begriffs

> die Wellenlängenabhängigkeit der Phasengeschwindigkeit v_{ph} einer Welle in einem Medium.

Dies hat die Dispersion des Brechungsindex n zur Folge, der im "nichtmagnetischen" Material, also für $\mu \approx 1$, durch die *Maxwellbeziehung*

$$n = \frac{c}{v_{\text{ph}}} = \sqrt{\varepsilon} \tag{2.25}$$

gegeben ist. In Tabelle 2.2 sind verschiedene Begriffe, die in diesem Zusammenhang auftreten, aufgelistet.
Für die Dispersion ist die Polarisation der Materie durch die elektromagnetische Welle verantwortlich. Mitschwingende Ladungen führen zu Abweichungen vom Vakuum. In Aufgabe 2.1.2 haben wir bereits folgende Größen diskutiert:

$$
\begin{aligned}
\text{Dielektrische Verschiebung} \quad \vec{D} &= \varepsilon \varepsilon_0 \vec{E} = \varepsilon_0 \vec{E} + \vec{P} \\
\text{Elektrische Polarisation} \quad \vec{P} &= \chi_{\text{el}} \varepsilon_0 \vec{E} \\
\text{Dielektrizitätskonstante} \quad \varepsilon &= 1 + \chi_{\text{el}}
\end{aligned}
$$

Hier werden, wie in den meisten Lehrbüchern, nur isotrope Materialien behandelt, d.h. $\vec{E}$, $\vec{D}$ und $\vec{P}$ sind parallele Vektoren.

Tabelle 2.2: Begriffe im Zusammenhang mit Dispersion in der Optik. Die Symbole C, D und F bezeichnen Fraunhofersche Linien (siehe dazu Tabelle 2.3). Die Definition der mittleren und relativen Dispersion kann auch andere Wellenlängen beinhalten.

Materialdispersion	$dn/d\lambda$
Winkeldispersion (Prisma)	$d\varphi/d\lambda$
Mittlere Dispersion	$n_F - n_C$
Relative Dispersion	$(n_F - n_C)/(n_D - 1)$

Wir wollen etwas über die Dielektrizitätskonstante der Materie lernen. Allerdings ist für uns nicht die *statische Dielektrizitätskonstante*[11] ε_s von Interesse, sondern die frequenzabhängige Dielektrizitätskonstante. Der Mechanismus, der für ihre Frequenzabhängigkeit verantwortlich ist, hat auch eine Absorption elektromagnetischer Energie im Medium zur Folge.

Zur Dielektrizitätskonstante tragen verschiedene Polarisationsmechanismen bei. Sie werden in Aufgabe 2.4.2 diskutiert. Auf ein elektrisches Wechselfeld reagieren diese Mechanismen verschieden. Es zeigt sich, daß in guter Näherung gilt:

> Im Frequenzbereich des sichtbaren Lichtes wird die Polarisation durch die *elektronische Polarisierbarkeit* bestimmt.

Die Polarisation der Materie (N Atome pro Volumeneinheit) ist dann gegeben durch

$$\vec{P} = N\alpha\varepsilon_0\vec{E}_{lok}. \tag{2.26}$$

Dabei ist α die *elektronische Polarisierbarkeit* des Atoms und $\vec{E}_{lok}$ ist das lokale elektrische Feld am Ort des Atoms. In Materie ist $\vec{E}_{lok}$ im allgemeinen verschieden vom äußeren Feld $\vec{E}$, folglich ist $N\alpha \neq \chi_{el}$. Nur in verdünnter Materie ist $\vec{E}_{lok} \approx \vec{E}$ und damit $N\alpha \approx \chi_{el}$.

Elektronische Polarisierbarkeit

Freie Atome haben im feldfreien Raum kein Dipolmoment. Sie werden aber durch ein äußeres elektrisches Feld polarisiert. Aus der makroskopischen Polarisation $\vec{P}$ ergibt sich die Dielektrizitätskonstante.

Die magnetische Kraft $\vec{K}_M = q\vec{v} \times \vec{B}$ (Lorentzkraft) kann in diesem Zusammenhang vernachlässigt werden, da sie um den Faktor $1/c$ kleiner als die elektrische Kraft ($\vec{K}_E = q\vec{E}$) ist.

---

[11] Diese erhalten wir durch Messung der Kapazitäten eines Kondensators mit und ohne Dielektrikum:

$$\varepsilon_s = \frac{C}{C_{vak}}.$$

Das Feld, das z.B. das Proton im Wasserstoff am Ort des Elektrons erzeugt ist in der Größenordnung von 10^{11} V/m. Die elektrischen Felder, die das Licht verursacht sind dagegen im Bereich 10 bis einige 1000 V/m. Dementsprechend bewirken elektromagnetische Wellen im optischen Bereich nur eine, auch im Vergleich zu atomaren Dimensionen (10^{-10} m), winzige Auslenkung in der Größenordnung von 10^{-17} m. In guter Näherung kann deshalb eine elastische Verschiebung (linearer Respons) angenommen werden, so daß sich das induzierte Dipolmoment $\vec{\mu}_{\mathrm{ind}}$ folgendermaßen schreiben läßt:

$$\vec{\mu}_{\mathrm{ind}} = \alpha \varepsilon_0 \vec{E}. \tag{2.27}$$

Da wir zunächst ein einzelnes Atom betrachten, haben wir das äußere Feld $\vec{E}$ eingesetzt. Zur Ableitung der Frequenzabhängigkeit der Dielektrizitätskonstanten kann das Atom also als harmonischer Oszillator (lineare rücktreibende Kraft) betrachtet werden. Dies wird in Aufgabe 2.4.3 durchgeführt. Für eine Dichte[12] N einer bestimmten Atomsorte ergibt sich Gleichung 2.40. Sie gilt in verdünnten Gasen, also wenn $\vec{E}_{\mathrm{lok}}$ (Gleichung 2.26) näherungsweise gleich dem äußeren Feld $\vec{E}$ ist. Sind verschiedene Atomsorten beteiligt, so muß über ihre Beiträge j aufsummiert werden

$$n^2(\omega) = \varepsilon(\omega) = 1 + \frac{e^2}{\varepsilon_0 m_e} \sum_j \frac{N_j}{\omega_{0j}^2 - \omega^2 + i\gamma_j \omega}. \tag{2.28}$$

Da ein Atom verschiedene Übergänge aufweist, ergibt sich in der Quantenmechanik (jetzt wieder für eine Atomsorte)

$$n^2(\omega) = \varepsilon(\omega) = 1 + \frac{Ne^2}{\varepsilon_0 m_e} \sum_k \frac{f_k}{\omega_{0k}^2 - \omega^2 + i\gamma_k \omega}. \tag{2.29}$$

Die Größe f_k heißt *Oszillatorstärke* und gibt die *Übergangswahrscheinlichkeit* des k-ten Übergangs an.

Weitere Näherung in Gasen

Bei Gasen ist die Teilchendichte N klein. Somit ist $n^2 = \varepsilon = 1 + N\alpha$ weit weg von einer Resonanz ungefähr Eins. Wir können $n^2 - 1 = \varepsilon - 1$ also entwickeln und finden daraus

$$n \approx 1 + \frac{1}{2} N \frac{e^2}{\varepsilon_0 m_e} \frac{1}{\omega_0^2 - \omega^2 + i\gamma\omega}, \tag{2.30}$$

falls es nur eine Resonanzfrequenz gibt. Der Brechungsindex n steht jetzt also nicht mehr quadratisch in der Gleichung. Auf der rechten Seite ist ein Faktor $1/2$ dazugekommen.

---

[12] Hier wird N für die Teilchendichte benutzt, um Verwechslungen mit dem Brechungsindex auszuschließen. Oft, speziell in Lehrbüchern der Festkörperphysik, ist N die Teilchenzahl und $n = N/V$ die Teilchendichte.

Polarisation in dichter Materie

Wir haben bisher die Atome als voneinander unabhängig betrachtet. In diesem Fall wirkt das äußere Feld als polarisierendes Feld. In dichter Materie ist dies nicht richtig, da die benachbarten Dipole zum lokalen Feld beitragen. Man nutzt in diesem Fall eine Methode, die von H.A. LORENTZ[13] eingeführt wurde (siehe PHYSIK II). Dabei stellt man sich um das betrachtete Atom eine Kugel (*Lorentzkugel*) vor, deren Radius so gewählt ist, daß man den Bereich außerhalb der Kugel als Kontinuum betrachten kann und nur innerhalb der Kugel die tatsächliche Struktur der Materie berücksichtigt werden muß. Für viele kubische Kristalle und für isotrope Materialien verschwindet der Beitrag der Dipole innerhalb der Kugel und das lokale Feld ist

$$\vec{E}_{\text{lok}} = \vec{E} + \frac{\vec{P}}{3\varepsilon_0}. \tag{2.31}$$

Dies ist die *Lorentz–Beziehung*. Gilt diese Gleichung, so ist die Polarisation folglich

$$\vec{P} = N\alpha\varepsilon_0 \left(\vec{E} + \frac{\vec{P}}{3\varepsilon_0} \right) \quad \leadsto \quad \vec{P} = \frac{N\alpha}{1 - N\alpha/3}\varepsilon_0\vec{E}.$$

Wir sehen sofort

$$\chi_{\text{el}} = \varepsilon - 1 = \frac{N\alpha}{1 - N\alpha/3}$$

und folglich

$$N\alpha = 3\,\frac{\varepsilon - 1}{\varepsilon + 2}. \tag{2.32}$$

Dies ist die *Clausius–Mosotti–Gleichung*. Setzen wir α aus Gleichung 2.40 ein, so erhalten wir mit $n^2 = \varepsilon$:

$$\frac{n^2 - 1}{n^2 + 2} = \frac{1}{3}N\frac{e^2}{\varepsilon_0 m_e}\frac{1}{\omega_0^2 - \omega^2 + i\gamma\omega} \tag{2.33}$$

Gleichung 2.33 gilt für ein System mit nur einer Atomsorte und nur einer Resonanzfrequenz.

Ein weiterer Effekt im dichten Material wird durch die starke Wechselwirkung der Atome untereinander verursacht. Sie führt zu einer Verschiebung der Resonanzfrequenzen und zu einer Verstärkung der Dämpfung.

Metalle

Die Eigenschaften von Metallen sind durch die Leitungselektronen gekennzeichnet. Im optischen Bereich finden wir

$$\varepsilon(\omega) = 1 - \frac{\omega_P^2}{\omega^2}. \tag{2.34}$$

Dabei ist ω_P die *Plasmafrequenz*. In Aufgabe 2.4.4 wird ein einfaches Modell behandelt.

---

[13] H.A. Lorentz, *The Theory of Electrons*, Teubner, Leipzig, 1909, Sec. 117.

Der komplexe Brechungsindex

Wie wir gesehen haben, ergibt sich der Brechungsindex als komplexe Größe $n = n_R + i\,n_I$. Der Realteil n_R ist der für die Brechung verantwortliche Anteil, während der Imaginärteil n_I die Schwächung der Welle aufgrund des Energieverlusts im atomaren Oszillator repräsentiert. Dazu betrachten wir eine eindimensionale Welle:

$$\Psi \propto \exp(ikx) = \exp\left(i\,n\frac{\omega}{c}x\right) = \exp\left(i(n_R + i\,n_I)\frac{\omega}{c}x\right) = \exp\left(-n_I\frac{\omega}{c}x\right)\exp\left(i\,n_R\frac{\omega}{c}x\right).$$

Normale und anomale Dispersion

Aus rein historischen Gründen unterscheidet man *normale* und *anomale* Dispersion.

Normale Dispersion Alle durchsichtigen, farblosen Substanzen zeigen für Wellenlängen im sichtbaren Bereich *normale* Dispersion. Für sie gelten folgende "Regeln" (es gibt natürlich auch Ausnahmen):

- Der Brechungsindex wird größer mit abnehmender Wellenlänge.

- Die Zunahme des Brechungsindex ($dn/d\lambda$) ist größer für kürzere Wellenlängen.

- Die Zunahme des Brechungsindex bei einer bestimmten Wellenlänge ist i.a. umso größer, je größer der Brechungsindex des Materials bei dieser Wellenlänge ist.

- Es gibt keine einfache Beziehung zwischen den $n(\lambda)$-Kurven verschiedener Substanzen.

Die Auswirkungen dieser "Regeln" kann man z.B. an Spektren beobachten, die mit einem Prismenspektrographen aufgenommen wurden. Ein sehr wichtiger Punkt ist dabei, daß die Ablenkung <u>nicht</u> linear von der Wellenlänge abhängt[14]. Tabelle 2.3 zeigt eine Zusammenstellung der Brechungsindizes verschiedener Gläser für die Fraunhoferschen Linien C, D und F.

Tabelle 2.3: Brechungsindizes verschiedener optischer Gläser (typische Vertreter) für die Fraunhoferschen Linien C, D und F.

Symbol	Wellenlänge	Kronglas	Flintglas	Quarz
C	656.28nm	1.52441	1.58848	1.45640
D	589.29nm	1.52704	1.59144	1.45845
F	486.13nm	1.53303	1.59825	1.46318

Für die normale Dispersion fand CAUCHY[15] die Formel

$$n = A + \frac{B}{\lambda^2} + \frac{C}{\lambda^4} + \cdots \tag{2.35}$$

---

[14] Im Gegensatz zum Gitterspektrographen.
[15] AUGUSTIN LOUIS CAUCHY (1789–1857), französischer Mathematiker.

mit dem empirischen Konstanten A, B und C. Sie wird auch als *Cauchysche Formel* bezeichnet.

Eine Verbesserung der Cauchyschen Formel stellt die *Sellmeier Beziehung* dar. Sie wird im Lehrbuch als Extrapolationsformel der Form

$$n^2(\lambda) = A + \sum_j \frac{B_j}{\lambda^2 - C_j^2} \qquad (2.36)$$

angegeben, wobei die Konstanten A, B_j und C_j aus gemessenen Werten $n(\lambda)$ bestimmt werden. Die Sellmeier Beziehung beruht bereits auf dem Modell der atomaren Oszillatoren und wurde 1871 von SELLMEIER formuliert. Oft wird sie in der Form

$$n^2(\lambda) = 1 + \sum_j \frac{A_j \lambda^2}{\lambda^2 - \lambda_{0j}^2}$$

geschrieben, wobei die Wellenlängen λ_{0j} mit den Resonanzfrequenzen des Atoms über $\lambda_{0j} \nu_{0j} = c$ in Beziehung stehen.

Die Sellmeier Beziehung versagt bei Annäherung an ein Absorptionsband. Dafür ist, wie HELMHOLTZ[16] erkannte, die Energieabsorption verantwortlich.

Da es keine einfache Beziehung zwischen Brechungsindex und Wellenlänge gibt, charakterisiert man Gläser in der Praxis durch den Brechungsindex bei einer bestimmten Wellenlänge und durch eine mittlere Dispersion, die durch die *Abbé-Zahl* ($=$ Kehrwert der relativen Dispersion)

$$\nu_{\mathrm{D}} = \frac{n_{\mathrm{D}} - 1}{n_{\mathrm{F}} - n_{\mathrm{C}}} \qquad (2.37)$$

gegeben ist. F, D und C sind die blaue, gelbe und rote Fraunhofersche Linie aus Tabelle 2.3. Siehe dazu auch Aufgabe 3.3.3. Nicht immer wird die D–Linie als Bezugswellenlänge benutzt. Häufig findet man auch Angaben n_{d} und ν_{d} für die d–Linie (587.26nm) oder n_{e} und ν_{e} für die e–Linie (546.074nm).

Anomale Dispersion Im Bereich eines Absorptionsbandes bezeichnet man die Dispersion als *anomal*, da längere Wellenlängen einen größeren Brechungsindex n besitzen und deshalb stärker gebrochen werden als kürzere. Durchsichtige Materialien haben ihre Absorptionsbänder im Infraroten (IR) und Ultravioletten (UV)[17], wobei man elektronische Resonanzen im UV Bereich findet, während die Resonanzen der Molekülschwingungen im IR liegen.

2.4.2 Polarisationsmechanismen

Aufgabe:

Für die statische Dielektrizitätskonstante von Wasser findet man $\sqrt{\varepsilon_{\mathrm{s}}} = 8.96$. Dagegen ist der Brechungsindex für gelbes Natriumlicht $n = 1.333$. Im Gegensatz dazu findet

---

[16] H.L.F. VON HELMHOLTZ (1821–1894).

[17] Als diese Absorptionsbänder schließlich entdeckt wurden, war bewiesen, daß der Begriff "anomal" falsch gewählt worden war, da dieser Verlauf der Absorption bei allen Materialien zu finden ist. Der Begriff blieb aber trotzdem bis heute erhalten.

man für Benzol $\sqrt{\varepsilon_s} = 1.51$ und $n = 1.501$. Gemessen wurde jeweils bei 20°C. Wie können Sie dieses unterschiedliche Verhalten der beiden Flüssigkeiten erklären?

Lösung:

Freie Atome haben kein permanentes elektrisches Dipolmoment. Im äußeren Feld verschiebt sich aber der Schwerpunkt der elektronischen Ladungsverteilung gegenüber dem Kern und das Atom wird polarisiert. Diesen Mechanismus nennt man *elektronische Polarisation*.

Moleküle können dagegen bereits permanente elektrische Dipolmomente besitzen (*polare Moleküle*). Diese werden durch das elektrische Feld ausgerichtet. Man spricht deshalb von *Orientierungspolarisation*.

Des weiteren wird in Molekülen der Abstand der Ionen oder Atome durch das Feld beeinflußt. Dies führt zur *ionischen Polarisation*[18]. Wie die elektronische Polarisation ist sie eine *Verschiebungspolarisation*.

Die Dielektrizitätskonstante setzt sich also folgendermaßen aus den einzelnen Beiträgen[19] zusammen:

$$\varepsilon = 1 + \chi_{orient} + \chi_{elektr} + \chi_{ion}.$$

Die Wassermoleküle sind polare Moleküle. Diese werden im elektrischen Feld ausgerichtet. Aufgrund des Trägheitsmomentes der Wassermoleküle funktioniert dies nur für niedere Frequenzen. Bei hohen Frequenzen können die Moleküle nicht mehr folgen, d.h. der Beitrag der Orientierungspolarisation fällt weg. Für Wasser hat dies einen starken Abfall der Dielektrizitätskonstanten bei etwa 10^{10} Hz, also im Mikrowellenbereich, zur Folge. Auch die ionischen Verschiebungen können im Bereich "optischer Frequenzen" nicht mehr folgen. Für die hohen Frequenzen, mit denen wir es in der Optik zu tun haben, genügt es i.a. elektronische Polarisation zu berücksichtigen.

Wie uns bereits die molekulare Struktur von Benzol vermuten läßt, spielt hier auch im statischen Fall die elektronische Polarisation die Hauptrolle.

2.4.3 Die erzwungene, gedämpfte Schwingung

Aufgabe:

Die erzwungene, gedämpfte Schwingung wird durch folgende Differentialgleichung beschrieben:

$$m\frac{d^2x}{dt^2} + m\gamma\frac{dx}{dt} + m\omega_0^2 x = K_0 \exp(i\omega t).$$

1. Bestimmen Sie die Lösung für den stationären Fall.

2. Diskutieren Sie diese Lösung im Bereich der Resonanz (Amplitude, Leistungsaufnahme, Phase) und veranschaulichen Sie Ihr Ergebnis graphisch.

---

[18] Manchmal auch als *atomare Polarisation* bezeichnet.

[19] In der folgenden Gleichung bezieht sich χ_{elektr} auf die elektronische Polarisation und darf nicht mit der elektrischen Suszeptibilität χ_{el} (Gleichung 2.10) verwechselt werden.

3. Verwenden Sie diese Ergebnisse jetzt zur Ableitung der Frequenzabhängigkeit der Dielektrizitätskonstanten eines Gases mit Teilchendichte N.

4. Was könnte im Dielektrikum (Festkörper) die Ursache für den Dämpfungsterm sein?

Lösung:

In dieser Aufgabe befassen wir uns nur mit den stationären Schwingungen eines gedämpften Oszillators unter Einwirkung einer harmonischen erregenden Kraft. Der Einschwingvorgang sei also vollständig abgeklungen. Im Einschwingvorgang hätten wir sonst noch eine mit $\exp(\gamma t/2)$ abklingende freie Schwingung zu berücksichtigen. In diesem Zusammenhang sei an die Unterscheidung zwischen unterkritischer ($\gamma/2 < \omega_0$), kritischer ($\gamma/2 = \omega_0$) und überkritischer ($\gamma/2 > \omega_0$) Dämpfung erinnert.

Wir betrachten den Oszillator also erst nachdem die Kraft viel länger als die Abklingzeit $\tau = 1/\gamma$ auf ihn eingewirkt hat. Außerdem soll es sich um einen unterkritisch gedämpften Oszillator handeln. Der Oszillator führt dann harmonische Schwingungen mit der erregenden Frequenz ω aus. Wir werden sehen, daß die Amplitude der Schwingung proportional der erregenden Kraft ist, und daß es eine feste Phasenbeziehung zwischen Schwingung und Kraft gibt.

1. Auf die gedämpfte, erzwungene Schwingung wendet man vorteilhaft die komplexe Exponentialschreibweise an. Ohne Dämpfung haben wir gesehen, daß die Amplitude der Schwingung im Resonanzfall, also wenn die Frequenz der Kraft der Eigenfrequenz des Systems entspricht, unendlich wird ($(\omega_0^2 - \omega^2)$ im Nenner). Durch einen zusätzlichen Dämpfungsterm wird dies verhindert. Der Dämpfungsterm wird als proportional der Geschwindigkeit angesetzt, also $\propto \mathrm{d}x/\mathrm{d}t$. Wir können noch durch die Masse m dividieren und erhalten als Differentialgleichung

$$\frac{\mathrm{d}^2 x}{\mathrm{d}t^2} + \gamma \frac{\mathrm{d}x}{\mathrm{d}t} + \omega_0^2 x = \frac{K_0}{m} \exp(i\omega t).$$

Dabei wurde $k = m\omega_0^2$ für die "Federkonstante" k eingesetzt. Der Ansatz

$$x(t) = x_0 \exp(i\omega t)$$

führt sofort auf

$$\left[(i\omega)^2 x_0 + \gamma(i\omega) x_0 + \omega_0^2 x_0 \right] \exp(i\omega t) = \frac{K_0}{m} \exp(i\omega t)$$

und damit haben wir die Gleichung für x_0

$$x_0 = \frac{1}{m(\omega_0^2 - \omega^2 + i\gamma\omega)} K_0. \tag{2.38}$$

Es fällt auf, daß die Amplitude einen komplexen Faktor enthält.

Wir wollen jetzt zuerst den Realteil der Amplitude $x(t)$ berechnen. Dazu erweitern wir den Ausdruck 2.38 mit dem konjugiert Komplexen des komplexen Nenners. Man erhält dann:

$$x(t) = \frac{K_0}{m} \frac{\omega_0^2 - \omega^2 - i\gamma\omega}{(\omega_0^2 - \omega^2 + i\gamma\omega)(\omega_0^2 - \omega^2 - i\gamma\omega)} \exp{(i\omega t)}.$$

Wir verwenden die Euler Gleichung um $\exp{(i\omega t)}$ mit $\cos(\omega t) + i\sin(\omega t)$ zu ersetzen und erhalten als Realteil von $x(t)$:

$$\Re{(x(t))} = \frac{K_0}{m} \left[\frac{\omega_0^2 - \omega^2}{(\omega_0^2 - \omega^2)^2 + \gamma^2\omega^2} \cos\omega t + \frac{\gamma\omega}{(\omega_0^2 - \omega^2)^2 + \gamma^2\omega^2} \sin\omega t \right].$$

Dies ist eine Überlagerung von zwei Schwingungen von denen die eine in Phase mit der erregenden Kraft ist und die zweite um $\pi/2$ phasenverschoben ist.

Da der Realteil der Kraft gleich $K_0 \cos(\omega t)$ ist, wollen wir jetzt $x(t)$ in die Form $A\cos(\omega t + \Theta)$ bringen. Aus einer Darstellung der Form

$$u = a\sin(\omega t) + b\cos(\omega t)$$

ergibt sich (siehe z.B. *Bronstein*, Kap. Trigonometrie)

$$A = \sqrt{a^2 + b^2} \quad \text{und} \quad \tan\Theta = -\frac{a}{b}.$$

Damit können wir das Betragsquadrat der Amplitude also als

$$
\begin{aligned}
|A(\omega)|^2 &= \frac{K_0^2}{m^2} \frac{(\omega_0^2 - \omega^2)^2 + \gamma^2\omega^2}{\left[(\omega_0^2 - \omega^2)^2 + \gamma^2\omega^2 \right]^2} \\
&= \frac{K_0^2}{m^2} \frac{1}{(\omega_0^2 - \omega^2)^2 + \gamma^2\omega^2}
\end{aligned}
$$

schreiben und den Tangens des Phasenwinkels als

$$\tan\Theta = -\frac{\gamma\omega}{\omega_0^2 - \omega^2}.$$

Ein anderer Weg wird im "Feynman", Band 1[20] dargestellt.

2. Das Quadrat der Amplitude und der Phasenwinkel sind in Bild 2.2 dargestellt.

Für niedere Frequenzen ist die Amplitude nicht Null, da der Oszillator der erregenden Amplitude folgt. Die Phasenverschiebung ist entsprechend nahe Null. Bei Annäherung an die Resonanz nimmt der Betrag der Phasenverschiebung zu und erreicht bei ω_0 gerade $\pi/2$. Das Amplitudenquadrat ist aber bereits kurz vor ω_0 maximal. Durch Differenzieren erhalten wir als Gleichung für das Maximum

$$2(\omega_0^2 - \omega^2)2\omega - 2\gamma^2\omega = 0.$$

[20] Feynman, Leigthon, Sands, *Feynman Vorlesungen über Physik*, Band 1, Oldenbourg Verlag.

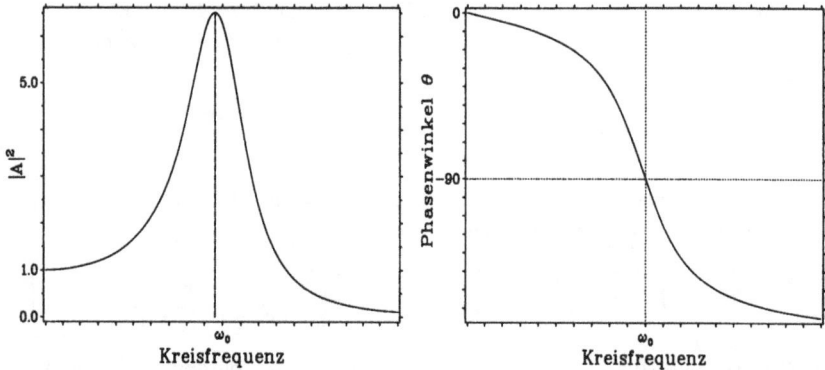

Bild 2.2:   Amplitudenquadrat (links) und Phasenwinkel (rechts) bei der erzwungenen, gedämpften Schwingung. Man beachte die Lage der maximalen Amplitude.

Als "positive" Lösung finden wir das Maximum bei

$$\omega = \sqrt{\omega_0^2 - \frac{\gamma^2}{2}}.$$

Bei weiterer Steigerung der Frequenz nimmt die Amplitude wieder ab. Für sehr hohe Frequenzen kann der Oszillator der erregenden Kraft nicht mehr folgen und die Amplitude geht gegen Null.

Die Frequenz ω_0 wird als *Resonanzfrequenz* bezeichnet. Dies läßt sich rechtfertigen, wenn wir die vom Oszillator absorbierte mittlere Leistung $\langle K(t)v(t)\rangle$ berechnen. Die Kraft setzen wir dazu als $K_0 \cos\omega t$ ein:

$$\left\langle K(t)\frac{dx(t)}{dt}\right\rangle = \left\langle \frac{K_0^2}{m}\omega \cos(\omega t)\cdot \right.$$
$$\left. \left[-\frac{\omega_0^2 - \omega^2}{(\omega_0^2 - \omega^2)^2 + \gamma^2\omega^2}\sin(\omega t) + \frac{\gamma\omega}{(\omega_0^2 - \omega^2)^2 + \gamma^2\omega^2}\cos(\omega t)\right]\right\rangle$$

Der erste Summand hat wegen $\sin(\omega t)\cos(\omega t)$ den Mittelwert Null, während beim zweiten $\cos^2(\omega t)$ gerade $1/2$ liefert. Wir erhalten also

$$\left\langle K(t)\frac{dx(t)}{dt}\right\rangle = \frac{K_0^2}{2m\gamma}\frac{\gamma^2\omega^2}{(\omega_0^2 - \omega^2)^2 + \gamma^2\omega^2}.$$

Bild 2.3 zeigt die aufgenommene Leistung in Abhängigkeit von ω. Sie hat ihr Maximum bei ω_0. Die Resonanzfrequenz ist also die Frequenz der größten Leistungsaufnahme.

Der Nenner ist identisch mit dem des Amplitudenquadrats. Seine Form ist typisch für Resonanzen und er wird deshalb manchmal als *Resonanznenner* bezeichnet.

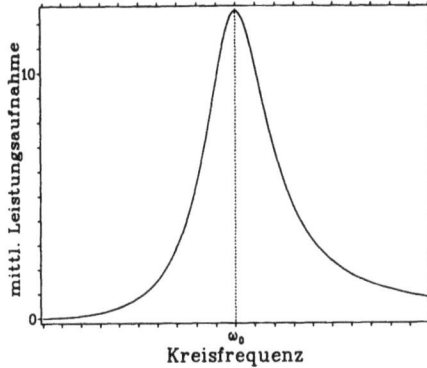

Bild 2.3: Die mittlere Leistungsaufnahme des Oszillators bei einer erzwungenen, gedämpften Schwingung. Sie wird maximal für die Resonanzfrequenz ω_0.

Näherung für $\gamma \ll \omega_0$

Zum Schluß soll noch eine wichtige Näherung betrachtet werden. Für $\gamma \ll \omega_0$ kann man den Resonanznenner

$$\left(\omega_0^2 - \omega^2\right)^2 + \gamma^2\omega^2 = (\omega_0 - \omega)^2 (\omega_0 + \omega)^2 + \gamma^2\omega^2$$

in der Nähe der Resonanz umschreiben in

$$4\omega_0^2 (\omega_0 - \omega)^2 + \gamma^2\omega_0^2 = 4\omega_0^2 \left[(\omega_0 - \omega)^2 + \frac{\gamma^2}{4}\right].$$

Damit ist das Amplitudenquadrat

$$
\begin{aligned}
|A(\omega)|^2 &= \frac{K_0^2}{m^2 4\omega_0^2} \frac{1}{(\omega_0 - \omega)^2 + \gamma^2/4} \\
&= \frac{K_0^2}{m^2\omega_0^2\gamma^2} \frac{\gamma^2/4}{(\omega_0 - \omega)^2 + \gamma^2/4}.
\end{aligned}
$$

Durch die Erweiterung mit $\gamma^2/4$ wird der zweite Faktor für $\omega = \omega_0$ gerade Eins. Die Linienform, die der zweite Faktor beschreibt, heißt *Lorentz-Linienform*. In der Kernphysik wird diese Linienform als *Breit-Wigner-Resonanzkurve* bezeichnet. Die Halbwertsbreite dieser Kurve ist genau wie die der exakten Kurve gleich γ.

3. In einem Dielektrikum werden die elektrischen Ladungen durch das elektrische Feld $\vec{E}$ einer elektromagnetischen Welle in Schwingung versetzt. Es werden also die Polarisation $\vec{P}$ und die dielektrische Verschiebung $\vec{D}$ periodisch variieren, i.a. aber um einen Phasenwinkel Θ verschoben gegen das elektrische Feld. Der Phasenwinkel wird von der Frequenz ω der Welle abhängen. Anhand von

$$\vec{D} = \varepsilon\varepsilon_0 E_0 \exp(i\omega t)$$

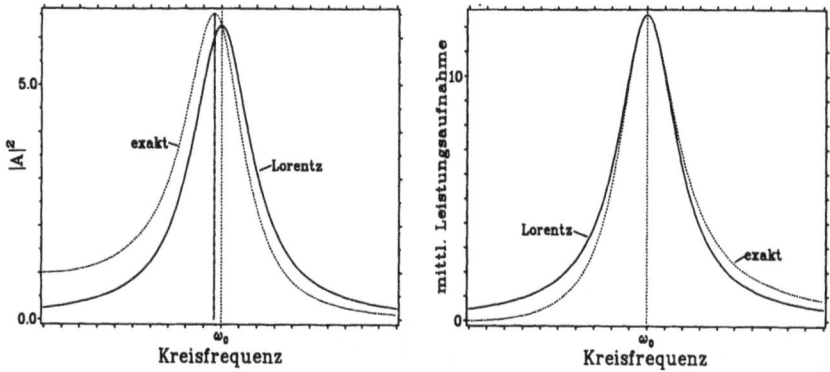

Bild 2.4: Die Näherung $\gamma \ll \omega_0$ ergibt in der Nähe der Resonanz die Lorentzkurve. Zum Vergleich sind die exakten Kurven gestrichelt eingezeichnet.

sehen wir bereits, daß sich die Phasenverschiebung durch Einführung einer komplexen Dielektrizitätskonstante ergibt. Das wird auch die folgende Rechnung zeigen.

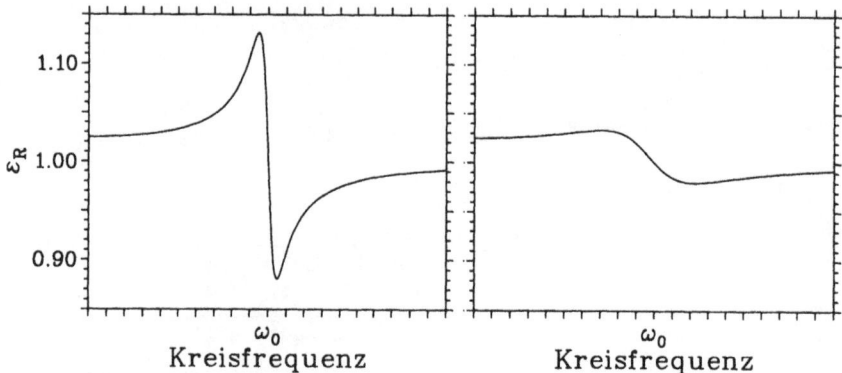

Bild 2.5: Frequenzabhängigkeit des Realteils der Dielektrizitätskonstante. ω_0 ist die Resonanzfrequenz. Das linke Bild zeigt den Verlauf für $\gamma = 0.1\,\omega_0$ und das rechte für $\gamma = 0.5\,\omega_0$. In den Bereichen negativer Steigung spricht man von *anomaler Dispersion*.

Unsere Differentialgleichung soll die Schwingung der Elektronenhülle eines Atoms beschreiben. Aufgrund der kleinen Auslenkung kann man die rücktreibende Kraft, die ja eigentlich $\propto 1/x^2$ sein sollte, als $\propto x$ nähern. Die Kraft auf ein Elektron mit der Masse m_e ist $K = -e|\vec{E}| = -eE$. Einsetzen dieser Kraft ergibt

$$x(t) = \frac{-e}{m_e \left(\omega_0^2 - \omega^2 + i\gamma\omega\right)} E(t).$$

Die Polarisation $P(t)$ (= Dipolmoment pro Volumeneinheit) bei N Teilchen pro Volumeneinheit ist $P = -ex(t)N$. Für die dielektrische Verschiebung $\vec{D}$ gilt $\vec{D} = \varepsilon\varepsilon_0\vec{E}$ bzw. $\vec{D} = \varepsilon_0\vec{E} + \vec{P}$. Daraus erhalten wir

$$P(t) = (\varepsilon(\omega) - 1)\,\varepsilon_0 E(t) = -eNx(t). \tag{2.39}$$

Einsetzen von $x(t)$ ergibt

$$\varepsilon(\omega) = 1 + N\alpha = 1 + N\frac{e}{\varepsilon_0}\frac{x(t)}{E(t)} = 1 + \underbrace{N\frac{e^2}{\varepsilon_0 m_e}}_{\omega_P^2}\frac{1}{\omega_0^2 - \omega^2 + i\gamma\omega}. \tag{2.40}$$

ω_P ist die *Plasmafrequenz* (siehe Aufgabe 2.4.4). Der Realteil ε_R der komplexen Dielektrizitätskonstante ist durch

$$\varepsilon_R(\omega) = 1 + N\frac{e^2}{\varepsilon_0 m_e}\frac{\omega_0^2 - \omega^2}{(\omega_0^2 - \omega^2)^2 + \gamma^2\omega^2} \tag{2.41}$$

gegeben und in Bild 2.5 dargestellt.

4. Die Atome sind, außer in extrem verdünnten Gasen, nicht unabhängig voneinander. Besonders eng ist die Kopplung natürlich im Festkörper. Durch die Wechselwirkung der Atome kann Energie ins Gesamtsystem übertragen werden. Energie wird also in Wärme umgewandelt. Dies ist die Hauptursache für die Dämpfung.

2.4.4 Plasmaschwingungen

Aufgabe:

Ein sehr einfaches Modell eines Metalls ist das eines Elektronengases auf das die kinetische Gastheorie angewendet werden kann. Die Elektronen bewegen sich zwischen zwei Stößen geradlinig. Die Stoßwahrscheinlichkeit sei $1/\tau$. τ ist typischerweise 10^{-14} bis 10^{-15} s bei Raumtemperatur und die mittlere freie Weglänge der Elektronen ist in der Größenordnung von 1 bis 10 Å, also wesentlich kleiner als die Wellenlänge von sichtbarem Licht.

1. Stellen Sie die Bewegungsgleichung für ein Elektron im zeitabhängigen elektrischen Feld $\vec{E}(t) = \vec{E}_0\exp(-i\omega t)$ auf und berechnen Sie die von diesem Feld induzierte Stromdichte (N Elektronen pro Volumeneinheit).

2. Zeigen Sie, daß für $\omega\tau \gg 1$ die Dielektrizitätskonstante gegeben ist durch

$$\varepsilon(\omega) = 1 - \frac{\omega_P^2}{\omega^2},$$

mit der *Plasmafrequenz*

$$\omega_P^2 = \frac{e^2 N}{\varepsilon_0 m}.$$

3. Diskutieren Sie die Lösungen der Wellengleichung im Metall für $\omega < \omega_P$ und $\omega > \omega_P$.

Lösung:

Wir verwenden das einfachste Modell zur Beschreibung eines Metalls; es ist unter dem Namen *Drude–Modell* bekannt. Es beschreibt die Leitungselektronen eines Metalls als ideales Gas. In diesem Modell bewegen sich die Elektronen unter dem Einfluß äußerer Kräfte, bis sie mit einem (unbeweglichen) Ion zusammenstoßen. Die Elektronen bewegen sich unabhängig voneinander und es gibt keine Elektron–Elektron–Stöße. Die mittlere Zeit zwischen zwei Stößen sei τ (mittlere Stoßzeit). Zwischen den Stößen legen die Elektronen den mittleren Weg l zurück. Ein Stoß erfolgt in unendlich kurzer Zeit (instantane Stöße) und sorgt dafür, daß sich das Elektron entsprechend der Temperatur am Stoßort weiterbewegt. Die Stöße stellen also lokal ein thermisches Gleichgewicht her. Das Elektron "vergißt" den Einfluß der äußeren Kräfte vor dem Stoß.

1. Der Impuls pro Elektron zur Zeit t ist $\vec{p}(t)$. Wir berechnen die Impulsänderung im Zeitintervall dt und machen den Grenzübergang $dt \to 0$ um die Bewegungsgleichung zu erhalten. Dabei vernachlässigen wir Terme der Ordnung $(dt)^2$.

   Wir müssen dabei die Stöße mit den Ionen berücksichtigen. Nehmen wir einen willkürlichen Zeitpunkt t, so ist die Wahrscheinlichkeit, daß das Elektron im folgenden Zeitintervall einen Stoß erleidet gerade dt/τ. Entsprechend ist die Wahrscheinlichkeit, daß es keinen Stoß erleidet $(1 - dt/\tau)$.

   Der Impuls des Elektrons soll sich aufgrund einer äußeren Kraft $\vec{K}(t)$ ändern. Diese Kraft muß natürlich zumindest in dem Raumbereich, den das Elektron in der Zeit dt durchläuft, konstant sein. Der Zuwachs an Impuls ist dann $\vec{K}(t)dt$. Damit liefern alle Elektronen, die einen Stoß erleiden, den Beitrag $(dt/\tau)\vec{K}(t)dt$. Dies ist ein Beitrag der Ordnung $(dt)^2$ und wir können ihn deshalb vernachlässigen. Bleiben die Elektronen, die keinen Stoß erleiden. Für diese erhalten wir

$$\vec{p}(t + dt) = \left(1 - \frac{dt}{\tau}\right)\left[\vec{p}(t) + \vec{K}(t)dt\right]$$

$$= \vec{p}(t) - \frac{dt}{\tau}\vec{p}(t) + \vec{K}(t)dt + \cdots .$$

   Wir vernachlässigen auch hier $(dt)^2$ Terme. Wir bringen $\vec{p}(t)$ auf die linke Seite und dividieren durch dt. Mit der Gleichung

$$\frac{\vec{p}(t + dt) - \vec{p}(t)}{dt} = -\frac{\vec{p}(t)}{\tau} + \vec{K}(t)$$

   machen wir jetzt den Übergang $dt \to 0$ und erhalten so die Bewegungsgleichung

$$\frac{d\vec{p}(t)}{dt} = -\frac{\vec{p}(t)}{\tau} + \vec{K}(t).$$

   Wir können also die Bewegungsgleichung für ein Elektron, das sich im äußeren Feld $\vec{E}$ bewegt, folgendermaßen schreiben

$$\frac{d\vec{p}(t)}{dt} = -\frac{\vec{p}(t)}{\tau} - e\vec{E}.$$

Ist das Feld in der Form $\vec{E}(t) = \vec{E}_0 \exp(-i\omega t)$ gegeben, so suchen wir nach einer Lösung der Form

$$\vec{p}(t) = \vec{p}_0 \exp(-i\omega t).$$

Setzen wir $\vec{E}(t)$ und $\vec{p}(t)$ in die Bewegungsgleichung ein, so erhalten wir

$$-i\omega \vec{p}_0 = -\frac{\vec{p}_0}{\tau} - e\vec{E}.$$

Die Stromdichte ist die Zahl der Ladungen, die pro Zeiteinheit eine Einheitsfläche passieren. Bei N Elektronen pro Volumeneinheit mit der Ladung $-e$ ist die Stromdichte $\vec{j}$, also

$$\vec{j} = -\frac{Ne\vec{p}}{m_e}.$$

m_e ist die Elektronenmasse. Einsetzen von $\vec{p}$ ergibt

$$\vec{j} = \frac{Ne^2\tau}{m_e} \frac{1}{1 - i\omega\tau} \vec{E}.$$

Da die Stromdichte gleich der Leitfähigkeit multipliziert mit dem elektrischen Feld ist, können wir hier die (Wechselstrom-)Leitfähigkeit identifizieren als

$$\sigma(\omega) = \frac{Ne^2\tau}{m_e} \frac{1}{1 - i\omega\tau}.$$

2. Obiges Ergebnis können wir auf eine elektromagnetische Welle im Metall anwenden. Den Einfluß des magnetischen Feldes vernachlässigen wir, da er um einen Faktor v/c kleiner ist als der Beitrag des elektrischen Feldes (v liegt in der Größenordnung $0.1 \, \text{cm/s}$).

Da das Feld der elektromagnetischen Welle nicht nur zeitlich, sondern auch räumlich oszilliert, müssen wir noch voraussetzen, daß die Wellenlänge λ groß gegenüber der mittleren freien Weglänge l ist. Unter diesen Umständen ist obige Vorgehensweise zulässig. Sichtbares Licht (Wellenlänge $10^3 - 10^4$ Å) erfüllt diese Forderung.

Wenn wir jetzt noch die Voraussetzung $\omega\tau \gg 1$ berücksichtigen, so können wir die Bewegungsgleichung in der Form

$$\frac{d\vec{p}}{dt} = m_e \frac{d^2\vec{x}}{dt^2} = -e\vec{E}$$

schreiben, was der Gleichung für ein freies Elektron entspricht. Die Zeit zwischen Stößen ist also unendlich lang auf der Zeitskala der elektromagnetischen Welle, die ja durch ω bestimmt ist. Wir können die Auslenkung des Elektrons mit $\vec{x}(t) = \vec{x}_0 \exp(-i\omega t)$ ansetzen und erhalten

$$\vec{x}_0 = \frac{e}{m\omega^2} \vec{E}.$$

Da das Dipolmoment eines Elektrons gleich $-e\vec{x}$ ist, ergibt sich für die Polarisation (Dipolmoment pro Volumeneinheit) bei N Elektronen in der Volumeneinheit

$$\vec{P}(t) = -Ne\vec{x} = -\frac{Ne^2}{m\omega^2}\vec{E}.$$

Wir erinnern uns an die Definition der dielektrischen Verschiebung

$$\vec{D} = \varepsilon_0\vec{E} + \vec{P} = \varepsilon\varepsilon_0\vec{E}.$$

Daraus folgt

$$\varepsilon = 1 + \frac{\vec{P}}{\varepsilon_0\vec{E}}$$

und wir können unser Ergebnis für $\vec{P}$ einsetzen, um

$$\varepsilon(\omega) = 1 - \frac{Ne^2}{\varepsilon_0 m\omega^2}$$

zu erhalten. Mit der Plasmafrequenz $\omega_p = e^2 N/(\varepsilon_0 m_e)$ erhalten wir das gesuchte Ergebnis

$$\varepsilon(\omega) = 1 - \frac{\omega_p^2}{\omega^2}.$$

3. Die Wellengleichung für das elektrische Feld elektromagnetischer Wellen lautet ($\mu \approx 1$ vorausgesetzt)

$$\Delta\vec{E} - \varepsilon\varepsilon_0\mu_0\frac{\partial^2\vec{E}}{\partial t^2} = 0.$$

Eine Lösung dieser Gleichung ist

$$\vec{E}(\vec{r},t) = \vec{E}_0 \exp\left[i\left(\omega t - \vec{k}\vec{r} + \phi\right)\right],$$

wobei der Wellenvektor $\vec{k}$ durch die Dispersionsrelation

$$\vec{k}^2 = \frac{n^2\omega^2}{c^2} = \frac{\varepsilon(\omega)\omega^2}{c^2}$$

gegeben ist.

Für $\omega > \omega_p$ ist die Dielektrizitätskonstante positiv und damit der Brechungsindex bzw. der Wellenvektor reell und die Welle kann sich im Metall ausbreiten. Tatsächlich sind Alkalimetalle für ultraviolettes Licht durchsichtig, z.B. ist Natrium für Licht mit einer Wellenlänge unterhalb $\lambda = 2.1 \cdot 10^3$ Å durchsichtig.

Für $\omega < \omega_p$ ist die Dielektrizitätskonstante negativ und damit der Brechungsindex rein imaginär. Dann ist auch der Wellenvektor imaginär und die Welle wird mit der charakteristischen Länge $1/|\vec{k}|$ exponentiell gedämpft.

Bemerkung:

Eine *Plasmaschwingung* in einem Metall ist eine kollektive, longitudinale Anregung des Leitungselektronengases. Ein *Plasmon* ist das Quant der Plasmaschwingung.

2.5 Elektromagnetische Wellen an Grenzflächen

2.5.1 Einleitung

Wir betrachten den Übergang einer elektromagnetischen Welle von einem Dielektrikum ins andere und sind am Verhalten der Welle an der Grenzfläche interessiert. Im allgemeinen Fall wird ein Teil der einfallenden Welle (Wellenvektor $\vec{k}_e$) unter einem bestimmten Winkel reflektiert (Wellenvektor $\vec{k}_r$) und ein Teil wird transmittiert (Wellenvektor $\vec{k}_t$) werden, wobei sich die Ausbreitungsrichtung ändert (Brechung).

Die Lösung dieses Problems ergibt sich aus den Randbedingungen für die Tangential- und Normalkomponenten der Felder, die aus den Maxwellgleichungen folgen. Man erkennt sie am besten an der Intergralform der Maxwellgleichungen. Da wir nichtleitende Medien betrachten, existieren keine Oberflächenladungen bzw. Oberflächenströme auf der Grenzfläche. Es ergeben sich die in Tabelle 2.4 aufgeführten Randbedingungen. In Aufgabe 2.5.2 wird eine plausible Erklärung für diese Randbedingungen gegeben.

Tabelle 2.4: Stetigkeitsbedingungen der elektromagnetischen Felder an Grenzflächen zwischen nichtleitenden Medien.

$$\oint_F \vec{D}\,\mathrm{d}\vec{f} = 0 \qquad \leadsto \qquad \text{Normalkomponente von } \vec{D} \text{ stetig}$$

$$\oint \vec{E}\,\mathrm{d}\vec{s} = -\frac{\partial}{\partial t}\left(\int_F \vec{B}\,\mathrm{d}\vec{f}\right) \qquad \leadsto \qquad \text{Tangentialkomponente von } \vec{E} \text{ stetig}$$

$$\oint_F \vec{B}\,\mathrm{d}\vec{f} = 0 \qquad \leadsto \qquad \text{Normalkomponente von } \vec{B} \text{ stetig}$$

$$\oint \vec{B}\,\mathrm{d}\vec{s} = \mu_0 \int_F \left(\frac{\partial \vec{D}}{\partial t}\right)\mathrm{d}\vec{f} \qquad \leadsto \qquad \text{Tangentialkomponente von } \vec{H} \text{ stetig}$$

Aus der Stetigkeit der Tangentialkomponente des elektrischen Feldes folgt, daß die Frequenzen der reflektierten und transmittierten Wellen gleich der Frequenz der einfallenden Welle sein müssen. Außerdem erhält man das *Reflexionsgesetz*

$$\text{Einfallswinkel } \Theta_e = \text{Ausfallswinkel } \Theta_r$$

und das *Snelliussche Brechungsgesetz*

$$n_e \sin \Theta_e = n_t \sin \Theta_t.$$

Die Winkel Θ_e, Θ_r und Θ_t sind die Winkel zwischen der Flächennormale der Grenzfläche und den Vektoren $\vec{k}_e$, $\vec{k}_r$ und $\vec{k}_t$. Die Wellenvektoren der einfallenden, reflektierten und transmittierten Welle liegen alle in einer Ebene senkrecht der Grenzfläche, der sogenannten *Einfallsebene*.

Die Fresnelschen Gleichungen

Die vier *Fresnelschen Gleichungen* geben die *Reflexionskoeffizienten* r und die *Transmissionskoeffizienten* t für die beiden Polarisationsrichtungen des elektrischen Feldes an. Für die Komponente des elektrischen Feldes, die parallel zur Einfallsebene oszilliert, wird "$\|$", "p" oder "π" zur Kennzeichnung benutzt, für die die senkrecht dazu oszilliert "$\perp$", "s"[21] oder "σ". Die Gleichungen lauten:

$$r_\| = \left(\frac{E_r}{E_e}\right)_\| = \frac{\tan(\Theta_e - \Theta_t)}{\tan(\Theta_e + \Theta_t)}, \qquad r_\perp = \left(\frac{E_r}{E_e}\right)_\perp = -\frac{\sin(\Theta_e - \Theta_t)}{\sin(\Theta_e + \Theta_t)}$$

$$t_\| = \left(\frac{E_t}{E_e}\right)_\| = \frac{2\sin\Theta_t\cos\Theta_e}{\sin(\Theta_e + \Theta_t)\cos(\Theta_e - \Theta_t)}, \qquad t_\perp = \left(\frac{E_t}{E_e}\right)_\perp = \frac{2\sin\Theta_t\cos\Theta_e}{\sin(\Theta_e + \Theta_t)}$$

$$(2.42)$$

Die Reflexionskoeffizienten können positiv, negativ und komplex sein. Näheres darüber findet sich in Aufgabe 2.5.4. Die Transmissionkoeffizienten sind (für positiven Brechungsindex) immer positiv.

Die Quadrate der Koeffizienten heißen *Reflexionsgrad* und *Transmissionsgrad* und geben die Intensitätsverhältnisse an.

In der Literatur ist die Ableitung der Fresnelschen Gleichungen nicht standardisiert, deshalb sind verschiedene Ausdrücke für die Koeffizienten zu finden. Siehe dazu auch Aufgabe 2.5.2.

Brewsterwinkel und Totalreflexionswinkel

Aus den Fresnelschen Gleichungen folgen zwei ausgezeichnete Einfallswinkel, der *Brewsterwinkel* Θ_B und der *Totalreflexionswinkel* Θ_T.

Beim *Brewsterwinkel* Θ_B ist der Reflexionskoeffizient für parallel zur Einfallsebene polarisiertes Licht gleich Null, da der Tangens im Nenner der Fresnelschen Gleichung für $r_\|$ für $\Theta_e + \Theta_t = 90°$ unendlich wird. Daraus ergibt sich das *Brewstersche Gesetz*[22]:

> Wird ein Lichtstrahl durch Reflexion vollständig linear polarisiert, so stehen reflektierter und gebrochener Strahl aufeinander senkrecht.

Dies kann sowohl zur Polarisation von Licht durch Reflexion als auch, da die senkrecht zur Einfallsebene polarisierte Komponente teilweise reflektiert wird, zur Polarisation durch Transmission benutzt werden

Für den *Brewsterwinkel* gelten folgende Gleichungen:

$$\Theta_B + \Theta_t = 90° \quad \text{und} \quad \tan\Theta_B = \frac{n_t}{n_e}. \qquad (2.43)$$

Während beim Übergang vom optisch dünneren zum optisch dichteren Medium 100% Reflexion erst für $\Theta_e = 90°$ erreicht würde, geschieht dies im umgekehrten Fall, also beim Übergang vom dichteren ins dünnere Medium, schon früher. Der Einfallswinkel

---

[21] Die Kennzeichnung "s" findet sich auch in der englischsprachigen Literatur.
[22] Von SIR DAVID BREWSTER (1781–1868) im Jahr 1815 gefunden.

Θ_T von dem ab zu 100% reflektiert wird, heißt *Totalreflexionswinkel*. Wie man am Snelliusschen Gesetz

$$\sin \Theta_e = \frac{n_t}{n_e} \sin \Theta_t$$

sieht, wächst für $n_e > n_t$ der Winkel Θ_t schneller als der Winkel Θ_e. Totalreflexion tritt ein, sobald Θ_t gleich 90° wird, also sobald der transmittierte Strahl parallel zur Grenzfläche ist. Daraus folgt für den *Totalreflexionswinkel*:

$$\sin \Theta_T = \frac{n_t}{n_e}. \tag{2.44}$$

2.5.2 Herleitung der Fresnelschen Gleichungen

Aufgabe:

Leiten Sie aus den Stetigkeitsbedingungen (Tabelle 2.4) des elektromagnetischen Feldes die Fresnelschen Gleichungen für die Reflexionskoeffizienten

$$
\begin{aligned}
r_\perp &= -\frac{\sin\left(\Theta_e - \Theta_t\right)}{\sin\left(\Theta_e + \Theta_t\right)} \\
r_\| &= +\frac{\tan\left(\Theta_e - \Theta_t\right)}{\tan\left(\Theta_e + \Theta_t\right)}
\end{aligned}
$$

senkrecht und parallel zur Einfallsebene her.

Lösung:

Da jede Lichtwelle aus zwei orthogonalen linear polarisierten Wellen zusammengesetzt werden kann, genügt es eine einfallende Welle der Form

$$\vec{E}_e = \vec{E}_{0e} \cos\left(\vec{k}_e \vec{r} - \omega_e t\right)$$

zu betrachten. Reflektierte und transmittierte Welle können um ϕ_r bzw. ϕ_t phasenverschoben sein. Für sie lauten die Wellenfunktionen also

$$
\begin{aligned}
\vec{E}_r &= \vec{E}_{0r} \cos\left(\vec{k}_r \vec{r} - \omega_r t + \phi_r\right) \quad \text{und} \\
\vec{E}_t &= \vec{E}_{0t} \cos\left(\vec{k}_t \vec{r} - \omega_t t + \phi_t\right).
\end{aligned}
$$

Die Stetigkeitsbedingungen für die elektromagnetischen Felder ergeben sich aus folgender Überlegung:
Wir betrachten eine Grenzfläche zwischen Vakuum und Dielektrikum. Das Dielektrikum "liefert" Polarisationsbeiträge zu den Feldern. Tangential zu seiner Oberfläche kann es außerhalb des Dielektrikums keine Polarisationsbeiträge geben, in Richtung der Oberflächennormale dagegen schon. Es folgt also, daß die Tangentialkomponente von $\vec{E}$ und die Normalkomponente von $\vec{D} = \varepsilon_0 \varepsilon \vec{E}$ stetig sein müssen. Entsprechend muß man auch die Stetigkeit der Tangentialkomponente von $\vec{H}$ und der Normalkomponente von $\vec{B}$ fordern. Aufgrund unserer Voraussetzung $\mu \approx 1$ wird in beiden Fällen aber meist die Stetigkeit der Komponenten von $\vec{B}$ gefordert.

Ist die Grenzfläche eine x–z–Ebene so müssen, aufgrund der Stetigkeit der Tangenti-
alkomponente von $\vec{E}$, E_x und E_z für jede der Wellen zu allen Zeiten und an jedem
Ort der Grenzfläche gleich sein. Man kann also die Argumente des Kosinus in obigen
Wellenfunktionen an der Grenzfläche gleich setzen. Daraus folgt, daß

$$\omega_e = \omega_r = \omega_t = \omega$$

ist. Weiters folgt, da die Komponenten von $\vec{k}_e$ und $\vec{k}_r$ parallel zur Grenzfläche gleich sein
müssen, mit Hilfe der Dispersionsrelation, daß der Einfallswinkel gleich dem Ausfallswinkel ist und beide in der *Einfallsebene* liegen (*Reflexionsgesetz*). Genauso ergibt sich
aus der Gleichheit der Komponenten von $\vec{k}_e$ und $\vec{k}_t$ das *Snelliussche Brechungsgesetz*

$$n_e \sin \Theta_e = n_t \sin \Theta_t$$

Dies wird detailliert im Lehrbuch gezeigt.
Zur Berechnung der Amplituden $\vec{E}_{0r}$ und $\vec{E}_{0t}$ in Abhängigkeit von $\vec{E}_{0e}$ teilt man die
elektrischen und magnetischen Felder in ihre Komponenten parallel und senkrecht der
Einfallsebene auf. Einfalls–, Reflexions– und Transmissionswinkel werden mit Θ_e, Θ_r
und Θ_t bezeichnet und sind immer die Winkel zwischen Strahl und der Grenzflächennormalen.

1. Fall: $\vec{E}$ senkrecht zur Einfallsebene

In diesem Fall ist $\vec{B}$ also parallel zur Einfallsebene. $\vec{E}$, $\vec{B}$ und der Ausbreitungsvektor
$\hat{k}$ bilden ein Rechtssystem, so daß mit $E = vB$ gilt:

$$\hat{k} \times \vec{E} = v\vec{B} \quad \text{und} \quad \hat{k} \cdot \vec{E} = 0.$$

Da $\vec{E}_e$ senkrecht zur Einfallsebene ist, sind dies auch $\vec{E}_r$ und $\vec{E}_t$. Wir arbeiten also
bereits mit elektrischen Feldern tangential zur Grenzfläche und schließen deshalb aus
den Randbedingungen, daß

$$\vec{E}_{0e} + \vec{E}_{0r} = \vec{E}_{0t}.$$

Wir nehmen willkürlich an, daß alle drei in die gleiche Richtung weisen. Dies wird sich
im Endergebnis durch die relative Phase korrigieren.
Um eine weitere Gleichung zu bekommen, betrachten wir die Stetigkeitsbedingung
der Tangentialkomponente von $\vec{B}$. Da $\vec{B}$ senkrecht auf $\vec{E}$ steht, müssen wir auf die
Tangentialrichtung projizieren. Dies geschieht mit Hilfe des Kosinus des entsprechenden
Winkels. Damit ergibt sich für $\mu \approx 1$

$$-\vec{B}_e \cos \Theta_e + \vec{B}_r \cos \Theta_r = -\vec{B}_t \cos \Theta_t.$$

Die Vorzeichen folgen nach Festlegung der Richtungen für die elektrischen Felder aus
der Tatsache, daß $\vec{E}$, $\vec{B}$ und $\vec{k}$ ein Rechtssystem bilden. Wir setzen jetzt $B_e = E_e/v_e$,
$B_r = E_r/v_r$ und $B_t = E_t/v_t$ ein und berücksichtigen, daß $v_e = v_r$ (gleiches Medium)
und $\Theta_e = \Theta_r$ (Reflexionsgesetz). Wir erhalten dann

$$\frac{1}{v_e}(E_e - E_r)\cos \Theta_e = \frac{1}{v_t}E_t \cos \Theta_t.$$

Da wir bereits am Anfang festgestellt haben, daß die Argumente der Kosinusfunktionen in den Wellenfunktionen gleich sein müssen, können wir E_e, E_r und E_t durch E_{0e}, E_{0r} und E_{0t} ersetzen. Wir benutzen noch das Ergebnis unserer ersten Stetigkeitsbedingung um E_{0r} bzw. E_{0t} zu eliminieren und erhalten so die beiden Fresnelschen Gleichungen

$$\left(\frac{E_{0r}}{E_{0e}}\right)_\perp = r_\perp = \frac{n_e \cos\Theta_e - n_t \cos\Theta_t}{n_e \cos\Theta_e + n_t \cos\Theta_t}$$

$$\left(\frac{E_{0t}}{E_{0e}}\right)_\perp = t_\perp = \frac{2 n_e \cos\Theta_e}{n_e \cos\Theta_e + n_t \cos\Theta_t}.$$

$r_\perp$ ist der Reflexions- und $t_\perp$ der Transmissionskoeffizient für die Komponente des elektrischen Feldes senkrecht zur Einfallsebene.

2. Fall: $\vec{E}$ parallel zur Einfallsebene

In diesem Fall ist $\vec{B}$ also senkrecht zur Einfallsebene. Jetzt müssen wir das elektrische Feld zunächst auf die Tangentialrichtung projizieren, was zu

$$E_{0e} \cos\Theta_e - E_{0r} \cos\Theta_r = E_{0t} \cos\Theta_t$$

führt und für die Tangentialkomponente des Magnetfelds können wir sofort schreiben

$$B_{0e} + B_{0r} = B_{0t}$$

bzw.

$$\frac{1}{v_e} E_{0e} + \frac{1}{v_r} E_{0r} = \frac{1}{v_t} E_{0t}.$$

Genau wie zuvor erhalten wir so die Fresnelschen Gleichung für die Komponente des elektrischen Feldes parallel zur Einfallsebene

$$\left(\frac{E_{0r}}{E_{0e}}\right)_\| = r_\| = \frac{n_t \cos\Theta_e - n_e \cos\Theta_t}{n_t \cos\Theta_e + n_e \cos\Theta_t}$$

$$\left(\frac{E_{0t}}{E_{0e}}\right)_\| = t_\| = \frac{2 n_e \cos\Theta_e}{n_e \cos\Theta_t + n_t \cos\Theta_e}.$$

Umformung der Gleichungen für die Reflexionskoeffizienten

Wir können jetzt noch eine Umformung mit Hilfe des Snelliusschen Gesetzes machen. Wir ersetzen n_e in der Gleichung für $r_\perp$ durch $n_t \sin\Theta_t / \sin\Theta_e$ und erhalten

$$r_\perp = \frac{n_t \sin\Theta_t \cos\Theta_e - \sin\Theta_e \cos\Theta_t}{n_t \sin\Theta_t \cos\Theta_e + \sin\Theta_e \cos\Theta_t}$$

$$= -\frac{\sin(\Theta_e - \Theta_t)}{\sin(\Theta_e + \Theta_t)}.$$

Wenn wir auch für $r_\|$ das Snelliussche Gesetz benutzen, erhalten wir

$$r_\| = \frac{\sin\Theta_e \cos\Theta_e - \sin\Theta_t \cos\Theta_t}{\sin\Theta_e \cos\Theta_e + \sin\Theta_t \cos\Theta_t}.$$

Die Umformung dieser Gleichung ist etwas trickreicher. Zunächst nutzen wir die Identität $\sin^2 \alpha + \cos^2 \alpha = 1$ und schreiben

$$r_\| = \frac{\sin \Theta_e \cos \Theta_e \left(\sin^2 \Theta_t + \cos^2 \Theta_t\right) - \sin \Theta_t \cos \Theta_t \left(\sin^2 \Theta_e + \cos^2 \Theta_e\right)}{\sin \Theta_e \cos \Theta_e \left(\sin^2 \Theta_t + \cos^2 \Theta_t\right) + \sin \Theta_t \cos \Theta_t \left(\sin^2 \Theta_e + \cos^2 \Theta_e\right)}.$$

Dies muß man jetzt ausmultiplizieren und das Ergebnis kann man in

$$r_\| = \frac{\left(\sin \Theta_e \cos \Theta_t - \sin \Theta_t \cos \Theta_e\right)\left(\cos \Theta_e \cos \Theta_t - \sin \Theta_e \sin \Theta_t\right)}{\left(\sin \Theta_e \cos \Theta_t + \sin \Theta_t \cos \Theta_e\right)\left(\cos \Theta_e \cos \Theta_t + \sin \Theta_e \sin \Theta_t\right)}$$

umschreiben. Jetzt können wir wieder eine mathematische Formelsammlung benutzen und finden

$$r_\| = \frac{\sin \left(\Theta_e - \Theta_t\right) \cos \left(\Theta_e + \Theta_t\right)}{\sin \left(\Theta_e + \Theta_t\right) \cos \left(\Theta_e - \Theta_t\right)}.$$

Da aber $\sin \alpha / \cos \alpha = \tan \alpha$, folgt sofort

$$r_\| = \frac{\tan \left(\Theta_e - \Theta_t\right)}{\tan \left(\Theta_e + \Theta_t\right)}.$$

2.5.3   Lichtbrechung (planparallele Glasplatte)

Aufgabe:

Ein idealisierter Lichtstrahl durchlaufe eine planparallele Glasplatte der Dicke d und trete auf der anderen Seite wieder heraus. Die Platte befinde sich in Luft. Ihr Brechungsindex sei n_G.

1. Zeigen Sie, daß der Austrittswinkel des Lichtstrahls mit dem Eintrittswinkel übereinstimmt.

2. Der Lichtstrahl wird beim Durchgang durch die Glasplatte parallel verschoben. Wie groß ist die Verschiebung x in Abhängigkeit von der Dicke d?

3. Nehmen Sie jetzt an, daß der Lichtstrahl aus einem Medium mit Brechungsindex n_1 auf die Platte trifft und in ein Medium mit Brechungsindex n_2 austritt. Die Brechungsindizes n_1 und n_2 seien kleiner als n_G. Zeigen Sie, daß der Austrittswinkel Θ_a nur vom Verhältnis n_1/n_2 und vom Einfallswinkel Θ_e abhängt.

Lösung:

1. Der Eintrittswinkel sei Θ_e und der Austrittswinkel Θ_a. Der Lichtstrahl passiert zwei Grenzflächen. An der ersten kommt er vom optisch dünneren ins optisch dichtere Material. Das Snelliussche Gesetz ergibt

$$n_L \sin \Theta_e = n_G \sin \Theta_G.$$

Dabei ist n_L der Brechungsindex von Luft, n_G der von Glas und Θ_G der Winkel, unter dem der Lichtstrahl das Glas durchläuft. Der Winkel Θ_G ist natürlich gleich dem, unter dem das Licht auf die zweite Grenzfläche, also die Austrittsfläche auftrifft. Für diese zweite Grenzfläche ergibt sich also

$$n_G \sin \Theta_G = n_L \sin \Theta_a$$

und daraus folgt

$$n_L \sin \Theta_e = n_L \sin \Theta_a.$$

Also ist $\Theta_e = \Theta_a$.

2. Der Lichtstrahl legt im Glas den Weg $l = d/\cos \Theta_G$ zurück. Der Winkel zwischen der ursprünglichen Richtung und der Ausbreitungsrichtung im Glas ist $\Theta_e - \Theta_G$. Also ist die Verschiebung

$$
\begin{aligned}
x &= l \sin (\Theta_e - \Theta_G) \\
&= d \frac{\sin (\Theta_e - \Theta_G)}{\cos \Theta_G}.
\end{aligned}
$$

3. Wir gehen wie in der ersten Teilaufgabe vor. Für die Eintrittsseite gilt

$$n_1 \sin \Theta_e = n_G \sin \Theta_G$$

und für die Austrittsseite

$$n_G \sin \Theta_G = n_2 \sin \Theta_a.$$

Daraus folgt

$$n_1 \sin \Theta_e = n_2 \sin \Theta_a.$$

Dies entspricht der Brechung an einer Grenzfläche zwischen n_1 und n_2. Die Platte bewirkt also auch hier nur eine Parallelverschiebung, hat aber keinen Einfluß auf den Ablenkwinkel.

2.5.4 Fresnelsche Gleichungen: Senkrechter Lichteinfall

Aufgabe:

1. Zeigen Sie, daß bei senkrechtem Lichteinfall ($\Theta_e = 0$) gilt, daß

$$r_\parallel = -r_\perp = \frac{n_t - n_e}{n_t + n_e}.$$

2. Berechnen Sie diese Koeffizienten für den Luft/Glas-Übergang ($n_e = 1$ und $n_t = 1.5$) und für den Glas/Luft-Übergang ($n_e = 1.5$ und $n_t = 1$).

3. Was bedeuten die Vorzeichen der Reflexionskoeffizienten?

Lösung:

1. Für $\Theta_e \approx 0$ können wir den Tangens gleich dem Sinus setzen und erhalten aus den Fresnelschen Gleichungen

$$r_{\parallel} = -r_{\perp} = \frac{\sin(\Theta_e - \Theta_t)}{\sin(\Theta_e + \Theta_t)}.$$

   Mit $\sin(\alpha \pm \beta) = \sin\alpha\cos\beta \pm \cos\alpha\sin\beta$ ergibt sich

$$r_{\parallel} = -r_{\perp} = \frac{\sin\Theta_e\cos\Theta_t - \cos\Theta_e\sin\Theta_t}{\sin\Theta_e\cos\Theta_t + \cos\Theta_e\sin\Theta_t}.$$

   Wir benutzen das Snelliussche Brechungsgesetz um $(\sin\Theta_e)$ zu ersetzen und können diesen dann kürzen. Nach Multiplikation mit n_e haben wir

$$r_{\parallel} = -r_{\perp} = \frac{n_t\cos\Theta_t - n_e\cos\Theta_e}{n_t\cos\Theta_t + n_e\cos\Theta_e}.$$

   Für $\Theta_e = \Theta_t = 0$ erhalten wir also

$$r_{\parallel} = -r_{\perp} = \frac{n_t - n_e}{n_t + n_e}.$$

2. Einsetzen ergibt für die Reflexionskoeffizienten beim Übergang vom dünneren ins dichtere Medium $r_{\parallel} = 0.2$ und $r_{\perp} = -0.2$. Für den Übergang vom dichteren ins dünnere Medium ergibt sich $r_{\parallel} = -0.2$ und $r_{\perp} = 0.2$.

3. Bei der Ableitung der Fresnelschen Gleichungen haben wir die Feldkomponenten so gewählt, daß ein negatives Vorzeichen eines Koeffizienten eine Phasenverschiebung um π bedeutet. Ein positiver Wert bedeutet, daß keine Phasenverschiebung zu beobachten ist.

Bemerkung:
An dieser Stelle soll noch kurz auf die resultierenden Phasenverschiebungen an Grenzflächen eingegangen werden. Schreiben wir die Reflexionskoeffizienten in der Form

$$r_{\perp} = \frac{n_e\cos\Theta_e - n_t\cos\Theta_t}{n_e\cos\Theta_e + n_t\cos\Theta_t}$$

$$r_{\parallel} = \frac{n_t\cos\Theta_e - n_e\cos\Theta_t}{n_t\cos\Theta_e + n_e\cos\Theta_t},$$

so sehen wir, daß für $n_e < n_t$, also für *äußere Reflexion*, die Normalkomponente des elektrischen Feldes bezüglich der Einfallsebene immer um π phasenverschoben ist ($r_{\perp}$ ist negativ). Im Fall der *inneren Reflexion*, also $n_e > n_t$, gibt es keine Phasenverschiebung, solange der Einfallswinkel kleiner als der kritische Winkel Θ_T ist. Darüber sind wir im Bereich der *Totalreflexion*. Es gibt also keinen transmittierten Strahl mehr. Für diesen Fall müßten wir unsere Stetigkeitsbedingungen also ohne transmittierten Strahl formulieren. Es ergibt sich ein komplexes $r_{\perp}$ und man findet, daß der Phasenwinkel kontinuierlich zunimmt bis er für $\Theta_e = 90°$ gerade π erreicht.

Entsprechend zeigt sich für die Parallelkomponente im Fall der äußeren Reflexion, daß es unterhalb des Brewsterwinkels Θ_B keine Phasenverschiebung gibt, und sie oberhalb des Brewsterwinkels gleich π ist. Für die innere Reflexion ist die Phasenverschiebung π unterhalb des Brewsterwinkels Θ_B'. Von hier bis zum kritischen Winkel Θ_T gibt es keine Phasenverschiebung und bei größeren Winkeln ergibt sich wieder ein kontinierliches Ansteigen der Phasenverschiebung bis zum Wert π bei $\Theta_e = 90°$.

Diese Aussagen sind in den Tabellen 2.5 zusammengefaßt.

Tabelle 2.5: Fresnelsche Gleichungen: Phasenverschiebung bei äußerer und innerer Reflexion.

Äußere Reflexion $n_e < n_t$		
Einfallswinkel Θ_e	Phasenverschiebung $\Delta\Phi$	
	$\parallel$	$\perp$
$\Theta_e < \Theta_B$	0	π
$\Theta_e > \Theta_B$	π	π

Innere Reflexion $n_e > n_t$		
Einfallswinkel Θ_e	Phasenverschiebung $\Delta\Phi$	
	$\parallel$	$\perp$
$\Theta_e < \Theta_B'$	π	0
$\Theta_B' < \Theta_e < \Theta_T$	0	0
$\Theta_e \geq \Theta_T$	$0 \leq \Delta\Phi \leq \pi$	$0 \leq \Delta\Phi \leq \pi$

2.5.5 Totalreflexion

Aufgabe:

Im folgenden soll ein zylindrischer Plexiglasstab mit polierten Oberflächen umgeben von Luft als Lichtleiter eingesetzt werden. Der Brechungsindex von Plexiglas ist $n = 1.491$. Sie wollen den Lichtleiter zur Datenübertragung benutzen. Er soll eine Länge von 1 km und einen Durchmesser von 1 cm haben. Welche "Baudrate" (Bits pro Sekunde) können Sie erreichen, wenn Sie annehmen, daß Sie die Einzelpulse (Bits) noch identifizieren können, wenn ihr Abstand das Doppelte ihrer Breite ist? Nehmen Sie dazu infinitesimal kurze Pulse am Eingang an.

Lösung:

Man betrachtet den Laufzeitunterschied zwischen direktem Strahl und einem unter dem kritischen Winkel hin– und herreflektierten Strahl. Die Lichtquelle befinde sich auf der Stabachse. Der kritische Winkel Θ_T ist gegeben durch

$$\sin\Theta_T = \frac{n_{\text{Luft}}}{n_{\text{Pl}}}.$$

Die Geschwindigkeit v_{Pl} des Lichts im Plexiglas–Stab ist c/n_{Pl}. Also ist die kürzeste Zeit bei einer Länge L des Stabs

$$t_{min} = \frac{L}{v_{Pl}} = \frac{L\, n_{Pl}}{c}.$$

Wie man sich leicht veranschaulichen kann, hängt der Weg, den der reflektierte Strahl zurücklegt, nur von der Länge des Stabes und dem Winkel ab, nicht jedoch vom Durchmesser des Stabs. Wir erhalten für den Weg l

$$l = \frac{L}{\sin \Theta_T} = L\frac{n_{Pl}}{n_{Luft}} = L\, n_{Pl}.$$

In unserem Fall beträgt der Weg 1.491 km ($n_{Luft} = 1$).

Mit $t_{max} = l/v_{pl}$ können wir den Laufzeitunterschied berechnen:

$$\Delta t = \frac{Ln_{Pl}}{c} \left(n_{Pl} - 1\right).$$

Es ergibt sich eine Zeitdifferenz von 2.44 µs. Zur Informationsübertragung verlangen wir als Pulsabstand das Doppelte der Breite. Das sind etwa 5 µs, d.h. wir können maximal $200 \cdot 10^3$ bits/s (25 kbytes/s) übertragen.

Man kann zum Spaß auch noch die Zahl der Reflexionen im angegebenen Plexiglasstab ausrechnen. Der Lichtstrahl legt zwischen zwei Reflexionen in axialer Richtung den Weg $D/\tan \Theta_T$ zurück, wenn D der Durchmesser des Stabs ist. Für die Zahl N der Reflexionen ergibt sich also

$$N \approx \frac{L}{D \tan \Theta_T}$$

Dies ist bis auf ± 1 Reflexion genau. Die Unsicherheit kommt daher, daß Ein- und Austritt der Lichtstrahlen nicht festgelegt sind.

Bemerkung:

In der Glasfasertechnik werden die verschiedenen möglichen Lichtstrahlen (verschiedene Eintrittswinkel) als Moden bezeichnet und man spricht von *Modendispersion*. Dieser etwas unpräzise Ausdruck hat aber nichts mit der Frequenzabhängigkeit des Brechungsindex zu tun.

2.5.6   Das Pulfrich–Refraktometer

Aufgabe:

Refraktometer sind optische Instrumente zur Brechzahlmessung. Ein mit einer Planfläche versehene Prüfling wird mit einem Glaskörper (Brechungsindex n_G) in Kontakt gebracht. Die Abbildung zeigt ein *Pulfrich–Refraktometer*, das vor allem zur Brechzahlmessung von Flüssigkeiten benutzt wird. Unter dem Winkel φ wird mit einem Fernrohr eine scharfe Hell/Dunkel–Trennlinie beobachtet. Das Licht fällt leicht konvergent ein.

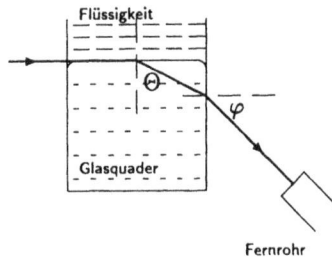

Fernrohr

1. Erklären Sie warum eine scharfe Trennlinie entsteht.

2. Leiten Sie einen Ausdruck für den Brechungsindex n der Flüssigkeit in Abhängigkeit vom Winkel φ her.

Lösung:

1. Der eingezeichnete Strahlengang entspricht der Totalreflektion. Da das Licht nur schwach konvergent ist, wird Licht von schräg unten (Lichtstrahl 1) sehr nah an der Grenzfläche totalreflektiert, während Licht von schräg oben (Lichtstrahl 2) unter einem Winkel $< \Theta_T$ gebrochen wird, der kleiner als der Grenzwinkel Θ_T für Totalreflektion ist. Dadurch entsteht für Winkel $> \Theta_T$ eine dunkle Zone, wenn man ein Fernrohr zur Beobachtung benutzt, da die Strahlen parallel vom Glaskörper kommen und deshalb eine scharfe Linie in der Brennebene ergeben.

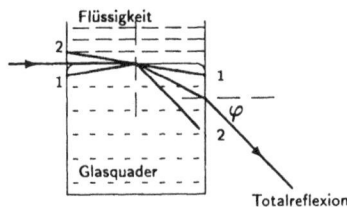

Totalreflexion

Bild 2.6: Beim Pulfrich–Refraktometer wird die Totalreflexion zur Bestimmung des Brechungsindex ausgenutzt.

2. Für den Winkel Θ_T gilt

$$\frac{n}{n_G} = \sin \Theta_T.$$

Jetzt müssen wir noch die Brechung am Strahlaustritt berücksichtigen. Der Winkel mit dem das Licht im Glasquader auf die Austrittsfläche auftrifft ist offensichtlich $90° - \Theta_T$. Also gilt, wenn wir $n_{\text{Luft}} \approx 1$ setzen

$$\frac{\sin \varphi}{n_G} = \sin (90° - \Theta_T) = \cos \Theta_T.$$

Wenn wir beide Gleichungen quadrieren und addieren, so können wir $\sin^2 \Theta_T + \cos^2 \Theta_T = 1$ ausnutzen und erhalten

$$n^2 + \sin^2 \varphi = n_G^2$$

bzw.

$$n = \sqrt{n_G^2 - \sin^2 \varphi}.$$

2.5.7 Brewsterwinkel

Aufgabe:

1. Berechnen Sie den Brewsterwinkel für eine Luft/Glas–Grenzfläche ($n_{Glas} = 1.4$, $n_{Luft} = 1$).

2. Wie groß sind die Intensitäten der reflektierten und transmittierten Komponenten des Lichts parallel und senkrecht zur Einfallsebene, wenn der Einfallswinkel gleich dem Brewsterwinkel ist?

3. Der *Polarisationsgrad V* ist definiert als

$$V = \frac{I_p}{I_p + I_u},$$

   wobei I_p und I_u die Intensitäten des polarisierten bzw. unpolarisierten Lichts sind. Lassen wir Licht unter dem Brewsterwinkel durch viele planparallele Glasplatten fallen, so erhalten wir immer stärker polarisiertes Licht. Wieviele Glasplatten sind nötig um $V \approx 99\%$ zu erreichen?

4. Ist der Einfallswinkel einer Welle gleich dem Brewsterwinkel, so ist die Parallelkomponente des Reflexionskoeffizienten gleich Null. Dies gilt sowohl beim Übergang vom dünneren ins dichtere (*externe Reflexion*) als auch für den Übergang vom dichteren ins dünnere Medium (*interne Reflexion*). Zeigen, daß der Brewsterwinkel Θ_B der externen komplementär zum Brewsterwinkel Θ_B' der internen Reflexion ist.

Lösung:

1. Der Polarisations– oder Brewsterwinkel ist durch das Brewstersche Gesetz[23] gegeben als

$$\tan \Theta_B = \frac{n_2}{n_1}.$$

   In diesem Fall ergibt sich für den Brewsterwinkel 54.46°.

---

[23] SIR DAVID BREWSTER hat übrigens auch das Kaleidoskop erfunden.

2. Der Reflexionskoeffizient $r_\parallel$ der Komponente des elektrischen Feldes parallel zur Einfallsebene ist gleich Null.

In der Aufgabe wird nach Intensitäten gefragt. Wir verwenden also die Größen *Reflexionsgrad* und *Transmissionsgrad*, die die Verhältnisse von reflektierter bzw. transmittierter Intensität zur einfallenden Intensität angeben. Wir finden für den Reflexionsgrad

$$R_\perp = r_\perp^2 = \frac{\sin^2(\Theta_e - \Theta_t)}{\sin^2(\Theta_e + \Theta_t)}.$$

Da das Licht unter dem Brewsterwinkel einfällt, vereinfacht sich dieser Ausdruck wegen $\Theta_B + \Theta_t = 90°$ zu

$$R_\perp = \cos^2(2\Theta_B).$$

Wir teilen das einfallende unpolarisierte Licht der Intensität I_e in zwei linear polarisierte Komponenten mit den Intensitäten $I_e/2$ auf. Die Polarisationsrichtungen sind senkrecht bzw. parallel zur Einfallsebene. Die reflektierte Intensität I_r ist folglich

$$I_r = I_r^\perp = R_\perp \frac{I_e}{2}$$

und die zugehörige transmittierte Intensität ist

$$I_t^\perp = T_\perp \frac{I_e}{2} = (1 - R_\perp) \frac{I_e}{2}.$$

Zusätzlich gibt es den parallel zur Einfallsebene polarisierten transmittierten Anteil

$$I_t^\parallel = T_\parallel \frac{I_e}{2} = \left(1 - R_\parallel\right) \frac{I_e}{2} = \frac{I_e}{2}.$$

Einsetzen der Zahlenwerte ergibt $R_\perp = 0.105$. Also werden 10.5% des senkrecht zur Einfallsebene polarisierten Lichts reflektiert und 89.5% werden transmittiert.

Als Vorbereitung für die nächste Teilaufgabe wollen wir jetzt noch den Polarisationsgrad des transmittierten Lichts berechnen. Die beiden Komponenten sind inkohärent. Deshalb ergibt der transmittierte senkrecht zur Einfallsebene polarisierte Anteil zusammen mit einem Teil des parallel polarisierten wieder unpolarisiertes Licht und folglich ist die polarisierte Intensität

$$I_p = I_t^\parallel - I_t^\perp,$$

während die Gesamtintensität

$$I_p + I_u = I_t^\parallel + I_t^\perp$$

ist. Setzen wir obige Gleichungen ein, so erhalten wir für den Polarisationsgrad

$$V = \frac{I_p}{I_p + I_u}$$

$$= \frac{R_\perp}{2 - R_\perp}.$$

Einsetzen der Werte ergibt $V = 0.0554$, also 5.54%.

3. Jetzt wird eine Glasplatte verwendet. Wir müssen also auch den Lichtaustritt aus der zweiten Grenzfläche berücksichtigen. Wie wir in der letzten Teilaufgabe beweisen werden, sind die Brewsterwinkel der externen und internen Reflexion komplementär. Deshalb trifft der Lichtstrahl auf die Austrittsfläche unter dem Brewsterwinkel für interne Reflexion auf und $r_\parallel$ ist wieder Null. Aus

$$R_\perp = \cos^2\left(2\Theta_B'\right) = \cos^2\left(2\left(90° - \Theta_B\right)\right) = \cos^2\left(180° - 2\Theta_B\right)$$
$$= \cos^2\left(2\Theta_B\right)$$

folgt, daß die Schwächung der senkrecht polarisierten Komponente an beiden Grenzflächen gleich ist. Der Transmissionsgrad der Glasplatte für die senkrechte polarisierte Komponenete ist also $0.895^2 = 0.801$.

Die Aufgabe besteht darin diese 80.1% der unerwünschten Polarisationsrichtung weitgehend loszuwerden. Nach der i-ten Glasplatte ist die Intensität dieses Anteils

$$I_t^\perp = (1 - R_\perp)^{2i}\frac{I_e}{2} = T_\perp^{2i}\frac{I_e}{2}.$$

Der Polarisationsgrad ist folglich

$$V = \frac{1 - T_\perp^{2i}}{1 + T_\perp^{2i}}.$$

Wir erhalten also für die Plattenzahl

$$i = \frac{1}{2}\ln\frac{1 - V}{1 + V}\frac{1}{\ln T_\perp}.$$

Einsetzen der Zahlenwerte ergibt $i = 24$.

Dieser Polarisator wurde im Jahr 1812 von D. ARAGO[24] entdeckt. Der polarisierte Anteil des Lichts enthält nur die Komponente des elektrischen Felds parallel zur Einfallsebene.

Unberücksichtigt lassen wir hierbei die Korrekturen durch Mehrfachreflexion. Der reflektierte Strahl innerhalb einer Glasplatte bzw. zwischen den Glasplatten wird ja an der jeweils vorletzten Grenzfläche in die Transmissionsrichtung zurückreflektiert. Eine Berechnung dieser Korrektur für den Glasplattensatz wurde von GAVIOLA und PRINGSHEIM[25] durchgeführt.

4. Wir nehmen an, daß $n_2 > n_1$ ist. Dann ist der Brewsterwinkel für externe Reflexion

$$\tan\Theta_B = \frac{n_2}{n_1}$$

und für interne Reflexion

$$\tan\Theta_B' = \frac{n_1}{n_2}.$$

---

[24] DOMINIQUE ARAGO (1786–1853) benutzte Bergkristallplatten. Durch seine Interferenzversuche wurde die Auffassung gefestigt, daß Licht aus Transversalwellen besteht.
[25] E.Gaviola und P. Pringsheim in *Zeitschrift für Physik* **24**, 1924, S. 24.

Daraus folgt also

$$\tan \Theta_B = \frac{1}{\tan \Theta'_B}$$

oder

$$\frac{\sin \Theta_B}{\cos \Theta_B} = \frac{\cos \Theta'_B}{\sin \Theta'_B}.$$

Das läßt sich nochmals umschreiben in

$$\sin \Theta_B \sin \Theta'_B - \cos \Theta_B \cos \Theta'_B = \cos (\Theta_B + \Theta'_B) = 0.$$

Folglich ist $\Theta_B + \Theta'_B = 90°$.

2.5.8 Intensitätsverlust durch Reflexion

Aufgabe:

Berechnen Sie den Intensitätsverlust eines Objektivs mit sechs durch Luft getrennte Linsen aus dem Werkstoff SK57 ($n = 1.85504$) für senkrecht einfallendes Licht.

Lösung:

Bei senkrechtem Einfall ist der Reflexionskoeffizient gegeben durch

$$r_{\parallel} = -r_{\mid} = \frac{n_t - n_e}{n_t + n_e}.$$

Also ist der Reflexionsgrad

$$R = r^2 = \left(\frac{n_t - n_e}{n_t + n_e}\right)^2.$$

und für $n_e = 1$ und $n_t = 0.0897$ ist

$$R = 0.0897.$$

Der Transmissionsgrad ist $T = 1 - R$. Sechs Linsen ergeben zwölf Grenzflächen, also ist

$$T_{\text{ges}} = (1 - R)^{12} \approx 0.32 \, .$$

Der Lichtverlust ist also 0.68 oder 68% . Dieses Problem kann man teilweise durch eine Antireflexionsbeschichtung lösen.

3. Die geometrische Optik

3.1 Das Fermatsche Prinzip

3.1.1 Einleitung

Die geometrische Optik behandelt die Ausbreitung von Licht in Form von Strahlen (*Strahlenoptik*). In vielen Fällen reicht dabei die Anwendung des Reflexions– und des Brechungsgesetzes. Gelegentlich (z.B. bei kontinuierlicher Änderung des Brechungsindex) kommt ein allgemeineres Gesetz, das *Fermatsche Prinzip*, zur Anwendung[1]. Daraus können Reflexions– und Brechungsgesetz abgeleitet werden (Aufgabe 3.1.2). Es besagt:

> Der tatsächliche Weg, den ein Lichtstrahl zwischen zwei Punkten nimmt, ist derjenige, auf dem der *optische Weg* einen Extremalwert besitzt[2].

Der *optische Weg* ist der Weg multipliziert mit dem Brechungsindex n des Mediums.

3.1.2 Herleitung des Snelliusschen Gesetzes

Aufgabe:

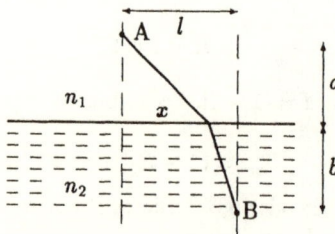

Bild 3.1: Herleitung des Snelliusschen Gesetzes aus dem Fermatschen Prinzip.

Leiten Sie das Snelliussche Brechungsgesetz aus dem Fermatschen Prinzip her. Betrachten Sie dazu einen Lichtstrahl, der von Punkt A im Medium mit dem Brechungsindex n_1 den Punkt B im Medium mit dem Brechungsindex n_2 erreicht.

---

[1] PIERRE FERMAT (1608–1665).

[2] FERMAT sagte ursprünglich, daß das Licht den Weg benutzt, auf dem es die kürzeste Zeit zwischen zwei Punkten braucht (*Prinzip der kürzesten Zeit*). Dies ist aber nicht immer der Fall.

Lösung:

Das Fermatsche Prinzip fordert, daß der optische Weg einen Extremwert hat. Der optische Weg führt in unserem Fall durch den Schnittpunkt des Lichtstrahls mit der Grenzfläche, der sich im Abstand x von der Grenzflächennormalen durch den Punkt A befindet. Sind L_1 bzw. L_2 die Weglängen des Strahls in den beiden Medien, so können wir schreiben

$$\text{optischer Weg} = n_1 L_1 + n_2 L_2 = n_1 \sqrt{x^2 + a^2} + n_2 \sqrt{(l - x)^2 + b^2}.$$

Um den Extremwert zu finden, müssen wir die Ableitung nach x gleich Null setzen. Also:

$$\frac{\mathrm{d}(\text{optischer Weg})}{\mathrm{d}x} = n_1 \frac{1}{2} \frac{2x}{\sqrt{x^2 + a^2}} + n_2 \frac{1}{2} \frac{-2(l - x)}{\sqrt{(l - x)^2 + b^2}}$$

$$= n_1 \frac{x}{\sqrt{x^2 + a^2}} + n_2 \frac{-(l - x)}{\sqrt{(l - x)^2 + b^2}}$$

Wir können hier leicht die Sinuswerte des Einfalls- bzw. Transmissionswinkels erkennen und damit ist unsere Extremwertbedingung gerade das Snelliussche Gesetz

$$n_1 \sin \Theta_1 - n_2 \sin \Theta_2 = 0$$

Alternativer Weg:
Dem Fermatsche Prinzip entspricht auch die Forderung, daß das Licht immer den Weg der kürzesten Zeit sucht. Wir können also auch eine Laufzeit $T(x)$ betrachten und deren Minimum suchen, wobei klar ist, daß das einzige Extremum das Minimum ist. Mit den Geschwindigkeiten c_1 und c_2 ist

$$T = \frac{L_1}{c_1} + \frac{L_2}{c_2} = \frac{\sqrt{x^2 + a^2}}{c_1} + \frac{\sqrt{(l - x)^2 + b^2}}{c_2}.$$

Ableiten und Null setzen ergibt das selbe Ergebnis wie oben, da

$$\frac{c_1}{c_2} = \frac{n_2}{n_1}.$$

3.2   Die optische Abbildung

3.2.1   Einleitung

Geometrische Optik

Bei der geometrisch–optischen Abbildung wird ein von einem Objekt- oder Gegenstandspunkt G ausgehendes Strahlenbündel nach Durchgang durch ein optisches System wieder in einem Bildpunkt B vereinigt. Ein *ideales* optisches Abbildungssystem bildet alle Objektpunkte punktförmig ab. Eine ideal punktförmige Abbildung eines Objektpunktes heißt *stigmatische* Wiedergabe (Abbildung).

Dabei werden **Beugungseffekte vernachlässigt.** Im homogenen Medium bewegen sich die Strahlen also geradlinig und die Wirkung der optischen Systeme wird von Brechungs– und Reflexionsgesetz bestimmt. Voraussetzung für die Anwendbarkeit der geometrischen Optik (= *Strahlenoptik*) ist also, daß alle Abmessungen und Krümmungsradien der betrachteten optischen Elemente viel größer sind als die Wellenlänge der elektromagnetischen Strahlung.

Paraxiale oder Gaußsche Optik

Darunter versteht man die geometrische Optik von Strahlen, die sich entlang der Achse eines optischen Systems (*optische Achse*[3]) ausbreiten. Dabei ist die Neigung der Strahlen gegenüber der optischen Achse gering und man kann in allen Gleichungen Sinus und Tangens des Neigungswinkels ϕ durch den Winkel selbst ersetzen, d.h. es ist

$$\tan \phi \approx \sin \phi \approx \phi \quad \text{in der paraxialen Näherung.}$$

Virtuelle und reelle Bilder

In der paraxialen Näherung lassen sich einfache Formeln zur Berechnung des Bildes eines Gegenstandes angeben. Dabei können Bilder entstehen, die sich auf einen Schirm projizieren lassen (*reelle Bilder*) und solche, für die das nicht möglich ist (*virtuelle Bilder*). Dies hängt von der Form des optischen Elements und von der Lage des Gegenstands bezüglich der Brennebene ab.

Linsen

Auf den folgenden Seiten wird sehr viel von *Linsen* und *Linsensystemen* die Rede sein. Linsen sind optische Elemente mit mindestens einer (meist sphärisch) gekrümmten (Grenz–) Fläche.

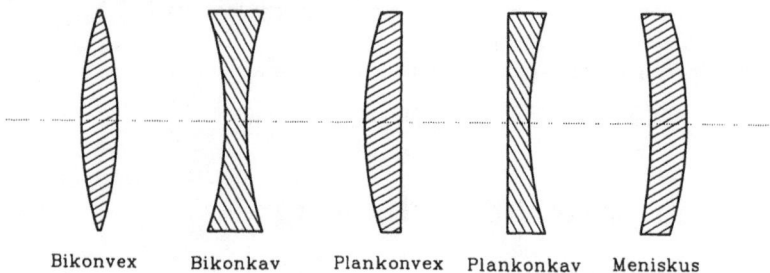

Bikonvex   Bikonkav   Plankonvex   Plankonkav   Meniskus

Bild 3.2:   Gebräuchliche Linsenformen.

Der Schnittpunkt einer solchen Fläche mit der optischen Achse heißt *Scheitelpunkt* oder *Linsenscheitel*. Bei der Berechnung der optischen Eigenschaften wird sich zeigen, daß man in manchen Fällen die Dicke der Linse vernachlässigen kann. Wir sprechen

---

[3] Der Begriff "optische Achse" wird uns mit anderer Bedeutung später nochmal begegnen (siehe Abschnitt 4.4.1).

dann von *dünnen Linsen*. Ist dies nicht möglich, so haben wir es mit einer *dicken Linse* zu tun. Aus dünnen und/oder dicken Linsen können wir *Linsensysteme* aufbauen.

Kardinalelemente

Wir verstehen darunter diejenigen Punkte, Strecken und Flächen eines optischen Systems, die bei der geometrisch–optischen Abbildung als Bezugsgrößen dienen. Im folgenden werden einige dieser Größen näher erläutert.

Brennpunkte Bildseitiger (F_b) und gegenstandsseitiger (F_g) Brennpunkt sind die Punkte, in die achsenparallele Strahlen von der jeweils anderen Seite[4] des optischen Systems zusammenlaufen. Die Abstände dieser Punkte von den zugehörigen *Hauptpunkten* (s.u.) heißen *Brennweiten* (f_b, f_g).

Hauptpunkte Die *Hauptpunkte* sind die Schnittpunkte der *Hauptebenen*[5] mit der optischen Achse. Für jedes optische System gibt es zwei Hauptebenen. Beachten Sie, daß die Hauptebenen auch außerhalb des optischen Systems liegen können.

Von den Hauptpunkten aus werden Brennweite, Objekt- und Bildweite eines optischen Systems gemessen.

Die Hauptebenen besitzen die Lateralvergrößerung Eins. Einander entsprechende Objekt- und Bildstrahlen schneiden diese Ebenen in gleicher Höhe, d.h. die Strahlen laufen zwischen den Ebenen achsenparallel.

Bemerkung:

In den Lehrbüchern werden Hauptpunkte und Hauptebenen i.a. bei der Behandlung von dicken Linsen und Linsensystemen definiert. In der Näherung dünner Linsen fallen die Hauptpunkte mit dem Linsenzentrum und die Hauptebenen mit der Mittelebene der Linse zusammen. Im Fall der Kugelfläche fallen die Hauptpunkte mit dem Scheitelpunkt zusammen.

Knotenpunkte Schließen Objektstrahl und sein konjugierter Bildstrahl mit der optischen Achse den gleichen Winkel ein, so definieren ihre Schnittpunkte mit der optischen Achse die *Knotenpunkte*. Für sie ist die Winkelvergrößerung (Konvergenzverhältnis) also gleich Eins. Ist der Brechungsindex auf beiden Seiten des Systems gleich, so fallen die Knotenpunkte mit den Hauptpunkten zusammen.

Schnittweite Die Abstände von Objekt- bzw. Bildpunkt vom zugehörigen Linsenscheitel heißen *Schnittweiten*.

---

[4] "Andere Seite" ist nicht in allen Fällen die räumlich andere Seite.

[5] Nur im Rahmen der paraxialen Näherung ist die "Hauptebene" eine Ebene. Gilt diese Näherung nicht, so ist sie eine gekrümmte Fläche.

Vorzeichenkonvention

Entscheidende Bedeutung bei allen geometrisch–optischen Berechnungen ist die Festlegung und Benutzung einer Vorzeichenkonvention. Wir werden, im Gegensatz zu vielen Lehrbüchern[6], die *kartesische Vorzeichenregel* verwenden. Die grundsätzlichen Regeln sind die folgenden:

- Die Lichtstrahlen verlaufen von links nach rechts[7].

- Es werden kartesische Koordinaten verwendet. Der Ursprung ist der Schnittpunkt der optischen Achse mit der Referenzfläche (Kugelfläche, Hauptebene).

Im Fall der Kugelfläche ist der Ursprung der Scheitelpunkt S. Entsprechend obiger Regeln ist der Radius einer Kugelfläche also positiv, wenn sich der Mittelpunkt der Kugel rechts vom Scheitel (positive x–Achse) befindet.
Wir können uns leicht die folgende kompliziertere Darstellung der Konvention überlegen:

- Alle von einem Punkt in die Lichtrichtung gemessene Strecken sind positiv, alle gegen die Lichtrichtung gemessene sind negativ.

- Alle in Lichtrichtung konvex erscheinende Flächen haben einen positiven Radius, alle konkav erscheinenden Flächen haben einen negativen Radius.

- Alle von der optischen Achse nach oben gemessenen Strecken sind positiv, alle nach unten gemessenen sind negativ.

Bemerkungen:

1. Gilt die Näherung dünner Linsen (s.u.), so entspricht der Ursprung dem Linsenzentrum. Im Fall von dicken Linsen und Linsensystemen entspricht der Ursprung je nach betrachteter Größe einem Scheitelpunkt (Radien, Lage der Hauptebene) oder einem Hauptpunkt (z.B. Brennweite).

2. Im Lehrbuch wird eine andere Vorzeichenkonvention verwendet. *Aus diesem Grund werden im folgenden auch einige Gleichungen eine andere Form erhalten als im Lehrbuch.* Sicherlich haben beide Formen ihre Vorteile. Die hier verwendete Konvention ist einfach zu merken und erlaubt uns eine andere häufig verwendete Form der Linsengleichungen (Gleichung 3.3) aufzuzeigen.

Unterschied zum Lehrbuch!

Linsenformeln

Zunächst betrachtet man eine rotationssymmetrische Grenzfläche zwischen Medium 1 (Brechungsindex n_1) und Medium 2 (Brechungsindex n_2). Ein Gegenstandspunkt G liege im Medium 1 links der Grenzfläche auf der Rotationsachse (*optische Achse*). Alle von diesem Punkt G ausgehenden Lichtstrahlen sollen im Bildpunkt B im Medium 2

---

[6] Dazu gehört auch das Lehrbuch PHYSIK III. Unsere Vorzeichenkonvention entspricht dagegen im wesentlichen der in der DIN festgelegten Form.

[7] Damit ist gemeint, daß optische Systeme prinzipiell so gezeichnet werden, daß diese Regel erfüllt ist.

wiedervereinigt werden. Dazu müssen alle Lichtwege (optische Wege) gleich sein. Wenn der Weg eines Strahls im Medium 1 l_1 und im Medium 2 l_2 ist, so muß die Grenzfläche also

$$l_1 n_1 + l_2 n_2 = \text{const.}$$

erfüllen. Diese Gleichung beschreibt ein sogenanntes *kartesisches Ovoid*.

Wir behandeln im weiteren nur den einfachen Fall der *sphärischen* Linsen. Diese sind von großer Bedeutung, da sie technisch einfach herzustellen sind. Die Behandlung dieser Linsen ist im folgenden in drei Schritte unterteilt. Dabei wird vorausgesetzt, daß sich *beiderseits der Linse dasselbe Medium* befindet.   !

1. Schritt: Die sphärische Grenzfläche   Die beiden Medien 1 und 2 (s.o.) haben jetzt eine sphärische Grenzfläche.

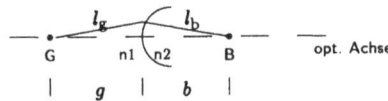

Bild 3.3:   Abbildung durch eine sphärische Grenzfläche.

Man berechnet den optischen Weg vom Gegenstandspunkt G zum Bildpunkt B (beide auf der optischen Achse) und sucht das Extremum (Fermatsches Prinzip). In der paraxialen Näherung ist $l_g \approx g$ und $l_b \approx b$ und deshalb ergibt sich

$$\frac{n_1}{g} + \frac{n_2 - n_1}{R} = \frac{n_2}{b}. \tag{3.1}$$

Dabei ist R der Radius der Grenzfläche. Der Abstand g muß entsprechend unserer Vorzeichenkonvention mit negativen Vorzeichen eingesetzt werden.

2. Schritt: Dünne Linsen   In diesem Spezialfall wird die Dicke d der Linse vernachlässigt ($d \to 0$). Die Formel, die beim 1. Schritt gefunden wurde, wird auch auf die zweite Grenzfläche angewendet. Dabei ist das von der ersten Grenzfläche erzeugte Bild der Gegenstand für die zweite Grenzfläche (siehe Aufgabe 3.2.6). Ist n_2 der Brechungsindex der Linse und n_1 der des umgebenden Mediums, so gilt

$$\frac{n_1}{g} + (n_2 - n_1)\left(\frac{1}{R_1} - \frac{1}{R_2}\right) = \frac{n_1}{g} + \frac{1}{f} = \frac{n_1}{b}. \tag{3.2}$$

Dies ist die *Gaußsche Linsenformel*. Dabei sind R_1 und R_2 die Radien der Grenzflächen und f ist die Brennweite der Linse. Gegenstands– und bildseitige Brennweite sind bei dünnen Linsen dem Betrage nach gleich. Befindet sich die Linse in Luft ($n_1 \approx 1$),   ! so erhalten wir die folgende Form der *Gaußschen Linsenformel*

$$\frac{1}{g} + \frac{1}{f} = \frac{1}{b}. \tag{3.3}$$

Diese Form der Gaußschen Linsenformel ergibt sich aus unserer Vorzeichenkonvention und unterscheidet sich von der im Lehrbuch. Sie läßt sich aber leicht merken, da gilt: *Unterschied zum Lehrbuch!*

Das Licht kommt vom Gegenstand (g), wird an der Linse (R bzw. f) gebrochen und ergibt so das Bild (b). Also:

$$\text{Gegenstand} + \text{Linse} = \text{Bild}.$$

3. Schritt: Dicke Linsen   Die Dicke d (gemessen an den Scheitelpunkten) der Linse ist nicht mehr vernachlässigbar. Die Ableitung ist komplizierter, aber man kann zeigen, daß hier mit Einführung der Hauptebenen H_1 und H_2 (s.u.) wiederum die einfache Gaußsche Form (Gleichung 3.3) gilt. Die Längen b, g und f werden dabei auf die Hauptebenen bezogen. Die Brennweite f ist durch

$$\frac{1}{f} = (n-1)\left[\frac{1}{R_1} - \frac{1}{R_2} + \frac{(n-1)\,d}{n R_1 R_2}\right] \tag{3.4}$$

gegeben. Auch in diesem Fall ergibt sich derselbe Betrag für gegenstands– und bildseitige Brennweite. Die Lagen der Hauptebenen sind

$$h_1 = -\frac{f(n-1)\,d}{n R_2} \quad \text{und} \quad h_2 = -\frac{f(n-1)\,d}{n R_1}. \tag{3.5}$$

Dies sind die Abstände zu den Scheitelpunkten.

Wichtige Bemerkung:

Die Brennweiten f_g und f_b erhalten wir, indem wir b bzw. g unendlich groß machen. Die Gaußsche Linsenformel ergibt dann:

Unterschied zum Lehrbuch!

$$f_g = -f \quad \text{und} \quad f_b = f.$$

Im Lehrbuch haben die beiden Brennweiten gleiches Vorzeichen, aber aufgrund der dort verwendeten Vorzeichenkonvention bedeutet dies verschiedene Seiten vom Bezugspunktes.

Linsensysteme

Auch Linsensysteme kann man sehr einfach mit Hauptebenen behandeln. Für die Kombination zweier Linsen im Abstand D ergibt sich für die Brennweite

$$\frac{1}{f} = \frac{1}{f_1} + \frac{1}{f_2} - \frac{D}{f_1 f_2}, \tag{3.6}$$

wobei diese von den Hauptebenen aus gemessen wird, deren Lagen durch

$$h_1 = \frac{fD}{f_2} \quad \text{und} \quad h_2 = -\frac{fD}{f_1} \tag{3.7}$$

gegeben sind. Im Fall dünner Linsen werden h_1 und h_2 von den Linsenzentren her gemessen, im Fall dicker Linsen wird von den äußeren Hauptebenen der Einzellinsen gemessen.

Die allgemeinste Formulierung der Linsengleichungen

Im allgemeinsten Fall sind die Brechungsindizes im Gegenstands– und Bildraum verschieden. Im folgenden werden die Brechungsindizes mit n_1 (Gegenstandsraum), n_2 (Linse) und n_3 (Bildraum) bezeichnet. Wie üblich verlaufen die Lichtstrahlen von links nach rechts. Die gegenstandsseitige Brennweite ist f_g, die bildseitige f_b.

Dünne Linsen   Alle Längen beziehen sich aufs Linsenzentrum (die Linsendicke ist ja Null). Zur Vereinfachung der Schreibweise geben wir zunächst die Brechkraft P an:

$$P = \frac{n_2 - n_1}{R_1} + \frac{n_3 - n_2}{R_2}. \tag{3.8}$$

Damit sind die Brennweiten

$$f_g = -\frac{n_1}{P} \quad \text{und} \quad f_b = \frac{n_3}{P}. \tag{3.9}$$

Die Gaußsche Gleichung lautet für diesen allgemeinen Fall:

$$\frac{n_1}{g} + \frac{n_3}{f_b} = \frac{n_3}{b}. \tag{3.10}$$

Die Gaußsche Gleichung läßt sich für dünne Linsen umschreiben in

$$1 - \frac{f_g}{g} = \frac{f_b}{b}. \tag{3.11}$$

Dicke Linsen   Diese Gleichungen sind deutlich komplizierter, so daß wir zunächst die folgenden Hilfsgrößen definieren:

$$\begin{aligned}
J_1 &= n_2 - n_1, \\
J_2 &= n_3 - n_2, \\
J_3 &= \frac{n_2 J_1}{R_1} + \frac{n_2 J_2}{R_2} - \frac{J_1 J_2 d}{R_1 R_2}.
\end{aligned}$$

Damit sind die Brennweiten

$$f_g = -\frac{n_2 n_3}{J_3} \quad \text{und} \quad f_b = \frac{n_1 f_g}{n_3}. \tag{3.12}$$

Die Lagen der Hauptebenen können wir wie folgt schreiben:

$$h_1 = \frac{n_1 J_2 d}{R_2 J_3} \quad \text{und} \quad h_2 = -\frac{n_3 J_1 d}{R_1 J_3}. \tag{3.13}$$

Natürlich müssen wir auch hier die allgemeine Form der Gaußschen Gleichung (Gleichung 3.10) verwenden.

Geometrische Konstruktion

Im Fall dünner Linsen läßt sich das Bild geometrisch mit Hilfe der folgenden Strahlen konstruieren:

1. Der parallel zur optischen Achse einfallende Strahl geht durch den bildseitigen Brennpunkt.

2. Der Strahl durch das Linsenzentrum wird nicht abgelenkt.

3. Der Strahl durch den gegenstandsseitigen Brennpunkt verläuft nach der Linse achsenparallel.

Für dicke Linsen bzw. für Linsensysteme ist eine Konstruktion mit Hilfe der Hauptebenen möglich (Aufgabe 3.2.10).

Vergrößerung

Ein Gegenstand der Höhe h (senkrecht zur optischen Achse) wird auf ein Bild der Höhe h' abgebildet. Wir definieren die *laterale* oder *transversale Vergrößerung*

$$V_T = \frac{h'}{h}. \tag{3.14}$$

Ist der Brechungsindex im Gegenstandsraum n_1 und im Bildraum n_2, so ist

$$V_T = \frac{n_1 b}{n_2 g}. \tag{3.15}$$

Unter-schied zum Lehrbuch!
Unsere Vorzeichenkonvention (Seite 88) erspart hier ein negatives Vorzeichen im Unterschied zum Lehrbuch.

Bei dreidimensionalen Gegenständen ist auch die *axiale* oder *longitudinale Vergrößerung* wichtig:

$$V_L = \frac{\Delta b}{\Delta g}. \tag{3.16}$$

Wir finden (siehe Aufgabe 3.2.8)

$$V_L = \frac{n_2}{n_1} V_T^2. \tag{3.17}$$

Matrizenmethode

Mit Computern ist es einfach viele Strahlen durch komplizierte Linsensysteme zu verfolgen. Dabei muß an jeder Grenzfläche das Brechungsgesetz bzw. das Reflexionsgesetz angewendet werden. Diese Methode heißt *ray-tracing*[8]. Bei exakter Rechnung[9] erlaubt sie auch Linsenfehler in die Optimierung der optischen Systeme mit einzubeziehen, für die sonst nur aufwendige Näherungsformeln zur Verfügung stehen. Wir wollen hier keine exakte Formulierung durchführen, sondern eine elegante Formulierung des "ray-tracings", die *Matrizenmethode*, in paraxialer Näherung darstellen.

Der Lichtstrahl ist durch seine Position (Abstand y von der optischen Achse) und seine Richtung (Winkel $\Theta \approx$ Steigung) beschrieben. Wir wählen hier eine Darstellung in der er zusätzlich durch den Brechungsindex n des Mediums gekennzeichnet wird[10]:

$$\tilde{r} = \begin{pmatrix} n\Theta \\ y \end{pmatrix}.$$

Ein beliebiges optisches System kann immer durch <u>eine</u> zweidimensionale *Systemmatrix* beschrieben werden. Dies entspricht der Tatsache, daß man immer <u>ein</u> Hauptebenenpaar für ein optisches System finden kann.

Zur Behandlung von Linsensystemen benötigen wir eine *Transfermatrix*, die die geradlinige Ausbreitung im homogenen Medium beschreibt und eine *Brechungsmatrix*, die

---

[8] Auch das graphische Verfolgen von Strahlen ist natürlich eine Form des "ray tracing".

[9] In der Praxis wird beim Entwurf optischer Systeme i.a. jeder Strahl exakt gerechnet.

[10] Man findet in der Literatur verschiedene Definitionen für den Strahlvektor. Unsere wird auch im Lehrbuch PHYSIK III und im Lehrbuch *Hecht, Optik* verwendet.

die Brechung an einer Grenzfläche beschreibt. Diese Matrizen verknüpfen die Strahlvektoren an verschiedenen Orten miteinander .

Für die geradlinige Ausbreitung über die Länge d (gemessen parallel zur optischen Achse!) im Medium mit Brechungsindex n lautet die *Transfermatrix*

$$\mathcal{T} = \begin{pmatrix} 1 & 0 \\ d/n & 1 \end{pmatrix}.$$

Die *Brechungsmatrix* für eine Fläche mit Krümmungsradius R lautet:

$$\mathcal{R} = \begin{pmatrix} 1 & -(n_2 - n_1)/R \\ 0 & 1 \end{pmatrix}.$$

Beispiele für *Systemmatrizen* sind in den Aufgaben 3.2.9, 3.2.10 und 3.2.12 zu finden. Hat man für ein komplettes Linsensystem eine Systemmatrix durch Matrizenmultiplikation bestimmt, so lassen sich daraus auch die Bestimmungsgrößen der resultierenden dicken Linse bestimmen. Die Brennweiten sind

$$f_g = \frac{n_g}{m_{12}} \quad \text{und} \quad f_b = -\frac{n_b}{m_{12}}.$$

Die Lagen der Hauptebenen sind

$$h_1 = \frac{n_g\left(1 - m_{11}\right)}{-m_{12}} \quad \text{und} \quad h_2 = \frac{n_b\left(m_{22} - 1\right)}{-m_{12}}.$$

3.2.2 Ebener Spiegel

Aufgabe:

Sie wollen einen Spiegel kaufen und aufhängen, in dem Sie sich vollständig sehen können. Wie hoch muß der Spiegel mindestens sein und in welcher Höhe müssen Sie ihn aufhängen? Ihre Körpergröße setzen Sie als Parameter h ein.

Lösung:

Der Spiegel befindet sich genau in der Mitte zwischen Betrachter und dessen Spiegelbild.
Im Bild 3.4 sind die Strahlen Auge–Zehenspitzen und Auge–Kopfoberkante eingezeichnet. Diese Begrenzen den Spiegel. Aus Symmetriegründen befindet sich der Schnittpunkt des Spiegels mit dem Auge–Zehenspitzen Strahl genau auf der Hälfte des Abstands Auge–Standfläche. Entsprechend ist der andere Schnittpunkt auf halber Höhe zwischen Auge und Kopfoberkante. Zusammen ist dies natürlich die halbe Körpergröße. Der Spiegel muß also $h/2$ hoch sein und sollte so aufgehängt werden, daß sich seine Unterkante auf der halben Höhe Auge–Boden befindet.

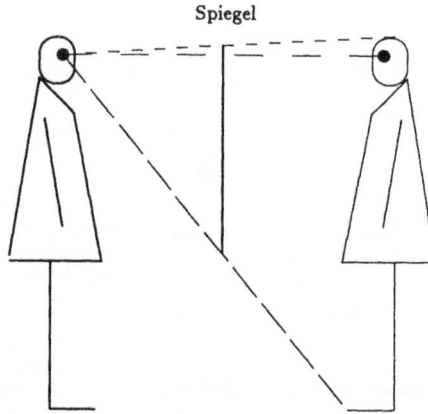

Bild 3.4:   Abbildung durch einen ebenen Spiegel.

3.2.3   Brennpunkte

Aufgabe:

Im folgenden ist die Umgebung jeweils Luft und die optischen Elemente sind aus Glas mit $n = 1.5$. Der Radius der Grenzfläche(n) ist in allen Fällen 20 mm. Berechnen Sie die Lage des gegenstandsseitigen Brennpunktes (gemessen vom Scheitelpunkt der Grenzfläche) für

1. eine sphärische Grenzfläche.

2. eine dünne bikonvexe Linse.

3. eine dicke bikonvexe Linse ($d = 30$ mm).

Der Gegenstand befinde sich jeweils links von der ersten Grenzfläche.

Lösung:

1. In der Abbildungsgleichung der sphärischen Grenzfläche

$$\frac{n_1}{g} + \frac{n_2 - n_1}{R} = \frac{n_2}{b}.$$

setzen wir $b = \infty$ und erhalten so für den gegenstandsseitigen Brennpunkt für $n_1 = 1$

$$f_g = -\frac{R}{n_2 - 1}.$$

Einsetzen der Zahlenwerte ergibt

$$f_g = -40 \text{ mm}.$$

Bei der sphärischen Grenzfläche ist dies bereits der Abstand vom Scheitelpunkt.

2. Für dünne Linsen in Luft ist die Brennweite gegeben durch

$$\frac{1}{f} = (n_2 - 1)\left(\frac{1}{R_1} - \frac{1}{R_2}\right)$$

Die Radien sind gleich, haben aber entgegengesetztes Vorzeichen. Gemäß der Vorzeichenkonvention (Seite 88) erhält R_2 ein negatives Vorzeichen, da sich der Kreismittelpunkt links vom Scheitelpunkt befindet. Einsetzen ergibt

$$f = -f_g = 20 \text{ mm}.$$

Da bei der Herleitung der Formeln für dünne Linsen $d = 0$ mm gesetzt wurde, fallen die Scheitelpunkte mit dem Linsenzentrum zusammen.

3. Die Brennweite für dicke Linsen in Luft ist durch

$$\frac{1}{f} = (n - 1)\left[\frac{1}{R_1} - \frac{1}{R_2} + \frac{(n-1)\,d}{n R_1 R_2}\right]$$

gegeben. Die Vorzeichen werden wie oben berücksichtigt und es ergibt sich

$$f = -f_g = 26.6 \text{ mm}.$$

Gemessen wird jetzt allerdings von der linken Hauptebene, so daß wir den Abstand Scheitelpunkt–Hauptebene noch berücksichtigen müssen. Dieser ist

$$h_1 = -\frac{f\,(n-1)\,d}{n R_2}$$

R_2 wird wieder negativ eingesetzt und man erhält

$$h_1 = 13.3 \text{ mm}.$$

Das positive Vorzeichen bedeutet jetzt, daß die Hauptebene rechts vom Scheitelpunkt liegt und somit beträgt der Abstand des Brennpunkts vom Scheitelpunkt $(26.6 - 13.3)$ mm= 13.3 mm.

3.2.4   Näherung dünner Linsen

Aufgabe:

Eine bikonvexe Linse (Brechungsindex $n = 1.5$) werde in Luft verwendet. Ihre Dicke beträgt 9 mm und die Radien beider Flächen sind 300 mm. Wie groß ist der Fehler in der Brennweite, wenn die Linsendicke vernachlässigt wird?

Lösung:

Aufgrund der Vorzeichenregel (Seite 88) ist der Radius R_1 der linken Fläche positiv und der Radius R_2 der rechten Fläche negativ. Bei Behandlung als dünne Linse (Gleichung 3.2) ergibt sich aus

$$\frac{1}{f} = (n-1)\left(\frac{1}{R_1} - \frac{1}{R_2}\right)$$

eine Brennweite $f = 300\,\text{mm}$. Dagegen ergibt Gleichung 3.4 für eine dicke Linse

$$\frac{1}{f} = (n-1)\left[\frac{1}{R_1} - \frac{1}{R_2} + \frac{(n-1)\,d}{n R_1 R_2}\right]$$

$f = 301.5\,\text{mm}$. Der Fehler beträgt also 0.5%.
Bemerkung:
Es gibt keine Festlegung bis zu welcher Dicke eine Linse "dünn" ist. Der Rechenweg hängt einfach von der erforderlichen Genauigkeit ab.

3.2.5   Dünne Linse

Aufgabe:

Das Bild eines Gegenstands, der sich 6 cm vor einer dünnen bikonvexen Linse befindet, ist dreimal so weit von der Linse entfernt wie das Bild eines Gegenstands im "Unendlichen".

1. Welche Brennweite hat die Linse?

2. Konstruieren (zeichnen!) Sie das Bild eines Gegenstands, der sich 1 cm links vor der Linse befindet und senkrecht zur optischen Achse steht.

3. Berechnen Sie die laterale (transversale) Vergrößerung V_T (Bildhöhe/Gegenstandshöhe) der Abbildung des letztgenannten Gegenstands.

Lösung:

Wir verwenden wie immer die Vorzeichenkonvention von Seite 88.

1. Ein Gegenstand im "Unendlichen" wird in die Brennebene abgebildet.

   Daraus folgt, daß sich für eine Gegenstandsweite $g_6 = -6\,\text{cm}$ eine Bildweite $b_6 = 3f$ ergibt. Damit können wir die Gaußsche Linsengleichung folgendermaßen schreiben:

   $$\frac{1}{g_6} + \frac{1}{f} = \frac{1}{3f} \quad \text{oder} \quad \frac{1}{g_6} = -\frac{2}{3f}.$$

   Einsetzen ergibt $f = 4\,\text{cm}$.

2. Für die Konstruktion verwenden wir den Strahl durch den bildseitigen Brennpunkt und den Zentrumsstrahl. Es ergibt sich ein virtuelles Bild.

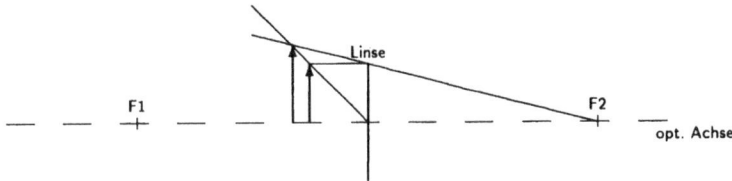

Bild 3.5: Abbildung durch eine dünne Linse. Es entsteht in diesem Fall ein virtuelles Bild.

3. Die laterale (transversale) Vergrößerung V_T ist gegeben durch

$$V_T = \frac{b}{g}.$$

Aus der Gaußschen Gleichung erhalten wir b:

$$\frac{1}{b} = \frac{1}{g} + \frac{1}{f} = -0.75 \, \frac{1}{cm} \rightsquigarrow b = -1.33 \, cm.$$

Wir setzen die Werte ein

$$V_T = \frac{-1.33 \, cm}{-1 \, cm} = 1.33.$$

Die laterale Vergrößerung ist positiv, d.h. das Bild steht aufrecht.

3.2.6 Dünne Linsen – drei Medien

Aufgabe:

Eine dünne bikonvexe Linse aus Glas ($n_G = 1.5$) mit den Krümmungsradien $|R_1| = |R_2| = R = 10 \, cm$ ist in die Wand eines Behälters eingebaut, der anschließend mit Wasser ($n_W = 1.33$) gefüllt wird. Die der Linse gegenüberliegende Seite (Rückwand des Behälters) wird als Projektionsschirm benutzt. In welcher Entfernung von der Linse muß sich die Rückwand befinden, damit ein Gegenstand, der sich in 20 cm Entfernung vor der Linse in Luft befindet, scharf abgebildet wird?

Lösung:

Wir wollen hier nicht die in der Einleitung angegebene allgemeine Formel für dünne Linsen verwenden, sondern die Ableitung der Linsenformel ausgehend von der Formel für die kugelförmige Grenzfläche in paraxialer Näherung (Gleichung 3.1)

$$\frac{n_1}{g} + \frac{n_2 - n_1}{R} = \frac{n_2}{b}$$

durchführen. Auf der linken Seite der Linse befindet sich der abzubildende Gegenstand. Die linke Grenzfläche erzeugt ein virtuelles Bild im Abstand b'. Der Radius der linken Grenzfläche ist positiv (Mittelpunkt rechts, positive x–Achse). Wir haben also für die linke Grenzfläche mit $n_1 \approx 1$ und $n_2 = n_G$

$$\frac{1}{g} + \frac{n_G - 1}{R} = \frac{n_G}{b'}.$$

Das virtuelle Bild bei b' stellt den Gegenstand für die rechte Grenzfläche dar. Der Radius der rechten Grenzfläche ist negativ (Mittelpunkt links). Wenn wir die Linsendicke vernachlässigen[11] (dünne Linse), ist b' auch die Gegenstandsweite[12] bei der Abbildung durch die rechte Grenzfläche. Wir finden also für die rechte Grenzfläche

$$\frac{n_G}{b'} + \frac{n_W - n_G}{-R} = \frac{n_W}{b}.$$

Diese beiden Gleichungen addieren wir und erhalten

$$\frac{1}{g} + \frac{n_G - 1 - n_W + n_G}{R} = \frac{n_W}{b}.$$

Wir lösen nach b auf und erhalten

$$b = n_W \left(\frac{n_G - 1 - n_W + n_G}{R} + \frac{1}{g} \right)^{-1}$$

Einsetzen der Werte ergibt $b = 78.24\,\text{cm}$. Dabei ist zu beachten, daß $g = -20\,\text{cm}$ ist.

3.2.7   Dicke Linse

Aufgabe:

Eine bikonvexe (Radien jeweils 20 mm) Linse aus Plastik ($n = 1.489$) soll an Luft eine Brennweite von 50 mm besitzen. Wie dick muß sie sein?

Lösung:

Wir benutzen

$$\frac{1}{f} = (n - 1) \left[\frac{1}{R_1} - \frac{1}{R_2} + \frac{(n-1)\,d}{n R_1 R_2} \right]$$

und lösen nach d auf. Beim Einsetzen ist aufgrund der Vorzeichenkonvention (Seite 88) R_2 negativ:

$$d = \left[\frac{1}{f(n-1)} - \frac{1}{R_1} + \frac{1}{R_2} \right] \frac{n R_1 R_2}{(n-1)} = 71.984\,\text{mm}.$$

---

[11] In manchen Herleitungen wird die Linsendicke d hier auch noch berücksichtigt und erst nach der Addition der Abbildungsgleichungen $d \to 0$ gesetzt.

[12] Aufgrund unserer Vorzeichenkonvention muß auch das Vorzeichen richtig sein, da die Bezugspunkte für beide Abbildungen identisch sind.

3.2.8 Laterale und axiale Vergrößerung

Aufgabe:

Das Verhältnis der Größe des Bildes zur Größe des Gegenstands in einer Ebene senkrecht zur optischen Achse heißt *laterale* oder *transversale Vergrößerung* V_T. Das Verhältnis der Größen entlang der optischen Achse gibt die *axiale* oder *longitudinale Vergrößerung* V_L.

Die Abbildung erfolge durch eine Linse. Links von der Linse (Gegenstandsraum) befinde sich ein Medium mit dem Brechungsindex n_1 und rechts davon (Bildraum) ein Medium mit dem Brechungsindex n_2.

1. Zeigen Sie, daß für paraxiale Strahlen die laterale Vergrößerung durch

$$V_T = \frac{n_1 b}{n_2 g}$$

gegeben ist. Zur Vereinfachung können Sie eine dünne Linse voraussetzen.

2. Zeigen Sie, daß für die longitudinale (axiale) Vergrößerung gilt:

$$V_L = V_T^2 \frac{n_2}{n_1}.$$

Verwenden Sie die Vorzeichenkonvention von Seite 88.

Lösung:

1. Ist $n_1 = n_2$, so wird der Strahl durchs Linsenzentrum nicht abgelenkt und wir sehen an der Ähnlichkeit der Dreiecke die der Zentrumsstrahl mit der optischen Achse und dem Gegenstand bzw. dem Bild bildet, daß

$$V_T = \frac{h_B}{h_G} = \frac{b}{g}$$

ist. Sind die Brechungsindizes verschieden, so wird der Zentrumsstrahl gebrochen. In der paraxialen Näherung können wir schreiben

$$\Theta_1 = \frac{h_G}{g} \quad \text{und} \quad \Theta_2 = \frac{h_B}{b}.$$

Aus dem Brechungsgesetz folgt

$$\frac{\Theta_1}{\Theta_2} = \frac{n_2}{n_1}$$

und deshalb ist

$$\frac{h_G}{h_B} \frac{b}{g} = \frac{n_2}{n_1} \quad \text{oder} \quad \frac{h_B}{h_G} = \frac{n_1 b}{n_2 g} = V_T.$$

Bemerkung:

Wir haben oben mit den geometrischen Verhältnissen bei Verwendung einer dünnen Linse argumentiert. Es gilt aber genauso für alle anderen Systeme, da die Strahlwinkel durch den Raum zwischen den Hauptebenen nicht beeinflußt werden.

2. Wir betrachten Gegenstandspunkte auf der Achse mit den Gegenstandsweiten g_1 und g_2 und ihre Bildpunkte mit den Bildweiten b_1 und b_2. Die longitudinale Vergrößerung ist das Verhältnis des Abstands der Bildpunkte zum Abstand der Gegenstandspunkte:

$$V_L = \frac{b_2 - b_1}{g_2 - g_1}.$$

Die Bildpunkte erhalten wir aus der Gaußschen Linsengleichung

$$\frac{n_1}{g_1} + \frac{1}{f} = \frac{n_2}{b_1} \quad \text{und} \quad \frac{n_1}{g_2} + \frac{1}{f} = \frac{n_2}{b_2}.$$

Wir subtrahieren die beiden Gleichungen voneinander und erhalten

$$\frac{n_1}{g_1} - \frac{n_1}{g_2} = \frac{n_2}{b_1} - \frac{n_2}{b_2}$$

$$\frac{n_1(g_2 - g_1)}{g_1 g_2} = \frac{n_2(b_2 - b_1)}{b_1 b_2}$$

$$\frac{n_2}{n_1} \frac{b_2 - b_1}{g_2 - g_1} = \frac{b_1}{g_1} \frac{b_2}{g_2}$$

$$\frac{n_2}{n_1} V_L = \left(\frac{n_2}{n_1}\right)^2 V_T^2$$

$$V_L = \frac{n_2}{n_1} V_T^2 \qquad \text{q.e.d. .}$$

3.2.9   Systemmatrix einer dünnen Linse

Aufgabe:

In der Matrizenmethode ist der Lichtstrahl durch seinen Strahlvektor

$$\tilde{r} = \begin{pmatrix} n\Theta \\ y \end{pmatrix}$$

gegeben. Dabei ist y der Abstand und Θ der Winkel zur optischen Achse. n ist der Brechungsindex. Zeigen Sie, daß eine dünne Linse der Brennweite f durch die Matrix

$$\mathcal{M} = \begin{pmatrix} 1 & -1/f \\ 0 & 1 \end{pmatrix}. \tag{3.18}$$

beschrieben wird. Die Linse befinde sich in Luft.

Lösung:

Wir stellen uns den Strahlengang einer dünnen bikonvexen Linse vor. Unmittelbar an der Linse gilt $y_1 = y_2$. Wir arbeiten in der paraxialen Näherung. Der vom Gegenstandspunkt kommende Strahl hat die Neigung $\Theta_1 = -y_1/g$, der zum Bildpunkt laufende Strahl hat die Neigung $\Theta_2 = -y_2/b$. Letzteres läßt sich mit Hilfe der Gaußschen Gleichung

$$\frac{n}{g} + \frac{1}{f} = \frac{n}{b}$$

umformen in

$$n\Theta_2 = -n\frac{y_2}{b} = -y_2\frac{n}{b} = -y_2\left(\frac{1}{f} + \frac{n}{g}\right) = -y_1\left(\frac{1}{f} + \frac{n}{g}\right) = n\Theta_1 - \frac{y_1}{f},$$

wobei auf beiden Seiten der Linse der Brechungsindex gleich ist. In Matrixschreibweise ergibt sich

$$\begin{pmatrix} n\Theta_2 \\ y_2 \end{pmatrix} = \begin{pmatrix} 1 & -1/f \\ 0 & 1 \end{pmatrix}\begin{pmatrix} n\Theta_1 \\ y_1 \end{pmatrix} = \begin{pmatrix} n\Theta_1 - y_1/f \\ y_1 \end{pmatrix}.$$

Wir erhalten also dasselbe Ergebnis.

3.2.10 System dünner Linsen

Aufgabe:

Gegeben ist ein Linsensystem aus zwei dünnen Linsen im Abstand $D = 80$ cm. Die Brennweite der ersten (linken) Linse beträgt 10 cm, die der zweiten 20 cm. Ein 5 cm großer Gegenstand befinde sich 15 cm vor der ersten Linse. Die Umgebung ist Luft.

1. Konstruieren Sie maßstabsgetreu den Strahlengang indem Sie zunächst das Zwischenbild der ersten Linse bestimmen und dieses mit der zweiten Linse abbilden.

2. Berechnen Sie die Lage der Hauptebenen und konstruieren Sie mit deren Hilfe den Strahlengang.

3. Berechnen Sie Lage und Größe des Bildes.

4. Berechnen Sie die Systemmatrix für das gesamte optische System und bestimmen Sie daraus Brennweite und Lage der Hauptebenen.

Lösung:

1. Da es sich um dünne Linsen handelt sind sie in der Konstruktion mit $d = 0$ mm eingezeichnet.

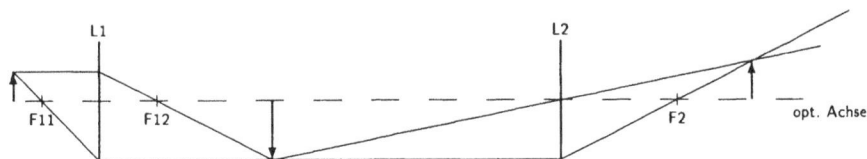

Bild 3.6: Ein System zweier dünner Linsen. Konstruktion mit Zwischenbild.

2. Die Brennweite des Linsensystems erhalten wir aus

$$\frac{1}{f} = \frac{1}{f_1} + \frac{1}{f_2} - \frac{D}{f_1 f_2}$$

zu $f = f_b = -f_g = -4\,\text{cm}$. Die Lagen der Hauptebenen sind

$$h_1 = \frac{fD}{f_2} = -16\,\text{cm} \quad \text{und} \quad h_2 = -\frac{fD}{f_1} = 32\,\text{cm}.$$

Die Vorzeichen bedeuten, daß die erste Hauptebene vor der ersten Linse und die zweite Hauptebene hinter der zweiten Linse liegt.

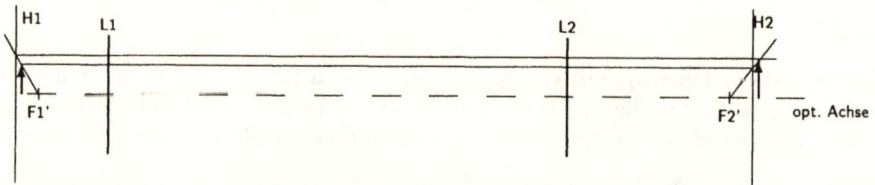

Bild 3.7:   Ein System zweier dünner Linsen. Konstruktion mit Hauptebenen.

Bei der Konstruktion (Bild 3.7) müssen auch die Vorzeichen der Brennweiten berücksichtigt werden. Ein Strahl geht vom Brennpunkt F_1' rechts von H_1 durch die Spitze des Gegenstandes nach H_1. Von dort verläuft er parallel zur optischen Achse über H_2 hinaus. Der zweite Strahl geht von der Spitze des Gegenstandes parallel zur optischen Achse bis H_2 und von dort durch den Brennpunkt F_2' links von H_2. Beide Strahlen müssen (rechts von H_2) soweit verlängert werden, daß sie sich schneiden. Der Schnittpunkt ist die Spitze des Bildes.

3. Wir können die Gaußsche Linsengleichung anwenden, wenn wir alle Größen auf die Hauptebenen beziehen. Der Gegenstands befindet sich rechts von der ersten Hauptebene im Abstand $g = 1\,\text{cm}$. Damit ergibt sich für die Bildweite $b = 1.33\,\text{cm}$, entsprechend 33.33 cm hinter der zweiten Linse. Die Bildgröße ist durch die transversale Vergrößerung

$$V_{\text{T}} = \frac{b}{g} = 1.33$$

gegeben und beträgt 6.65 cm. Das Bild ist also etwas vergrößert und steht aufrecht (Vorzeichen).

4. Für die beiden Linsen sind die Systemmatrizen (siehe Aufgabe 3.2.9)

$$\mathcal{M}_1 = \begin{pmatrix} 1 & -1/10 \\ 0 & 1 \end{pmatrix} \quad \text{und} \quad \mathcal{M}_2 = \begin{pmatrix} 1 & -1/20 \\ 0 & 1 \end{pmatrix}.$$

Der Lichtweg zwischen den Linsen wird durch die Transfermatrix

$$T = \begin{pmatrix} 1 & 0 \\ 80 & 1 \end{pmatrix}$$

beschrieben. Das gesamte optische System wird durch die resultierende System-matrix $\mathcal{M} = \mathcal{M}_2 T \mathcal{M}_1$ (Reihenfolge beachten!) beschrieben. Das Produkt ergibt

$$\mathcal{M} = \begin{pmatrix} -3 & 1/4 \\ 80 & -7 \end{pmatrix}.$$

Aus der Matrix $\mathcal{M}$ erhält man die Brennweite

$$f = -\frac{1}{m_{12}} = -4\,\text{cm}$$

und die Lage der Hauptebene ($n = 1$ außerhalb des Linsensystems)

$$h_1 = \frac{1 - m_{11}}{-m_{12}} = -16\,\text{cm}$$

$$h_2 = \frac{m_{22} - 1}{-m_{12}} = 32\,\text{cm}.$$

3.2.11   Teleobjektiv

Aufgabe:

Ein Teleobjektiv hat als Eintrittslinse eine dünne Linse mit einer Brennweite $f_1 = 50\,\text{mm}$. In einem Abstand von $d = 30\,\text{mm}$ befindet sich eine zweite dünne Linse mit einer Brennweite $f_2 = -25\,\text{mm}$.

1. Berechnen Sie die Brennweite des Systems.

2. Der Film befinde sich in der Brennebene des Systems. Berechnen Sie die tatsächli-che Länge L des Systems von der Eintrittslinse bis zum Film.

Lösung:

Ein Teleobjektiv ist meist wie ein *Galileisches Teleskop* aufgebaut, allerdings mit dem Unterschied, daß der bildseitige Brennpunkt des positiven Elements <u>nicht</u> exakt mit dem gegenstandsseitigen Brennpunkt des negativen Elements zusammenfällt.
Wir sehen an der Aufgabenstellung, daß dies auch für unser Teleobjektiv gilt. Die er-ste Linse ist offensichtlich eine Sammellinse (positives Element) und die zweite eine Zerstreuungslinse (negatives Element). Die Maßangaben zeigen, daß die oben ange-sprochenen Brennpunkte um 5 mm gegeneinander verschoben sind.

1. Die Brennweite des Systems ist

$$f = \frac{f_1 f_2}{f_1 + f_2 - d} = 250\,\text{mm}.$$

Das Objektiv verhält sich also wie eine positive Linse (Sammellinse).

2. Die Brennweiten beziehen sich auf die Hauptebenen. Wir berechnen die Lage der Hauptebene H_2 von der aus die bildseitige Brennweite gemessen wird

$$h_2 = -\frac{fd}{f_1} = -150\,\text{mm}.$$

Die Hauptebene befindet sich links vom rechten Scheitelpunkt der zweiten Linse. Damit ist der Abstand dieses Scheitelpunktes von der Brennebene 250 mm − 150 mm = 100 mm. Dazu kommt die Baulänge des Linsensystems, also ist die gesuchte Länge

$$L = 100\,\text{mm} + 30\,\text{mm} = 130\,\text{mm}.$$

Anderer Weg:
In diesem Fall läßt sich auch die Matrizenmethode ohne großen Zeitaufwand "von Hand" anwenden. Die Systemmatrix für das Teleobjektiv ist

$$\mathcal{M} = \mathcal{M}_2 T \mathcal{M}_1 = \begin{pmatrix} 1 & -1/f_2 \\ 0 & 1 \end{pmatrix} \cdot \begin{pmatrix} 1 & 0 \\ d/n & 1 \end{pmatrix} \cdot \begin{pmatrix} 1 & -1/f_1 \\ 0 & 1 \end{pmatrix}.$$

Dabei sind $\mathcal{M}_1$ und $\mathcal{M}_2$ Systemmatrizen dünner Linsen (siehe Aufgabe 3.2.9, Gleichung 3.18). Wir setzen die Werte ein, multiplizieren die Matrizen und erhalten:

$$\mathcal{M} = \begin{pmatrix} 11/5 & -1/250 \\ 30 & 2/5 \end{pmatrix}.$$

Daraus ergibt sich

$$f_b = -\frac{1}{m_{12}} = 250\,\text{mm} \quad \text{und} \quad h_2 = -\frac{m_{22} - 1}{-m_{12}} = -150\,\text{mm}.$$

3.2.12 System dicker Linsen

Aufgabe:

Das folgende Bild zeigt die Skizze eines optischen Systems aus zwei dicken bikonvexen Linsen.

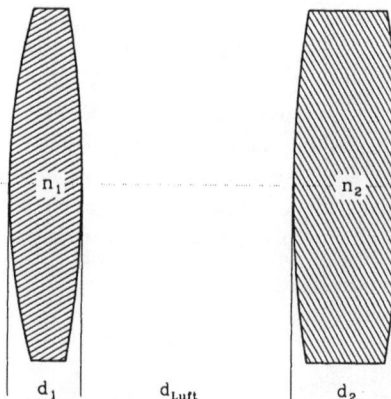

Die linke Linse besteht aus SK1 ($n_1 = 1.61$), ihre linke Fläche hat einen Krümmungs-radius $|r_{1l}| = 25\,\text{cm}$, für ihre rechte Fläche ist $|r_{1r}| = 40\,\text{cm}$ und ihre Dicke beträgt $d_1 = 1\,\text{cm}$. Die rechte Linse besteht aus F2 ($n_2 = 1.62$), beide Radien $|r_{2l}|$ und $|r_{2r}|$ sind 40 cm und die Dicke beträgt $d_2 = 1.5\,\text{cm}$. Der Luftspalt zwischen den Linsen ist 3 cm dick (d_{Luft} gemessen am Scheitelpunkt der Linsen).

1. Benutzen Sie die Linsengleichungen zur Berechnung der Brennweite und der Lage der Hauptebenen des Systems. Skizzieren Sie die Lage der Hauptebenen.

2. Berechnen Sie die Systemmatrix des Systems und bestimmen Sie daraus Brenn-weite und Lage der Hauptebenen.

Lösung:

Wir verwenden die Vorzeichenkonvention von Seite 88.

1. Die Brennweite einer dicken Linse ist

$$\frac{1}{f} = (n-1) \left[\frac{1}{R_1} - \frac{1}{R_2} + \frac{(n-1)\,d}{n R_1 R_2} \right],$$

wobei f von den Hauptebenen gemessen wird. Letztere sind gegeben durch

$$h_1 = -\frac{f(n-1)\,d}{n R_2} \quad \text{und} \quad h_2 = -\frac{f(n-1)\,d}{n R_1}.$$

Wir erhalten daraus für Linse 1 (linke Linse) durch einsetzen von $R_1 = r_{1l} = 25\,\text{cm}$, $R_2 = r_{1r} = -40\,\text{cm}$, $d = d_1 = 1\,\text{cm}$ und $n = n_1 = 1.61$

$$\frac{1}{f_1} = 0.0394\,\frac{1}{\text{cm}} \quad \text{bzw.} \quad f_1 = 25.369\,\text{cm}.$$

und

$$h_{1l} = 0.24\,\text{cm} \quad \text{bzw.} \quad h_{1r} = -0.38\,\text{cm}.$$

Aus den Vorzeichen folgt, daß sich die linke Hauptebene H_{1l} rechts vom linken Scheitel befindet und die rechte Hauptebene H_{1r} links vom rechten Scheitel.

Für Linse 2 (rechte Linse) ergibt sich mit $R_1 = r_{2l} = 40\,\text{cm}$, $R_2 = r_{2r} = -40\,\text{cm}$, $d = d_2 = 1.5\,\text{cm}$ und $n = n_2 = 1.62$

$$\frac{1}{f_2} = 0.0308\,\frac{1}{\text{cm}} \quad \text{bzw.} \quad f_2 = 32.49\,\text{cm}.$$

und

$$h_{2l} = -h_{2r} = 0.47\,\text{cm}.$$

Aus den Vorzeichen folgt wiederum, daß sich die linke Hauptebene H_{2l} rechts vom linken Scheitel befindet und die rechte Hauptebene H_{2r} links vom rechten Scheitel.

Nach der Berechnung der Einzellinsen können wir jetzt zum Linsensystem übergehen. Für ein System aus zwei Linsen ist die Brennweite gegeben durch

$$\frac{1}{f} = \frac{1}{f_1} + \frac{1}{f_2} - \frac{D}{f_1 f_2}$$

und die Lage der Hauptebenen durch

$$h_1 = \frac{fD}{f_2} \quad \text{und} \quad h_2 = -\frac{fD}{f_1}.$$

Zu beachten ist, daß die Abstände von den Hauptebenen der Einzellinsen aus
gemessen werden, also

$$D = \overline{H_{1r}H_{2l}} \,, \quad h_1 = \overline{H_{1l}H_1} \quad \text{und} \quad h_2 = \overline{H_{2r}H_2},$$

wobei H_1 und H_2 die linke und rechte Hauptebene des Systems sind.

In der Angabe ist der Abstand der Scheitelpunkte der Einzellinsen angegeben.
Aus der oben berechneten Lage der Hauptebene der Einzellinsen erhalten wir
also

$$D = 3\,\text{cm} + 0.47\,\text{cm} + 0.38\,\text{cm} = 3.85\,\text{cm}.$$

Damit ergibt sich

$$\frac{1}{f} \approx 0.0653\,\frac{1}{\text{cm}} \quad \text{bzw.} \quad f \approx 15.31\,\text{cm}$$

und

$$h_1 = 1.81\,\text{cm} \,, \quad h_2 = -2.32\,\text{cm}.$$

Aus den Vorzeichen folgt, daß sich H_1 rechts von der linken Hauptebene (H_{1l}) der
Linse 1 befindet und H_2 links von der rechten Hauptebene (H_{2r}) der Linse 2.

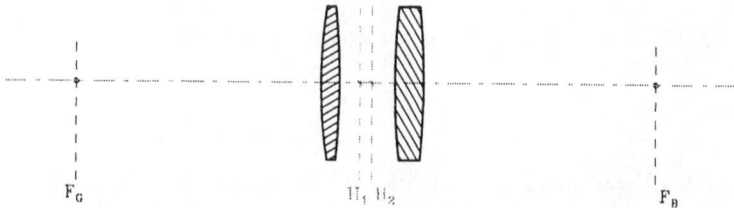

Bild 3.8:   Das System dicker Linsen mit Hauptebenen und Brennebenen.

2. Nummerieren wir die Grenzflächen von links nach rechts, so ist die Systemmatrix
$\mathcal{M}$ des Systems

$$\mathcal{M} = \mathcal{R}_4 \mathcal{T}_{34} \mathcal{R}_3 \mathcal{T}_{23} \mathcal{R}_2 \mathcal{T}_{12} \mathcal{R}_1.$$

Das Licht fällt von links ein (Reihenfolge!).

Dabei sind $\mathcal{T}$ und $\mathcal{R}$ die Transfer- bzw. Brechungsmatrizen

$$\mathcal{T} = \begin{pmatrix} 1 & 0 \\ d/n & 1 \end{pmatrix} \quad , \quad \mathcal{R} = \begin{pmatrix} 1 & -(n_2 - n_1)/R \\ 0 & 1 \end{pmatrix}.$$

Mit den Brechungsindizes $n_1 = 1.61$, $n_2 = 1.62$ und $n_{\text{Luft}} \approx 1$ erhalten wir unter Beachtung der Vorzeichen

$$\mathcal{M} = \begin{pmatrix} 1 & -(-0.62)/(-40) \\ 0 & 1 \end{pmatrix} \cdot \begin{pmatrix} 1 & 0 \\ 1.5/1.62 & 1 \end{pmatrix} \cdot \begin{pmatrix} 1 & -0.62/40 \\ 0 & 1 \end{pmatrix} \cdot$$

$$\begin{pmatrix} 1 & 0 \\ 3 & 1 \end{pmatrix} \cdot$$

$$\begin{pmatrix} 1 & -(-0.61)/(-40) \\ 0 & 1 \end{pmatrix} \cdot \begin{pmatrix} 1 & 0 \\ 1/1.61 & 1 \end{pmatrix} \cdot \begin{pmatrix} 1 & -0.61/25 \\ 0 & 1 \end{pmatrix} \cdot$$

Da die Matrizenmethode ebenfalls nur für achsennahe Strahlen gilt, sind die Lichtwege d_i ungefähr gleich dem Abstand der entsprechenden Scheitelpunkte.

Die Berechnung der Systemmatrix ist langwierig, aber einfach. Es ergibt sich

$$\mathcal{M} = \begin{pmatrix} 0.8657 & -0.0655 \\ 4.4583 & 0.8177 \end{pmatrix}.$$

Aus dieser Matrix lassen sich die Brennweite und die Lage der Hauptebenen (Hauptpunkte) berechnen. Setzen wir den bild- und gegenstandsseitigen Brechungindex $n \approx 1$, so erhalten wir

$$f^{\mathrm{M}} = -\frac{1}{m_{12}} = 15.27 \,\text{cm}$$

$$h_1^{\mathrm{M}} = \frac{n\,(1 - m_{11})}{-m_{12}} = \frac{1\,(1 - 0.8657)}{0.0655} = 2.05 \,\text{cm}$$

$$h_2^{\mathrm{M}} = \frac{n\,(m_{22} - 1)}{-m_{12}} = \frac{1\,(0.8177 - 1)}{0.0655} = -2.78 \,\text{cm}.$$

Die Lage der Hauptebenen ist jetzt auf den Scheitelpunkt der ersten und letzten Grenzfläche bezogen. Um mit dem Ergebnis der ersten Teilaufgabe vergleichen zu können, müssen wir die unterschiedlichen Bezugspunkte berücksichtigen. Bezogen auf die Scheitelpunkte S_{1l} und S_{2r} ergibt die erste Teilaufgabe

$$h_1 = \overline{S_1 H_{1l}} + \overline{H_{1l} H_1} = 0.24 \,\text{cm} + 1.81 \,\text{cm} = 2.05 \,\text{cm}$$

$$h_2 = \overline{S_r H_{2r}} + \overline{H_{2r} H_2} = -0.47 \,\text{cm} - 2.32 \,\text{cm} = -2.79 \,\text{cm}.$$

Die verbleibenden kleinen Unterschiede sind auf Rundungsfehler zurückzuführen.

3.3 Linsenfehler

3.3.1 Einleitung

Die Wege realer Lichtstrahlen durch ein optisches System weichen von der Beschreibung durch die Gaußsche Optik ab. Diese Abweichungen heißen *Aberrationen* oder *Linsenfehler*. Man unterscheidet fünf *monochromatische* Linsenfehler. Dazu kommen die *chromatischen* Linsenfehler, die in der Literatur teilweise als eigene Klasse, teilweise als sechster Linsenfehler dargestellt werden. Hier werden sie getrennt von den monochromatische aufgeführt, da bei ihnen eine Abweichung auch bei paraxialen Strahlen auftritt.

Meridional– und Sagittalebene

Bei der Behandlung der Linsenfehler werden zwei Ebenen definiert. Die *Meridional-* oder *Tangentialebene* ist die Ebene, die den (außeraxialen) Objektpunkt, seinen Bildpunkt und die optische Achse enthält (i.a. ist dies die Zeichenebene). Die *Sagittal-* oder *Äquatorialebene* enthält die optische Achse und steht senkrecht auf die Meridionalebene.

Monochromatische Aberrationen

Wir hatten in der paraxialen Theorie $\sin \phi \approx \phi$ gesetzt. Erweitert man diese Näherung um einen Term ($\phi^3/3!$), so erhält man die *Theorie dritter Ordnung*[12]. Man findet Abweichungen von der paraxialen Theorie, die man als die fünf monochromatischen Aberrationen oder die fünf *Seidelschen Linsenfehler*[13] bezeichnet.

Zur Herleitung berechnet man die "Fehlerfunktion", die die Differenz der optischen Weglängen zweier Strahlen angibt, von denen einer der *Bezugsstrahl* ist, z.B. der *Hauptstrahl* durch die Mitte der Öffnungsblende. Es ergeben sich Abhängigkeiten vom Abstand des Objektpunktes von der optischen Achse, vom Radius der Öffnung[14] und von der Lage des Strahls bezüglich der Meridionalebene (Symmetrie der Zerstreuungsfigur). Ordnet man die Fehlerfunktion nach diesen Abhängigkeiten, so ergeben sich fünf Summanden, die den fünf monochromatischen Fehlern entsprechen.

Sphärische Aberration   Achsenparallele Strahlen in größerem Abstand von der optischen Achse haben einen anderen Brennpunkt als achsennahe Strahlen. Dieser Fehler wird besser als ein *Öffnungsfehler* bezeichnet, da er ja keine sphärischen Flächen voraussetzt. Er hat eine rotationssymmetrische Zerstreuungsfigur um den paraxialen Bildpunkt zur Folge. Ist der Öffnungsfehler minimal, so spricht man von der *Linse bester Form* (Aufgabe 3.3.5). Die sphärische Aberration ist der Öffnungsfehler für Objektpunkte auf der optischen Achse bzw. für achsenparallele Strahlen. Sie kann als *Längsaberration* (Verschiebung des Brennpunkts) oder *Queraberration* (Höhe des Strahls am paraxialen Brennpunkt) angegeben werden.

Koma   Die *Koma* ist der Öffnungsfehler schiefer Bündel, betrifft also Objektpunkte außerhalb der optischen Achse. Es ergibt sich ein charakteristischer Kometenschweif, von dem sich auch der Name dieses Linsenfehlers ableitet. Die Zerstreuungsfigur ist

---

[12] Eine Entwicklung nach noch höherer Ordnung bringt zwar weitere Korrekturen, hat aber aufgrund des damit verbundenen Aufwands keine praktische Bedeutung.

[13] LUDWIG PHILIPP VON SEIDEL (1821–1896), Universität München, behandelt sie in den *Astron. Nachr.* **43** (1856), 289.

[14] Bei einer dünnen Linse ist dies der radiale Abstand von der Linsenmitte.

also nicht rotationssymmetrisch. Die Koma ist proportional zum Abstand des Objektpunktes von der optischen Achse und hängt kubisch vom Radius der Öffnung ab. Eine optisches System ohne Öffnungsfehler (also ohne sphärische Aberration und ohne Koma) heißt *Aplanat*.

Astigmatismus   Der *Astigmatismus* oder *Zweischalenfehler* tritt ebenfalls bei außerhalb der optischen Achse liegenden Objektpunkten auf. Er hängt aber vom Quadrat des Abstands zur optischen Achse und vom Quadrat des Öffnungsradius ab. Betrachtet man einen kreisförmigen Objektstrahl, so ergeben sich in der Meridional- und Sagittalebene unterschiedliche Schnitte mit der Linsenfläche. Die Brechung ist also in beiden Ebenen verschieden und folglich vereinigen sich die Strahlen in den beiden Ebenen im Bildraum an verschiedenen Orten. Es entstehen Bildlinien an den Orten an denen die Meridional- bzw. Sagittalebene ihren scharfen Bildpunkt hat. Zwischen diesen Linien hat das Strahlbündel elliptischen Querschnitt. An einem Ort entsteht ein engster kreisförmiger Querschnitt (*kleinste Konfusion, kleinste Zerstreuung*). Verschiebt man den Objektpunkt, so zeigt sich, daß die Bildlinien des Meridional- und Sagittalschnitts für verschiedene Objektpunkte auf zwei Paraboloiden liegen (Zweischalenfehler).

Bildfeldwölbung   Die *Bildfeldwölbung* hängt eng mit dem Astigmatismus zusammen. Korrigiert man den Astigmatismus, so stimmen die beiden Bildschalen überein (*Petzval Fläche*), sind aber nicht notwendigerweise eben. Das Bild einer ebenen Fläche ist dann gekrümmt. Die Bildfeldwölbung ist eine longitudinale Aberration.

Distorsion   Die *Distorsion* oder *Verzeichnung* hat eine Abhängigkeit des Abbildungsmaßstabes vom Abstand zur optischen Achse als Ursache. Sie ist also das transversale (laterale) Gegenstück zur Bildfeldwölbung.

Chromatische Aberrationen

Dies sind Abbildungsfehler, die durch die Dispersionseigenschaften des Glases verursacht werden. Im allgemeinen nimmt der Brechungsindex eines Glases mit zunehmender Wellenlänge ab. Verschiedenfarbiges Licht hat dadurch verschiedene Brennpunkte (longitudinale chromatische Aberration, chromatische Queraberration). In einer Bildebene sind die Bilder, die die verschiedenen Wellenlängen ergeben, von verschiedener Größe (laterale chromatische Aberration, chromatische Queraberration). Man beobachtet Farbsäume an den Bildrändern und spricht deshalb auch vom *Farbvergrößerungsfehler* .

Da die chromatische Aberration vom Dispersionsverhalten des Glases abhängt, wird dieses mit Hilfe der *Abbé-Zahl* ν (Aufgabe 3.3.3) angegeben. Gläser mit $\nu < 50$ heißen *Flintgläser* , solche mit $\nu > 50$ heißen *Krongläser*. Optische Systeme bei denen die chromatische Aberration korrigiert ist, heißen *achromatische Systeme* oder *Achromaten* (Aufgabe 3.3.3 und 3.3.4).

3.3.2 Reflektoren

Aufgabe:

Warum werden heutzutage bei großen Teleskopen nur noch Reflektoren (Spiegelteleskope) verwendet? Überlegen Sie welcher Abbildungsfehler bei Reflektoren im Gegensatz zu Refraktoren nicht auftritt.

Lösung:

Bei Reflektoren gibt es keine chromatische Aberration.
Dazu kommen natürlich mechanische Probleme beim Bau großer Refraktoren, da die Linsen ja nur am Rand gelagert werden können, während Spiegel auf der gesamten Fläche unterstützt werden können.

3.3.3 Achromate

Aufgabe:

Die Brechungsindizes für das Kronglas BK1 und das Flintglas F2 für verschiedene Wellenlängen sind in folgender Tabelle gegeben:

Tabelle 3.1: Brechungsindizes für Kronglas und Flintglas.

λ		BK1	F2
656.28nm	C	1.50763	1.61503
587.56nm	d	1.51009	1.62004
486.13nm	F	1.51566	1.63208

Wie in der Praxis üblich entsprechen die Wellenlängen Fraunhoferschen Linien. Diese werden mit den, in der zweiten Spalte angegebenen, Buchstaben bezeichnet.

1. Eine bikonvexe dünne Linse aus BK1–Glas in Luft hat eine Brennweite $f_d = 50$ cm für "d–Licht". Berechnen Sie die Brennweiten für "C–" und "F–Licht".

2. Berechnen Sie die *Abbé–Zahl*

$$\nu_d = \frac{n_d - 1}{n_F - n_C}$$

für die beiden Glassorten.

3. Zwei dünne Linsen sollen so miteinander verkittet werden, daß ein Achromat entsteht (*Fraunhofer Achromat*). Eine Linse sei aus BK1– und eine aus F2–Glas. Die Kronglaslinse sei bikonvex. Die Brennweite des Linsensystems soll $f_d = 50$ cm sein. Als Bedingung für den Achromaten wird gefordert, daß f_C und f_F identisch sind.

(a) Zeigen Sie, daß das Linsensystem die Gleichung

$$f_{d1}\nu_{d1} + f_{d2}\nu_{d2} = 0$$

erfüllen muß.

(b) Da Abbé–Zahlen immer positiv sind, läßt sich obige Bedingung nur erfüllen, wenn die Brennweiten der Einzellinsen entgegengesetztes Vorzeichen haben. Warum verwendet man zusätzlich verschiedene Gläser mit sehr unterschiedlichen Abbé–Zahlen?

(c) Berechnen Sie Brennweiten und Radien der beiden Linsen.

(d) Vergleichen Sie jetzt die Brennweiten für C–, d– und F–Licht.

Lösung:

1. Die Gleichung für die Brennweite

$$\frac{1}{f} = (n(\lambda) - 1)\left(\frac{1}{R_1} - \frac{1}{R_2}\right) = (n(\lambda) - 1)\rho$$

lösen wir nach ρ auf und setzen f_d und n_d ein:

$$\rho = \frac{1}{f_d\,(n_d - 1)} = 0.03921\,\mathrm{cm}^{-1}.$$

Jetzt können wir die beiden anderen Brennweiten berechnen und erhalten:

f_C	f_d	f_F
50.24 cm	50.00 cm	49.46 cm

Bemerkung:

Bei der Angabe von Brennweiten bezieht man sich in der Praxis sehr oft auf die Fraunhofersche d–Linie.

2. Die *Abbé–Zahl* für BK1 ist $\nu_d = 63.52$ und für F2 ist $\nu_d = 36.37$. Die Abbé–Zahl ist ein Maß für die Dispersion eines Glases und wird von den Glasherstellern zusammen mit dem Brechungsindex angegeben. Dabei entspricht der Index von Brechungsindex und Abbé–Zahl meist der Fraunhoferschen Nomenklatur für die Wellenlänge. In unserem Fall war dies "d" entsprechend gelbem Licht der Wellenlänge 587.56 nm, welches mit einer Helium-Bogenlampe erzeugt werden kann. Ein anderes Beispiel ist die Fraunhofer Linie "e". Dies ist grünes Licht der Wellenlänge 546.074 nm und wird mit einer Quecksilber-Bogenlampe erzeugt.

Wie wir sehen hat Kronglas einen hohen ν_d-Wert und deshalb niedrige Dispersion. Bei Flintglas ist es umgekehrt.

3. (a) Es ist üblich alle Brennweiten auf die mittlere Wellenlänge zu beziehen. Wir drücken also ρ_1 und ρ_2 durch die Brennweiten f_{d1} und f_{d2} aus:

$$\rho_1 = \frac{1}{f_{d1}\,(n_{d1} - 1)} \quad \text{und} \quad \rho_2 = \frac{1}{f_{d2}\,(n_{d2} - 1)}.$$

Gefordert ist

$$\frac{1}{f_C} = \frac{1}{f_{C1}} + \frac{1}{f_{C2}} = \frac{1}{f_F} = \frac{1}{f_{F1}} + \frac{1}{f_{F2}}$$

und damit

$$(n_{C1} - 1)\,\rho_1 + (n_{C2} - 1)\,\rho_2 = (n_{F1} - 1)\,\rho_1 + (n_{F2} - 1)\,\rho_2.$$

In diese Gleichung setzen wir ρ_1 und ρ_2 ein und erhalten nachdem wir nach Linsen sortiert haben:

$$\frac{1}{f_{d1}\,(n_{d1} - 1)}\,(n_{F1} - 1 - n_{C1} + 1) + \frac{1}{f_{d2}\,(n_{d2} - 1)}\,(n_{F2} - 1 - n_{C2} + 1) \;=\; 0$$

$$\frac{1}{f_{d1}\nu_{d1}} + \frac{1}{f_{d2}\nu_{d2}} \;=\; 0.$$

Also haben wir die gefragte Bedingung

$$f_{d1}\nu_{d1} + f_{d2}\nu_{d2} = 0$$

gefunden.

(b) Falls die beiden Abbé–Zahlen gleich wären, müßte $f_{d1} = -f_{d2}$ sein und das Linsensystem hätte unendliche Brennweite. Wenn wir f_d für die Linse vorgeben, so können wir in

$$\frac{1}{f_d} = \frac{1}{f_{d1}} + \frac{1}{f_{d2}}$$

mit obiger Bedingung für das achromatische Linsensystem jeweils eine der beiden Brennweiten ersetzen. Auf diese Weise ergibt sich

$$\frac{1}{f_{d1}} = \frac{1}{f_d} + \frac{\nu_{d2}}{\nu_{d1}f_{d1}} = \frac{\nu_{d1}}{f_d\,(\nu_{d1} - \nu_{d2})}$$

und

$$\frac{1}{f_{d2}} = \frac{1}{f_d} + \frac{\nu_{d1}}{\nu_{d2}f_{d2}} = \frac{\nu_{d2}}{f_d\,(\nu_{d2} - \nu_{d1})}.$$

Die Brennweite der Einzellinsen wird also umso größer je größer der Unterschied in den Abbé–Zahlen ist. Eine große Brennweite hat aber weniger stark gekrümmte Flächen zur Folge und vereinfacht deshalb das Design des achromatischen Linsensystems.

(c) Die erste Linse soll eine bikonvexe Kronglaslinse sein. Die Brennweite ist durch

$$\frac{1}{f_{d1}} = \frac{\nu_{d1}}{f_d\,(\nu_{d1} - \nu_{d2})} = \frac{63.52}{50 \cdot 27.15}\,\frac{1}{cm} = 0.04680\,\frac{1}{cm}$$

gegeben und man erhält $f_{d1} = 21.37\,cm$. Entsprechend ergibt sich für die zweite (konkave) Linse

$$\frac{1}{f_{d2}} = \frac{\nu_{d2}}{f_d\,(\nu_{d2} - \nu_{d1})} = \frac{36.37}{50 \cdot (-27.15)}\,\frac{1}{cm} = -0.02679\,\frac{1}{cm}$$

und damit $f_{d2} = -37.32\,cm$.

Für die Radien der ersten Linse gilt $R_{11} = -R_{12}$, d.h. $\rho_1 = 2/R_{11}$. Wie üblich ist die erste Linse links und R_{11} der Radius der ersten Grenzfläche und deshalb, da es eine konvexe Linse ist, positiv. Es ist also

$$\rho_1 = \frac{2}{R_{11}} = \frac{1}{f_{d1}\,(n_{d1} - 1)} = 0.09174\,\frac{1}{cm}$$

und damit $R_{11} = 21.80\,cm$ bzw. $R_{12} = -21.80\,cm$. Da die erste Linse mit der zweiten (konkaven) Linse verklebt sein soll, muß deren verklebte Grenzfläche denselben Radius haben. Wir berechnen den zweiten Radius R_{22} (rechte Grenzfläche) aus der Gleichung für ρ_2 zu

$$\frac{1}{R_{22}} = \frac{1}{R_{21}} - \frac{1}{f_{d2}\,(n_{d2} - 1)}.$$

Einsetzen ergibt $R_{22} = -376.49\,cm$, was einer nahezu planen Fläche entspricht.

(d) Für C–Licht erhalten wir

$$\frac{1}{f_{C1}} = (n_{C1} - 1)\,\rho_1 = 0.046570\,\frac{1}{cm}$$
$$\frac{1}{f_{C2}} = (n_{C2} - 1)\,\rho_1 = -0.026579\,\frac{1}{cm}.$$

Daraus ergibt sich $f_C = 50.022\,cm$. Dies entspricht laut Voraussetzung f_F. Die Brennweite nimmt also zwischen den beiden Grenzen leicht ab, während sie bei der einzelnen Linse von kurzen nach langen Wellenlängen zunimmt.

Beachten Sie, daß obige Rechnungen nur für <u>dünne</u> Linsen durchgeführt wurden.

Bemerkung:
Bei Achromaten wird im allgemeinen Kron- mit Flintglas kombiniert. Kronglas hat eine widerstandsfähigere Oberfläche und wird deshalb meist für die konvexe Linse verwendet. Falls eine Linsenfläche Umweltbelastungen ausgesetzt ist, so wird dafür ebenfalls, wenn möglich, die Kronglasfläche benutzt.

3.3.4   Achromatisches Linsensystem

Aufgabe:

Ein System aus getrennten Linsen, die aus demselben Glas hergestellt sind, kann achromatische Eigenschaften haben.

1. Für welchen Abstand D zweier dünner Linsen mit $f_2 = 2f_1$ verschwindet die Ableitung $df/d\lambda$?

2. Berechnen Sie f und die Lage der Hauptebenen.

3. Ist das Linsensystem für laterale oder longitudinale chromatische Aberration korrigiert? Beantworten Sie diese Frage qualitativ anhand einer Skizze und vergleichen Sie den Fall des Linsensystems mit der Abbildung durch eine Einzellinse bei verschiedenen Wellenlängen.

Lösung:

1. Die Brennweite des Linsensystems ist gegeben durch

$$\frac{1}{f} = \frac{1}{f_1} + \frac{1}{f_2} - \frac{D}{f_1 f_2}.$$

Da $f_2 = 2f_1$ ist, folgt daraus

$$\frac{1}{f} = \frac{1}{f_1} + \frac{1}{2f_1} - \frac{D}{2f_1^2}.$$

f und f_1 hängen über den Brechungsindex n von der Wellenlänge λ ab, aber nur für f soll gelten $df/d\lambda = 0$. Wir berechnen also die erste Ableitung nach der Wellenlänge λ

$$-\frac{1}{f^2}\frac{df}{d\lambda} = -\frac{1}{f_1^2}\frac{df_1}{d\lambda} - \frac{1}{2f_1^2}\frac{df_1}{d\lambda} + \frac{2D}{2f_1^3}\frac{df_1}{d\lambda}$$

und setzen diese gleich Null, woraus

$$-\frac{1}{f_1^2} - \frac{1}{2f_1^2} + \frac{D}{f_1^3} = 0$$

folgt. Daraus erhalten wir das gesuchte D:

$$\frac{-2f_1 - f_1 + 2D}{2f_1^3} = 0$$

$$-3f_1 + 2D = 0$$

$$D = \frac{3}{2}f_1.$$

Die Brennweite des Linsensystems ist dann $f = (4/3)\,f_1$.

Es ist also tatsächlich möglich, zwei Linsen aus gleichem Glas zu einem achromatischen System zu kombinieren. Es müssen dabei auch keine zusätzlichen Anforderungen an die Form der Grenzflächen gestellt werden, so daß noch Spielraum zur Korrektur anderer Fehler bleibt.

Allgemeiner Fall – Linsen beliebiger Brennweiten

Es gilt sogar allgemeiner, daß zwei dünne Linsen aus gleichem Glas ein achromatisches System bilden, wenn ihr Abstand gleich der Hälfte der Summe ihrer Brennweiten ist. Um dies herzuleiten, gehen wir wie bei der Behandlung des *Fraunhofer Achromaten* vor. Die Brennweite einer Einzellinse ist durch

$$\frac{1}{f} = P = (n(\lambda) - 1)\left(\frac{1}{R_1} - \frac{1}{R_2}\right) = (n(\lambda) - 1)\rho$$

gegeben. Wir benutzen im weiteren die Brechkraft $P = 1/f$ um die Gleichungen etwas übersichtlicher zu gestalten. Damit gilt für das Linsensystem bei gleichem Brechungsindex der beiden Linsen

$$P = (n - 1)(\rho_1 + \rho_2) - D(n - 1)^2 \rho_1 \rho_2.$$

Die Ableitung dieser Gleichung nach dem Brechungsindex soll verschwinden. Das ergibt

$$\frac{dP}{dn} = \rho_1 + \rho_2 - 2D(n - 1)\rho_1 \rho_2 = 0.$$

Wir multiplizieren mit $(n - 1)$ und ersetzen $(n - 1)\rho_i$ wieder durch das zugehörige $1/f_i$ und erhalten

$$D = \frac{f_1 + f_2}{2}.$$

Also ist die Brennweite des Systems für Farben nahe der Farbe, für die f_1 und f_2 berechnet wurde, gleich. Anders ausgedrückt: Da wir uns an einem Extremum von $P(\lambda)$ befinden, ist P nur noch gering wellenlängenabhängig. Aber natürlich hängt unser Abstand D über die Brennweiten der Einzellinsen von der Wellenlänge ab, so daß wir uns nicht sehr weit von der, für ihre Berechnung benutzten, Wellenlänge entfernen dürfen.

2. Für die Gesamtbrennweite ergibt sich

$$\frac{1}{f} = \frac{1}{f_1} + \frac{1}{2f_1} - \frac{D}{2f_1^2} = \frac{1}{f_1} + \frac{1}{2f_1} - \frac{3}{4f_1} = \frac{3}{4}\frac{1}{f_1}$$

und die Lagen der Hauptebenen sind

$$h_1 = \frac{fD}{f_2} = f_1 \quad \text{und} \quad h_2 = -\frac{fD}{f_1} = -2f_1.$$

3. Wir betrachten den Fall einer bikonvexen dünnen Linse. Bei einer Einzellinse wandert der Fokus für kurzwelliges Licht näher zur Linse. Dadurch wird auch die Bildweite kleiner und damit auch die transversale Vergrößerung

$$V_T = -\frac{b}{g} = \frac{f}{f - g}.$$

Dies ist in Abbildung 3.9 veranschaulicht.

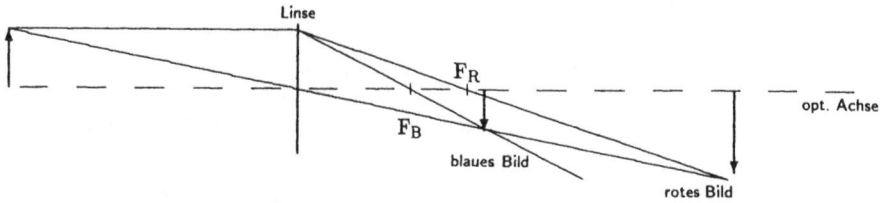

Bild 3.9: Laterale (Bildgröße) und longitudinale (Bildweite) chromatische Aberration an einer dünnen Linse. Die Bilder wurden mit den Brennpunkten F_R für rotes und F_B für blaues Licht konstruiert.

Ersetzen wir die Einzellinse durch ein Linsensystem, das unserer Bedingung für Achromasie genügt, so bleibt die Brennweite in einem gewissen Bereich wellenlängenunabhängig. Es ändert sich aber die Lage der Hauptebenen. Dadurch ist zwar für zwei Wellenlängen die transversale Vergrößerung nahezu gleich (kaum laterale chromatische Aberration), aber die Bilder sind verschoben, d.h. es gibt eine longitudinale chromatische Aberration. Bild 3.10 zeigt dies für den Spezialfall eines weit entfernten Objekts, bei dem sich die Änderung in V_T aufgrund der Änderung der Gegenstandsweite kaum mehr auswirkt. Es ist nur jeweils eine der

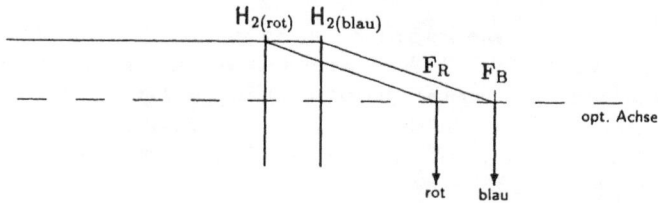

Bild 3.10: Longitudinale (Bildweite) chromatische Aberration an einem Linsensystem. Der Abstand der Linsen ist gleich der Hälfte der Summen ihrer Brennweiten, wodurch die laterale chromatische Aberration korrigiert wird. Nur die Hauptebene H_2 ist für zwei Wellenlängen eingezeichnet. Die einfallenden Strahlen sind parallel.

Hauptebenen für verschiedene Farben eingezeichnet.

Solche zweilinsigen Systeme werden als Okulare verwendet, z.B. *Huygensches Okular*.

3.3.5   Beste Form einer Linsen

Aufgabe:

Die sphärische Aberration (Öffnungsfehler) einer dünnen Linse wird durch die Größe L_s beschrieben, die die Änderung der Bildweite für einen Strahl in Höhe h (h = Abstand von der optischen Achse an der Linse) gegenüber der für einen paraxialen Strahl angibt

$$L_s = \frac{1}{b_h} - \frac{1}{b}.$$

In dritter Ordnung wird L_s durch die Gleichung

$$L_s = \frac{h^2}{8f^3} \frac{1}{n(n-1)} \left[\frac{n+2}{n-1}q^2 + 4(n+1)pq + (3n+2)(n-1)p^2 + \frac{n^3}{n-1} \right]$$

genähert. Dabei beschreibt der *Coddingtonsche Formfaktor*[15] q die Form der Linse mit den Radien R_1 und R_2. Der Faktor p heißt *Coddingtonscher Positionsfaktor*. q und p sind definiert durch

$$q = \frac{R_2 + R_1}{R_2 - R_1} \quad \text{und} \quad p = \frac{b-g}{b+g}.$$

Dabei ist b die in paraxialer Näherung berechnete Bildweite ist.

1. Die *Linse bester Form* ist die mit der minimalen sphärischen Aberration. Leiten Sie einen Ausdruck für das zugehörige q her.

2. Eine Linse mit $f = 10\,\text{cm}$ und $n = 1.5$ soll für parallel einfallendes Licht optimiert werden.

   (a) Berechnen Sie die Radien der Linse bester Form.

   (b) Berechnen Sie für $h = 1\,\text{cm}$ die longitudinale sphärische Aberration für die Linse bester Form und vergleichen Sie diese mit der einer symmetrischen Bikonvexlinse.

Lösung:

1. Wir suchen das Extremum von $L_s(q)$:

$$\frac{\mathrm{d}L_s}{\mathrm{d}q} = \frac{h^2}{8f^3} \frac{1}{n(n-1)} \left[2\frac{n+2}{n-1}q + 4(n+1)p \right].$$

Nullsetzen dieses Ausdrucks ergibt

$$2\frac{n+2}{n-1}q + 4(n+1)p = 0$$

$$2\frac{n+2}{n-1}q = -4(n+1)p$$

$$q = -2\frac{(n-1)(n+1)}{n+2}p$$

$$q = -2\frac{(n^2-1)p}{n+2}.$$

---

[15] Nach HENRY CODDINGTON ($\approx$1800–1845).

Damit haben wir eine Relation zwischen dem Formfaktor q und dem Positionsfaktor p gefunden. Soll eine Linse also auf eine bestimmte Abbildung optimiert werden, so hängt ihre beste Form offensichtlich vom Brechungsindex des verwendeten Glases ab.

2. Für parallel einfallendes Licht ist $g = \infty$ und $b = f$. Da also $g \gg b$ können wir in

$$p = \frac{b - g}{b + g}$$

b vernachlässigen und g kürzen, so daß wir

$$p = \frac{-1}{1} = -1.$$

erhalten[16].

Damit können wir den Formfaktor berechnen:

$$q = -\frac{2(2.25 - 1)(-1)}{1.5 + 2} = \frac{2.5}{3.5} = 0.714.$$

(a) Zur Berechnung der Radien gehen wir von der Linsenschleiferformel für dünne Linsen

$$\frac{1}{f} = (n - 1)\left(\frac{1}{R_1} - \frac{1}{R_2}\right)$$

aus und lösen diese Gleichung nach R_1 auf:

$$R_2 = \frac{1}{f(n-1)}R_1 R_2 + R_1$$

$$R_1 = \frac{R_2}{(R_2/f(n-1)) + 1}.$$

Jetzt setzen wir R_1 in

$$q = \frac{R_2 + R_1}{R_2 - R_1}$$

ein und können daraus einen Ausdruck für R_2 ableiten

$$q = \frac{(R_2^2/f(n-1)) + 2R_2}{R_2^2/f(n-1)}$$

$$\frac{q}{f(n-1)}R_2 = \frac{1}{f(n-1)}R_2 + 2$$

$$qR_2 = R_2 + 2f(n-1)$$

$$R_2 = \frac{2f(n-1)}{q - 1}.$$

---

[16] Dies ist natürlich auch ein Fall für die l'Hospitalsche Regel. Wir haben es mit einem Ausdruck der Form

$$f(x) = \frac{\phi(x)}{\psi(x)} \quad \text{mit} \quad \lim_{x \to \infty} \phi(x) = \infty \quad \text{und} \quad \lim_{x \to \infty} \psi(x) = \infty$$

zu tun, so daß wir

$$\lim_{x \to \infty} f(x) = \lim_{x \to \infty} \frac{\phi'(x)}{\psi'(x)}.$$

anwenden können. Daraus erhalten wir ebenfalls $p = -1$.

Entsprechend erhält man für R_1

$$R_1 = \frac{2f(n-1)}{q+1}.$$

Einsetzen der Zahlenwerte ergibt

$$R_1 = \frac{0.5 \cdot 20\,\text{cm}}{1.714} = 5.83\,\text{cm} \quad \text{und} \quad R_2 = \frac{0.5 \cdot 20\,\text{cm}}{-0.286} = -34.97\,\text{cm}.$$

Wir sehen, daß die einfallenden Strahlen auf die stärker gekrümmte Fläche treffen. Hat man nur eine plankonvexe Linse zur Verfügung, so ist es al so eine gute Idee, die konvexe Seite in Richtung einfallender Strahlung zu verwenden, wenn diese parallel ist.

(b) Wir setzen in die Gleichung für L_s ein und erhalten für das Minimum von L_s bezüglich q

$$\begin{aligned}
L_s &= h^2 \frac{1}{8 \cdot 1000 \cdot 1.5 \cdot 0.5} \left[\frac{3.5}{0.5} 0.714^2 - 4 \cdot 2.5 \cdot 0.714 + 6.5 \cdot 0.5 + \frac{1.5^3}{0.5} \right] \\
&= h^2 \cdot 0.00107.
\end{aligned}$$

Für eine symmetrische Bikonvexlinse ist $q = 0$ und wir erhalten

$$\begin{aligned}
L_s &= h^2 \frac{1}{8 \cdot 1000 \cdot 1.5 \cdot 0.5} \left[6.5 \cdot 0.5 + \frac{1.5^3}{0.5} \right] \\
&= h^2 \cdot 0.00167.
\end{aligned}$$

Für parallel einfallendes Licht ist die Bildweite b gerade die Brennweite $f = 10\,\text{cm}$ in paraxialer Näherung. Strahlen im Abstand h kommen dagegen bei b_h an, welches durch

$$\frac{1}{b_h} = L_s + \frac{1}{b}$$

gegeben ist. Mit $h = 1\,\text{cm}$ erhalten wir für die Linse bester Form $b_h = 9.89\,\text{cm}$ und für die symmetrische Bikonvexlinse $b_h = 9.83\,\text{cm}$. Bei der Bikonvexlinse ist also b_h um $0.06\,\text{cm}$ weiter vom Brennpunkt entfernt.

4. Die Welleneigenschaften von Licht

4.1 Beugung

4.1.1 Einleitung

Fraunhofer – Fresnel – Kirchhoff

Das Phänomen der *Beugung* beinhaltet die Abweichungen von den Voraussagen der geometrischen Optik. Die Beugung beruht allein auf der Wellennatur des Lichts und ist stets mit *Interferenz* (siehe Abschnitt 4.2) verbunden. Sie läßt sich mit dem *Huygens-Fresnelschen Prinzip* verstehen:

> Alle Punkte einer Wellenfront sind Ausgangspunkte von Kugelwellen (Elementarwellen), deren Einhüllende die neue Wellenfront ergibt (*Huygenssches Prinzip*). Berücksichtigt man die Interferenz der Elementarwellen (*Fresnelsche Erweiterung* des *Huygensschen Prinzips*), so ergeben sich Aussagen über die Beugungsbilder.

Aus dem *Huygenssches Prinzip*[1] folgt bereits die Beugung des Lichts, da am Rand von Hindernissen einseitig Partnerwellen fehlen. Die Amplitude des Strahlungsfeldes ergibt sich aus der Überlagerung der Elementarwellen entsprechend ihrer Amplitude und relativen Phase.

Die mathematische Behandlung wird durch drei Theorien bestimmt, deren einfachste die Theorie von FRAUNHOFER[2] (*Fraunhofersche Beugung*) ist. Die entscheidende Vereinfachung dieser 1823 veröffentlichten Theorie ist die Annahme ebener Wellen am beugenden Objekt. Wie wir bereits wissen, liegen ebene Wellen näherungsweise dann vor, wenn sich die Lichtquelle im Unendlichen befindet. Entsprechend muß auch das Bild im Unendlichen betrachtet werden. Deshalb spricht man auch von einer *Fernfeldnäherung*. Die Bedeutung der *Fraunhoferschen Beugung* liegt darin, daß sie Beugungsphänomene mit relativ einfachen Gleichungen beschreiben kann. Dies trifft auf die allgemeineren Theorien von FRESNEL und KIRCHHOFF nicht zu. Deshalb werden Experimente und Aufgaben meist in *Fraunhoferscher Geometrie* durchgeführt. Dazu werden vor und hinter dem beugenden Objekt Sammellinsen aufgebaut in deren Brennpunkt sich Lichtquelle[3] bzw. Bild befinden.

In dieselbe Zeit wie FRAUNHOFERS Theorie fällt die Theorie von FRESNEL[4] (*Fresnelsche Beugung*). Sie ist nicht auf ebene Wellen beschränkt. Die Behandlung führt zu

---

[1] CHRISTIAAN HUYGENS (1629–1695) in *Traité de la Lumière* (1690).
[2] JOSEF FRAUNHOFER (1787–1826) in *Ann. Physik (3)* **14** (1823), 337.
[3] Oft wird heute auch ein Laser zur Beleuchtung benutzt.
[4] AUGUSTIN JEAN FRESNEL (1788–1827) in *Ann. Chim. et Phys. (2)* **1** (1816), 239.

den *Fresnelschen Integralen*, die mit Hilfe der *Cornu Spirale* dargestellt und diskutiert werden können. Auf beides soll hier nicht näher eingegangen werden. Im Bild der Elementarwellen ist die Problematik im Nahbereich des beugenden Objekts offensichtlich. Nach dem *Huygens–Fresnelschen Prinzip* breiten sich die Elementarwellen uniform in alle Raumrichtungen aus. Folglich müßte es auch eine Welle in Rückwärtsrichtung geben. Dies entspricht nicht der Erfahrung, hat aber weit entfernt vom beugenden Objekt keine Auswirkungen. In der Nähe des Objekts muß dagegen ein zusätzlicher Faktor eingeführt werden, um die Amplitude der Elementarwellen richtungsabhängig zu machen. Im Jahr 1883 veröffentlichte KIRCHHOFF[5] eine noch allgemeinere Formulierung der Beugungstheorie. Der Unterschied zur Fresnelschen Formulierung besteht in der Berücksichtigung der exakten Form der Richtungsabhängigkeit der Amplituden der Elementarwellen und der exakten Phasenbeziehung. Ihr Ausgangspunkt ist eine skalare differentielle Wellengleichung. Die Kirchhoffsche Theorie kann auch als theoretische Rechtfertigung des Huygens–Fresnelschen Prinzips angesehen werden. Bei den älteren Formulierungen wurden ja die Punktquellen postuliert.

Trotzdem ist aber auch die Kirchhoffsche Theorie "nur" eine Näherung. Sie und die exakte Behandlung mit Hilfe der Maxwellschen Gleichungen und entsprechenden Randbedingungen sind von Bedeutung, wenn die Dimension der Öffnung in der Größenordnung einer Wellenlänge oder darunter liegt (ein praktisches Beispiel ist die Beugung von Mikrowellen).

Das Babinetsche Prinzip

Ein wichtiger Satz der Beugungstheorie wurde von J. BABINET[6] formuliert:

> Die Beugungsbilder zweier komplementärer Beugungsobjekte sind außerhalb des Bereichs der geometrisch–optischen Abbildung gleich.

Beugungsobjekte heißen komplementär, wenn alle undurchsichtigen Teile des einen Objekts beim anderen durchsichtig sind und umgekehrt. Ein dünner Draht erzeugt also dieselben gebeugten Lichtintensitäten wie ein enger Spalt.

Spezielle Fälle der Fraunhofersche Beugung

Wir wollen im folgenden nur die Ergebnisse für einige spezielle beugende Objekte angeben. Dabei ist mit der Intensität $I_0 = A_0^2$ die Intensität an einer beugenden Öffnung (z.B. Spalt) gemeint.

Beugung am Spalt Für den Intensitätsverlauf von Licht der Wellenlänge λ nach Beugung an einem Spalt der Breite b findet man

$$I(\Theta) = I_0 \left(\frac{\sin B}{B} \right)^2 \quad \text{mit} \quad B = \frac{\pi}{\lambda} b \sin \Theta. \tag{4.1}$$

---

[5] GUSTAV KIRCHHOFF (1824–1887) in *Ann. Physik (Neue Folge)* **18** (1883), 663.
[6] JACQUES BABINET (1794–1872). Er schlug übrigens als erster vor eine geeignete Lichtwellenlänge als Längeneinheit zu verwenden.

Daraus ergeben sich <u>Minima</u> für Winkel Θ_{Min}, die durch

$$\sin\Theta_{\text{Min}} = \pm m\frac{\lambda}{b} \quad \text{mit} \quad m = 1, 2, \ldots \tag{4.2}$$

gegeben sind. Durch Berechnung und Nullsetzen der Ableitung der Gleichung 4.1 findet man als Bedingung für <u>Maxima</u>[7]

$$\tan B = B. \tag{4.3}$$

Siehe dazu auch Tabelle 4.1. Bild 4.1 zeigt die Intensitätsverteilung für zwei verschiedene Spaltbreiten.

Für hohe Ordnungen liegen die Maxima ziemlich genau in der Mitte zwischen zwei Minima, so daß <u>näherungsweise</u> gilt

$$\sin\Theta_{\text{Max}} \approx \pm(m + \frac{1}{2})\frac{\lambda}{b} \quad \text{für große } m. \tag{4.4}$$

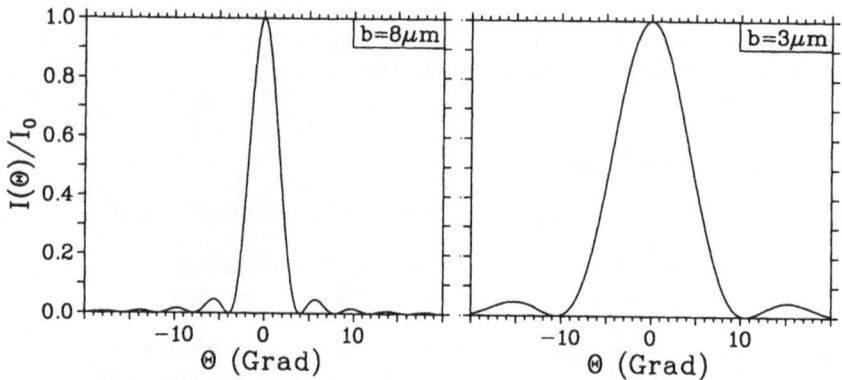

Bild 4.1: Beugung an einem Spalt. Die beiden Bilder zeigen den Einfluß unterschiedlicher Spaltbreiten. Berechnet wurde die Intensität für Licht der Wellenlänge $\lambda = 550\,\text{nm}$.

Beugung an einer kreisförmigen Öffnung Dieses Beugungsbild ist besonders wichtig, da optische Instrumente im allgemeinen kreisförmige Öffnungen haben. Das mathematische Problem ist kompliziert und wurde von AIRY[8] 1835 gelöst. Als Lösung ergeben sich Besselfunktionen. Qualitativ entspricht die Beugungsfigur der des Spaltes. Das zentrale Maximum heißt *Airys Scheibchen*. Die Nebenmaxima sind Ringe. Die Lage der Minima und Maxima ist für eine kreisförmige Öffnung mit Durchmesser D durch

$$\sin\Theta = J\frac{\lambda}{D} \tag{4.5}$$

---

[7] Man spricht vom zentralen *Hauptmaximum*. Alle anderen heißen *Nebenmaxima*.
[8] SIR GEORGE AIRY (1801–1892) in *Trans. Cambridge Phil. Soc.* **5** (1835) 283.

gegeben, wobei J <u>nicht</u> ganzzahlig[9] ist. Für das erste Minimum ist $J \approx 1.22$.
Tabelle 4.1 gibt Lage der ersten Minima und Maxima, sowie die relative Intensität der Maxima an. Zum Vergleich sind dieselben Daten für den Spalt aufgeführt.

Tabelle 4.1: Lage der Maxima und Minima und relative Intensität der Maxima bei Beugung am Spalt und einer kreisförmigen Öffnung.

| | Kreisförmige Öffnung | | Einzelspalt | |
	J	I_{max}	m	I_{max}
Zentrales Hauptmaximum	0	1	0	1
Erstes Minimum	1.220		1.000	
Zweites Maximum	1.635	0.084	1.430	0.0472
Zweites Minimum	2.233		2.000	
Drittes Maximum	2.679	0.084	2.459	0.0165
Drittes Minimum	3.238		3.000	
Viertes Maximum	3.699	0.084	3.471	0.0083
Viertes Minimum	4.241		4.000	

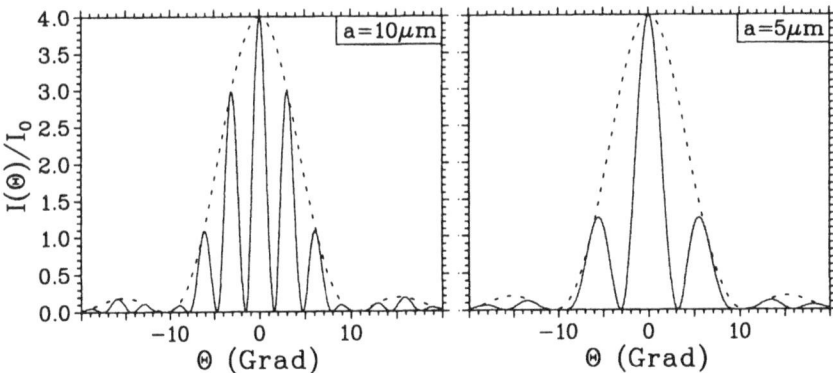

Bild 4.2: Beugung am Doppelspalt. Die beiden Bilder zeigen den Einfluß unterschiedlicher Abstände bei gleicher Spaltbreite $b = 3\,\mu$m. Berechnet wurde die Intensität für Licht der Wellenlänge $\lambda = 550$ nm.

Beugung am Doppelspalt   Beim Doppelspalt sind Spalte der Breite b parallel im Abstand a angeordnet. Der Abstand a wird von Spaltmitte zu Spaltmitte gemessen. Der Doppelspalt ist unser erstes Beispiel für die Interferenz getrennter Strahlen (siehe Abschnitt 4.2). Beleuchtet werde er durch senkrecht einfallendes Licht. Die Beugungsfigur ergibt sich aus dem Überlapp der Beugungsfiguren der beiden Einzelspalte. Dies

---

[9] siehe dazu E.V. Lommel, *Abhandl. Bayer. Akad. Wiss.* **15** (1886) 531.

zeigt sich am Intensitätsverlauf:

$$I(\Theta) = I_0 \left(\frac{\sin B}{B}\right)^2 \cos^2 C \quad \text{mit } B = \frac{\pi}{\lambda} b \sin \Theta \text{ und } C = \frac{\pi}{\lambda} a \sin \Theta. \quad (4.6)$$

Der Interferenzterm $\cos^2 C$ wird also durch den Beugungsterm des Einzelspaltes moduliert. Ist $a = mb$, wobei m nicht notwendig ganzzahlig ist, so befinden sich $2m$ Interferenzmaxima im zentralen Hauptmaximum der Beugungsfigur.
Aufgrund der Einzelspaltbeugung finden wir Minima für

$$\sin \Theta_{\text{BMin}} = \pm m \frac{\lambda}{b} \quad \text{mit } m = 1, 2, \ldots \quad (4.7)$$

und aufgrund der Interferenz für

$$\sin \Theta_{\text{IMin}} = \pm \left(m - \frac{1}{2}\right) \frac{\lambda}{a} \quad \text{mit } m = 0, 1, 2, \ldots \quad (4.8)$$

Beim Doppelspalt ergeben sich Interferenzmaxima für

$$\sin \Theta_{\text{IMax}} = \pm m \frac{\lambda}{a} \quad \text{mit } m = 0, 1, 2, \ldots \quad (4.9)$$

Bemerkung:
Es können Interferenzmaxima durch Beugungsminima unterdrückt sein (*missing order*).

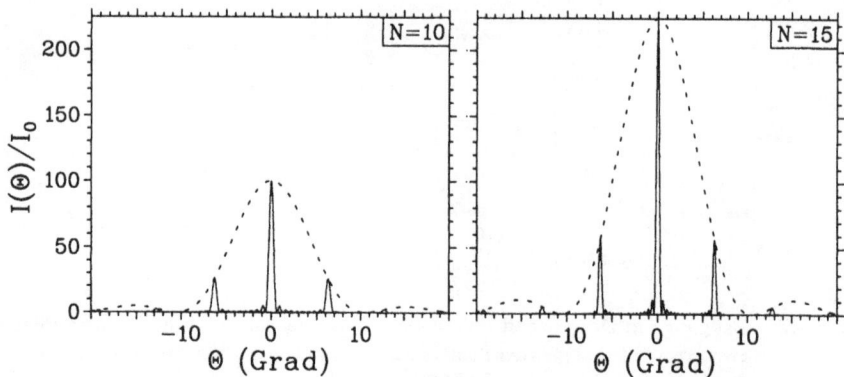

Bild 4.3: Beugung an einem Gitter. Die beiden Bilder zeigen den Einfluß verschiedener Spaltzahlen bei gleicher Spaltbreite $b = 3\,\mu$m und gleichem Spaltabstand $a = 5\,\mu$m. Berechnet wurde die Intensität für Licht der Wellenlänge $\lambda = 550$ nm.

Beugung am Gitter Beim Gitter sind N Spalte der Breite b parallel angeordnet. Der Abstand zweier Spalte ist a (*Gitterkonstante*), und er wird wiederum von Mitte zu Mitte zweier aufeinanderfolgender Spalte gemessen. Für den Intensitätsverlauf erhalten wir einen Interferenzterm aufgrund der Interferenz von N Strahlen multipliziert mit dem Beugungsterm des Einzelspaltes:

$$I(\Theta) = I(0) \underbrace{\left(\frac{\sin B}{B}\right)^2}_{\text{Beugungsterm}} \underbrace{\left(\frac{\sin(NC)}{\sin C}\right)^2}_{\text{Interferenzterm}} \quad \text{mit} \quad B = \frac{\pi b}{\lambda}\sin\Theta \quad \text{und} \quad C = \frac{\pi a}{\lambda}\sin\Theta.$$

$$(4.10)$$

Der Interferenzterm ergibt für senkrecht einfallendes Licht genau wie beim Doppelspalt Maxima bei

$$\sin\Theta_{\text{IMax}} = \pm m\frac{\lambda}{a} \quad \text{mit} \quad m = 0, 1, 2, \ldots. \quad (4.11)$$

Dies sind die sogenannten *Hauptmaxima*. Dagegen führt er zu Minima für

$$C = \pm\frac{\pi}{N}, \pm\frac{2\pi}{N}, \pm\frac{3\pi}{N}, \ldots, \pm\frac{(N-1)\pi}{N}, \pm\frac{(N+1)\pi}{N}, \ldots. \quad (4.12)$$

Es gibt folglich $(N-1)$ Nebenmaxima[10] zwischen den Hauptmaxima. Siehe dazu Aufgabe 4.1.4. Das ganze wird dann noch durch den Beugungsterm moduliert. Bild 4.3 zeigt zwei Beispiele.

4.1.2 Doppelspaltexperiment

Aufgabe:

Im Interferenzbild eines Doppelspalts (Spaltabstand a, Spaltbreite b) fehlt das dritte Hauptmaximum, da es mit dem ersten Beugungsminimum des Einzelspalts zusammenfällt. Berechnen Sie das Verhältnis a/b.

Lösung:

Bei der Beugung am Spalt ist die Lage der Minima durch

$$b\sin\Theta_{\text{min}} = m'\lambda \quad \text{mit} \quad m' = \pm 1, \pm 2, \ldots$$

gegeben. Die Bedingung für ein Maximum m–ter Ordnung bei der Zweistrahlinterferenz ist durch

$$a\sin\Theta = m\lambda \quad \text{mit} \quad m = 0, \pm 1, \pm 2, \ldots$$

gegeben. Laut Aufgabe ist das Maximum dritter Ordnung unterdrückt, da es mit dem ersten Minimum des Spaltes zusammenfällt, also

$$3\frac{\lambda}{a} = \frac{\lambda}{b}.$$

Folglich muß $a/b = 3$ sein.

---

[10] Nicht zu verwechseln mit den Nebenmaxima beim Spalt.

4.1.3   Der Doppelspalt als Refraktometer

Aufgabe:

Bei einer Doppelspaltanordnung in Fraunhoferscher Geometrie (Spaltabstand $a = 3.3\,\text{mm}$, Abstand zum Schirm $L = 3\,\text{m}$) wird direkt hinter einen der beiden Spalte (zwischen Spalt und Schirm) eine dünne Glasplatte der Dicke $D = 0.01\,\text{mm}$ und Brechungsindex n gebracht. Beleuchtet wird mit monochromatischem Licht der Wellenlänge $\lambda = 550\,\text{nm}$. Sie messen eine Verschiebung der Interferenzstreifen um $4.73\,\text{mm}$ gegenüber der Lage ohne Glas.

1. Berechnen Sie den Brechungsindex des Glases.

2. Berechnen Sie den Fehler dieser Messung, wenn der Meßfehler bei der Bestimmung der Verschiebung $0.01\,\text{mm}$ beträgt.

Lösung:

1. Ohne Glas befinden sich die Maxima bei den Winkeln

$$a \sin \Theta = m\lambda \qquad \text{mit} \quad m = 0, \pm 1, \pm 2, \ldots,$$

d.h. der Unterschied in den optischen Weglängen ist ein ganzzahliges Vielfaches von λ. Eine Glasplatte der Dicke D verlängert den optischen Weg. Da es sich um eine dünne Glasplatte handelt, nehmen wir an, daß alle Lichtstrahlen unabhängig vom Winkel Θ Glas der Dicke D "sehen". Wir müssen also unsere Weglängendifferenz $a \sin \Theta$ aufteilen in einen Teil in Luft mit dem optischen Weg $(a \sin \Theta - D) n_{\text{Luft}}$ und einen Teil im Glas Dn. Der so berechnete Weg muß jetzt wiederum ein ganzzahliges Vielfaches von λ sein, also

$$a \sin \Theta + (n - 1)D = m\lambda \qquad \text{mit} \quad m = 0, \pm 1, \pm 2, \ldots \,.$$

Dies ist also unsere Maximabedingung mit der Glasplatte und wir sehen, daß sich die Winkel ändern.

In Fraunhoferscher Geometrie können wir $\sin \Theta \approx \Theta$ setzen und damit erhalten wir eine Verschiebung der Maxima von Θ auf $\Theta + \Delta\Theta$ um

$$\Delta\Theta = (n - 1)\frac{D}{a}.$$

Die Verschiebung $x = 4.73\,\text{mm}$ ist gleich $L\,\Delta\Theta$, so daß wir für den Brechungsindex des Glases

$$n = 1 + \frac{a}{D\,L}\,x = 1.52$$

erhalten.

2. Der Fehler ist gegeben durch

$$\Delta n = \pm\frac{\mathrm{d}n}{\mathrm{d}x}\Delta x = \pm\frac{a}{D\,L}\,\Delta x = \pm 0.0011\,.$$

4.1.4   Linienbreite eines Beugungsgitters

Aufgabe:

Zeigen Sie, daß das m-te *Hauptmaximum* eines Beugungsgitters (N Spalte, Gitterkonstante a), das unter einem Winkel Θ_{IMax} beobachtet wird, eine Breite

$$\Delta\Theta = \frac{2\lambda}{Na\cos\Theta_{\text{IMax}}}$$

hat. Nehmen Sie an, daß $\Delta\Theta$ nur eine kleine Änderung des Winkels bedeutet.

Lösung:

Das *Hauptmaximum* der Ordnung m entspricht einer Weglängendifferenz benachbarter Strahlen von $m\lambda$. Das erste benachbarte Minimum erfordert eine zusätzliche Wegdifferenz von λ/N, da dann gerade nach $N/2$ Spalte eine Wegdifferenz von $\lambda/2$ erreicht ist und sich somit die Strahlen paarweise auslöschen. Der Winkelabstand $\Delta\Theta$ der ersten Minima links und rechts eines Hauptmaximums definiert dessen Breite. Da wir das Hauptmaximum bei

$$\sin\Theta_{\text{IMax}} = m\frac{\lambda}{a}$$

finden, können wir schreiben:

$$\sin\left(\Theta_{\text{IMax}} + \frac{\Delta\Theta}{2}\right) - \sin\Theta_{\text{IMax}} = \frac{\lambda}{Na}.$$

Da $\Delta\Theta$ nur eine kleine Winkeländerung darstellt, können wir um Θ_{IMax} entwickeln und erhalten

$$\sin\Theta_{\text{IMax}} + \frac{\Delta\Theta}{2}\cos\Theta_{\text{IMax}} - \sin\Theta_{\text{IMax}} = \frac{\lambda}{Na}.$$

und daraus die gesuchte Gleichung:

$$\Delta\Theta = \frac{2\lambda}{Na\cos\Theta_{\text{IMax}}}.$$

4.2   Interferenz

4.2.1   Einleitung

Interferenzerscheinungen haben wir schon im letzten Abschnitt kennengelernt (Doppelspalt, Gitter). In diesem Abschnitt geht es um die Bedingungen unter denen Interferenz auftritt und um spezielle Interferometeranordnungen.

Die Kohärenz von Lichtquellen

Zwei Wellen sind *kohärent*, wenn zwischen ihnen eine feste Phasenbeziehung besteht. Kohärentes Licht ist stets monochromatisch, aber monochromatisches Licht ist nicht

immer kohärent. Kohärenz ist die Voraussetzung zur Beobachtbarkeit von Interferenzerscheinungen. Die sich überlagernden Lichtstrahlen müssen eine feste Phasenbeziehung haben, also kohärent sein.

Die Emissionszentren (Atome, Moleküle) einer thermischen Lichtquelle emittieren kurze Wellenzüge. Die Emission unterliegt den Gesetzen der Statistik, so daß keine feste
Phasenbeziehung zwischen den einzelnen Wellenzügen besteht. Das hat zur Folge, daß
zum einen Wellenzüge, die von verschiedenen Emissionszentren stammen, inkohärent
sind, und zum anderen aber auch nacheinander ausgestrahlte Wellenzüge nur eines
Emissionszentrums keine feste Phasenbeziehung haben. Dem entsprechend werden wir
von räumlicher und zeitlicher Kohärenz sprechen.

Zeitliche Kohärenz   Um Interferenzerscheinungen mit einer thermischen Lichtquelle
beobachten zu können, teilt man im Idealfall <u>einen</u> Wellenzug <u>eines</u> Emissionszentrums
in Teilwellen auf. Die Wegdifferenz der beiden Teilstrahlen am Punkt der Überlagerung darf nicht größer werden, als die Länge des Wellenzuges. Die maximal mögliche
Wegdifferenz bezeichnet man als Kohärenzlänge l_c. Das Licht legt die Kohärenzlänge
in der Kohärenzzeit

$$t_c = \frac{l_c}{c} \qquad (4.13)$$

zurück.

Eine Kohärenzlänge kann allen Lichtquellen, auch Lasern, zugeordnet werden, da alle
Lichtquellen eine endliche Bandbreit haben. Allgemein ergibt sich aus der Bandbreite
$\Delta\nu$ die Kohärenzzeit

$$t_c \approx \frac{1}{\Delta\nu} \qquad (4.14)$$

und die Kohärenzlänge

$$l_c \approx \frac{c}{\Delta\nu}. \qquad (4.15)$$

Bei Lasern wird im Prinzip ein unendlich langer Wellenzug emittiert. Die Frequenz wird
durch die Resonatorlänge bestimmt. Diese ist zeitlich nicht konstant (z.B. aufgrund
thermischer Schwankungen) und die Frequenz des Laserlichtes hat deshalb eine endliche
Bandbreite[11].

Tabelle 4.2: Typische Größenordnungen der Kohärenzlänge.

Sonne	10^{-6} m
Spektrallampe	10^{-1} m
He/Ne–Laser	10^5 m

Räumliche Kohärenz   Zwei Emissionszentren einer ausgedehnten Lichtquelle senden
für sich Wellenzüge aus, die man in interferenzfähige Teilwellen zerlegen kann. Mit

---

[11] Selbst ohne äußere Störungen ergäbe sich eine endliche Bandbreite, da die induzierte Emission von
spontaner Emission überlagert wird.

einer bestimmer Versuchsanordnung ergeben sich also zwei Interferenzmuster, die gegeneinander verschoben sind, da sich eine zusätzliche Wegdifferenz aus den Orten der Emissionszentren ergibt. Solange diese Wegdifferenz aber klein gegen $\lambda/2$ ist, stimmen die beiden Intensitätsverteilungen aber so gut überein, daß die Interferenz immer noch beobachtbar ist.

Interferenzkontrast Der Grad des Überlapps der Wellenzüge (zeitliche Kohärenz) bzw. der Abstand der Emissionszentren (räumliche Kohärenz) beeinflußt natürlich den Kontrast des Interferenzmusters. Angegeben wird dies durch den Interferenzkontrast

$$K = \frac{I_{max} - I_{min}}{I_{max} + I_{min}}. \tag{4.16}$$

Ein Kontrast $K = 0.8$ kann als hoher Kontrast bezeichnet werden, bei $K = 0.2$ ist das Interferenzmuster kaum noch sichtbar.

Spezielle Interferometeranordnungen

Wellenfrontteilende Interferometer Sie benutzen Strahlen, die von verschiedenen Stellen einer primären Wellenfront stammen. Ein Beispiel ist der Doppelspalt (*Youngsches Interferometer*). Die Spalte sind sekundäre Lichtquellen, die von einer (primären) Punktlichtquelle beleuchtet werden.

Amplitudenteilende Interferometer Sie spalten die Wellenamplitude mit Hilfe teilreflektierender Spiegel auf. Bekanntestes Beispiel ist das Michelson–Interferometer. Zu beachten sind die zusätzlichen Phasensprünge die an den reflektierenden Flächen auftreten können.

Dünne Schichten Sie zählen eigentlich zu den amplitudenteilenden Interferometern, werden hier aber trotzdem extra behandelt, da sich die Interferenzerscheinungen in zwei bekannte Gruppen unterteilen lassen:

    Interferenzen gleicher Neigung Die Lage der Interferenzminima und -maxima hängt vom Einfallswinkel ab. Dazu gehört z.B. die planparallele Platte.

    Interferenzen gleicher Dicke Die Lage der Interferenzminima und -maxima hängt vor allem von der Dicke der Schicht ab, z.B. bei den Newtonschen Ringen. Dies heißt natürlich nicht, daß das prinzipielle Auftreten bzw. die Intensität der Streifen nicht auch noch vom Einfallswinkel abhängt.

4.2.2   Kohärenz

Aufgabe:

Ein Michelson–Interferometer ist so justiert, daß beide Wege exakt gleich sind und die beiden Teilstrahlen somit keinen Gangunterschied aufweisen. Es wird rotes Cadmium-Licht mit der Wellenlänge 643.847 nm und einer Linienbreite von 0.0013 nm verwendet.

Um welche Strecke können Sie den Spiegel verschieben bis das Interferenzbild verschwindet?

Lösung:

Die Spiegel können um die Kohärenzlänge verschoben werden bis das Interferenzmuster verschwindet (Definition der Kohärenzlänge). Wir müssen also die Kohärenzlänge $l_c = c\,t_c$ (t_c = Kohärenzzeit) aus Wellenlänge und Linienbreite berechnen. Es gilt die Abschätzung

$$\Delta\nu\,t_c \approx 1.$$

Dabei ist $\Delta\nu$ die Frequenzbreite. Aus $\lambda = c/\nu$ erhält man durch Differenzieren

$$\Delta\lambda = -\frac{c\Delta\nu}{\nu^2} = -\frac{\lambda^2\Delta\nu}{c}.$$

Da es sich um eine Breite handelt können wir das negative Vorzeichen weglassen. Mit $\Delta\nu \approx 1/t_c$ und $l_c = c\,t_c$ erhalten wir

$$l_c = \frac{\lambda^2}{\Delta\lambda}.$$

Wir setzen die Zahlenwerte ein und erhalten $l_c \approx 31.89\,\text{cm}$. Der Gangunterschied ist aber zweimal der Verstellweg des Spiegels, da das Licht den Weg ja zweimal durchläuft. Also geht das Interferenzmuster verloren, wenn der Spiegel um etwa 15.94 cm verstellt wird.

4.2.3 Zweistrahl–Interferenz

Aufgabe:

Zwei linear polarisierte elektromagnetische Wellen gleicher Wellenlänge interferieren in einem Punkt P. Die elektrischen Felder der beiden Wellen sind parallel. Die Wellen haben die Intensitäten I_1 und I_2. Ihre Phasendifferenz sei θ.

1. Wie hängt die Gesamtintensität I von I_1, I_2 und θ ab?

2. Wann wird I maximal und wann minimal?

3. Der Interferenzkontrast ist als

$$K = \frac{I_{\max} - I_{\min}}{I_{\max} + I_{\min}}$$

definiert. Skizzieren Sie den Interferenzkontrast in Abhängigkeit vom Intensitätsverhältnis $x = I_1/I_2$ der beiden Wellen.

Lösung:

1. Das Gesamtamplitudenquadrat der sich überlagernden Wellen ist

$$\vec{E}_0^2 = \vec{E}_{10}^2 + \vec{E}_{20}^2 + 2\vec{E}_{10}\vec{E}_{20}\cos\theta.$$

Da die elektrischen Felder parallel sind, ist $\vec{E}_{10}\vec{E}_{20} = E_{10}E_{20}$. Für die Intensitäten gilt

$$I = \frac{E_0^2}{2}, \quad I_1 = \frac{E_{10}^2}{2} \quad \text{und} \quad I_2 = \frac{E_{20}^2}{2}.$$

Daraus erhalten wir

$$I = I_1 + I_2 + 2\sqrt{I_1 I_2}\cos\theta.$$

2. Maxima (konstruktive Interferenz) ergeben sich für $\cos\theta = 1$, also für $\theta = 0, \pm 2\pi, \pm 4\pi, \ldots$. Dann ist

$$I_{\max} = I_1 + I_2 + 2\sqrt{I_1 I_2}.$$

Entsprechend ergeben sich Minima (destruktive Interferenz) für $\cos\theta = -1$, bzw. $\theta = \pm\pi, \pm 3\pi, \ldots$. Die Gesamtintensität ist dann

$$I_{\min} = I_1 + I_2 - 2\sqrt{I_1 I_2}.$$

3. Einsetzen von $I_{\max}$ und $I_{\min}$ ergibt für den Interferenzkontrast

$$K = \frac{2\sqrt{I_1 I_2}}{I_1 + I_2}.$$

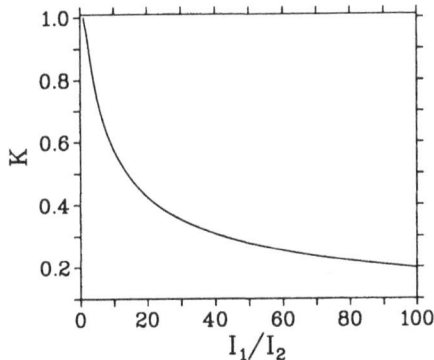

Bild 4.4: Der Interferenzkontrast K in Abhängigkeit vom Intensitätsverhältnis I_1/I_2. Die elektrischen Felder der beiden beteiligten Wellen sind parallel.

Mit $x = I_1/I_2$ erhalten wir daraus

$$K = \frac{2\sqrt{I_1^2/x}}{I_1 + I_1/x} = \frac{2}{\sqrt{x}\,(1 + 1/x)}.$$

Bild 4.4 zeigt $K(x)$ für $x = 1 \ldots 100$.

4.2.4   Satellit

Aufgabe:

Ein in einer Höhe von $h = 400$ km um die Erde kreisender Satellit wird von einer Bodenstation aus beobachtet, die zwei Antennen im Abstand von $d = 100$ m in der Umlaufebene des Satelliten hat. Der Satellit sendet Mikrowellen ($\lambda = 15$ cm) aus. Das Ausgangssignal der beiden Antennen oszilliert mit einer Periode $T = 0.08$ s. Berechnen Sie unter Vernachlässigung der Erdkrümmung die Geschwindigkeit des Satelliten.

Lösung:

Während einer Periode verschieben sich die Einzelsignale gerade um λ. Der Winkel zwischen aufeinanderfolgenden Interferenzmaxima ist wie beim Doppelspalt durch

$$d\sin\Theta = \lambda$$

gegeben. Für kleine Winkel ist $\sin\Theta \approx x/h$, wobei x die Strecke ist, die der Satellit während einer Periode zurücklegt. Wir erhalten also

$$x = \frac{\lambda}{d}\,h = \frac{0.15}{100}\,400\cdot 10^3\,\mathrm{m} = 600\,\mathrm{m}.$$

Daraus ergibt sich als Geschwindigkeit

$$v = \frac{x}{T} = 7500\,\frac{\mathrm{m}}{\mathrm{s}} = 7.5\,\frac{\mathrm{km}}{s}$$

Bemerkung:
Der Satellit braucht annähernd 2 Stunden pro Umlauf. Eine geostationäre Bahn ist in einer Höhe von etwa 35800 km.
Man erhält die Geschwindigkeit natürlich auch durch Gleichsetzen von Zentrifugalkraft und Erdanziehung. Dies ergibt die Gleichung

$$v = \sqrt{\gamma \frac{m_\mathrm{e}}{R_\mathrm{e} + h}}$$

mit der Gravitationskonstanten $\gamma = 6.674\cdot 10^{-11}\,\mathrm{Nm^2/kg^2}$, der Erdmasse $m_\mathrm{e} = 5.98\cdot 10^{24}$ kg und dem mittleren Erdradius $R_\mathrm{e} = 6371$ km. Einsetzen ergibt ≈ 7677 m/s.

4.2.5   Jamin–Interferometer

Aufgabe:

Jamin–Interferometer werden als Interferenzrefraktometer zur Bestimmung von Brechzahlunterschieden von Gasen und Flüssigkeiten verwendet. Die Interferenz entsteht durch Aufspaltung und Wiedervereinigung eines Strahls mittels zweier planparalleler Platten gleicher Dicke (Bild 4.5), die einseitig verspiegelt sind. Die Beleuchtung erfolgt durch eine ausgedehnte Lichtquelle.

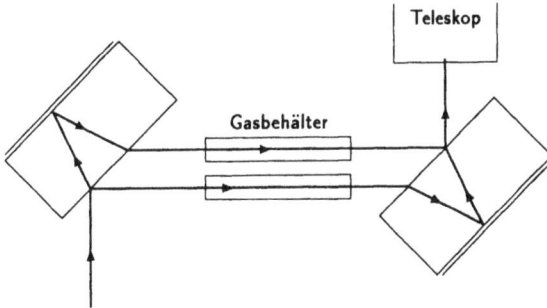

Bild 4.5:   Jamin–Interferometer als Interferenzrefraktometer.

1. Diskutieren Sie die Intensitäten der beiden Teilstrahlen.

2. Die zwei identischen durchsichtigen Gasbehälter werden mit Argon gefüllt. Die Behälter sind 25 cm lang und Argon hat für das verwendete Natriumlicht ($\lambda = 589\,\text{nm}$) einen Brechungsindex $n = 1.000281$. Die Interferenzen werden durch das Teleskop beobachtet. Wieviele Maxima zählen Sie im Zentrum des Teleskops, wenn man eine der Kammern abpumpt?

Lösung:

1. Ein Teil des ankommenden Strahls wird reflektiert (Strahl 1). Er hat eine deutlich niedrigere Intensität als der transmittierte Strahl (2). Letzterer wird an der verspiegelten Seite vollständig reflektiert und, aufgrund des kleinen Einfallswinkels, geht auch beim Verlassen der linken Platte nur wenig Intensität verloren. An der rechten Platte sind die Verhältnisse umgekehrt. Jetzt verliert Strahl 2 bei der Reflexion an Intensität und Strahl 1 erhält den größten Teil seiner Intensität. Damit haben die sich überlagernden Teilstrahlen nahezu gleiche Intensität.

   Übrigens kann der reflektierte Teil von Strahl 1 an der rechten Platte vernachlässigt werden, da er ja nur einen kleinen Teil des intensitätsschwachen Strahls ausmacht.

2. Die Gangdifferenz ist die Differenz der optischen Wege zwischen gefüllter und abgepumpter Kammer. Im abgepumpten Zustand ist der Brechungsindex gleich 1. Die Differenz der optischen Wege ist also

$$(n-1)L = (1.000281 - 1) \cdot 0.25\,\text{m} = 7.025 \cdot 10^{-5}\,\text{m}.$$

Zwischen zwei Maxima muß sich der optische Weg um eine Wellenlänge ändern. Also ist die Zahl der Maxima, die man beim Abpumpen entstehen $7.025 \cdot 10^{-5}/589 \cdot 10^{-9} = 119.3$.

4.2.6   Newtonsche Ringe

Aufgabe:

Newtonsche Ringe sind Interferenzen gleicher Dicke. Sie entstehen z.B. wenn man eine langbrennweitige plankonvexe Linse mit der konvexen Fläche nach unten auf eine ebene Glasplatte legt. In diesem Fall ergibt sich für den Radius des m-ten hellen Rings

$$r_m = \sqrt{\frac{(m + 1/2)\, R_1 \lambda}{n_f}}.$$

Dabei ist R_1 der Radius der Linse und n_f der Brechungsindex des Mediums im Zwischenraum. Die Anordnung wird senkrecht vom oben beleuchtet und man beobachtet die Ringe im reflektierten Licht.

1. Die Newtonschen Ringe lassen sich auch beim durch die Platte durchgelassenen Licht beobachten. Wie sieht das Ringsystem dann aus? Beachten Sie die Intensitäten.

2. Statt einer ebenen Platte werde jetzt eine konkave Fläche mit $R_2 > R_1$ benutzt. Für den Abstand d der beiden Flächen findet man

$$d = \frac{r^2 \left(R_2 - R_1\right)}{2 R_1 R_2}.$$

Wie groß ist der Radius des m-ten hellen Ringes in diesem Fall?

Lösung:

1. In Reflexion muß ein Phasensprung um π bei der Reflexion berücksichtigt werden. Im Fall der Reflexion wird bei Einfallswinkeln kleiner etwa 30° an einer Grenzfläche zum optisch dichteren Medium die senkrecht zur Einfallsebene polarisierte Komponente um π phasenverschoben wird, während die parallel polarisierte nicht phasenverschoben wird. Bei einer Grenzfläche ins optisch dünnere ist es gerade umgekehrt. Da beide Fälle auftreten ergibt sich also eine Phasenverschiebung um π unabhängig von der Polarisation. Daher kommt der Faktor $(m + 1/2)$ für den Radius des m-ten hellen Ringes.

   Beim durchgelassenen Licht wird ein Strahl zweimal an Grenzflächen zum dichteren Medium reflektiert, so daß es keine Phasenverschiebung aufgrund der Reflexion gibt. Der andere Strahl wird nicht reflektiert. Damit erhalten wir im Radius einen Faktor m. Für diese Radien ergeben sich in Reflexion Minima. Die Interferenzfiguren sind also komplementär.

   Betrachtet man die Newtonschen Ringe in Reflexion, so werden beide interferierenden Teilstrahlen je einmal an Grenzflächen reflektiert und haben deshalb etwa gleiche Intensität. Man erhält also einen hohen Interferenzkontrast.

   Dagegen ist beim durchgelassenen Licht ein Strahl praktisch ungeschwächt, während der zweite zweimal reflektiert und deshalb stark geschwächt wird. Die Newtonschen Ringe werden also nur schwach ausgeprägt sein.

2. Die Bedingung für den m–ten hellen Ring ist

$$2n_f d_m = \left(m + \frac{1}{2}\right)\lambda.$$

Die Abhängigkeit des Abstandes d vom Radius r ist in der Aufgabe angegeben. Daraus erhalten wir den Radius r_m des m–ten Ringes zu

$$r_m = \sqrt{\left(m + \frac{1}{2}\right)\frac{\lambda}{n_f}\frac{R_1 R_2}{R_2 - R_1}}.$$

Bemerkung:
Paßfehler werden durch Vergleich mit einer extrem genauen Referenzfläche ermittelt. Anzahl und Form der Newtonschen "Ringe" bei Beleuchtung mit monochromatischem Licht ergeben Aussagen über die Paßfehler. Bei der Spezifikation von Linsen wird der zulässige Paßfehler nach DIN 3140, Teil 5 als Anzahl der Ringe oder Streifen längs eines Halbmessers angegeben.

4.2.7   Interferenzfilter

Aufgabe:

Der einfachste Aufbau eines Interferenzfilters (Transmissionsfilter) besteht aus zwei reflektierenden Schichten (hoher Brechungsindex, meist ZnS) und einer Zwischenschicht (niedriger Brechungsindex, meist $Na_3AlF_6 = $ Kryolith), die den Abstand festlegt.

1. Wie dick muß die Kryolithschicht ($n = 1.35$) mindestens sein, damit das Filter für Licht der Wellenlänge $\lambda = 550\,\text{nm}$ bei senkrechtem Einfall maximal durchlässig ist?

2. Um wieviel und in welche Richtung verschiebt sich die Wellenlänge bei schrägem Lichteinfall (Einfallswinkel $10°$)?

Lösung:

Interferenzfilter kommen in den verschiedensten Bereichen zum Einsatz, wie z.B. bei der Farbtrennung in Fernsehkameras. Schmalbandige Interferenzfilter können Wellenlängenintervalle mit Breiten von nur wenigen Nanometern ausblenden. Für solche Anforderungen kann also auf die Verwendung von Prismen oder Gittern verzichtet werden. Der Vorteil des Filters liegt unter anderem in der großen Eintrittsfläche im Vergleich zum Einlaßschlitz anderer optischer Instrumente.
Ein *bandpass* Interferenzfilter kann als dünnes *Fabry–Perot* Interferometer beschrieben werden. Sein einfachstes Element ist die hier behandelte Stapelfolge zweier reflektierender Schichten und einer Zwischenschicht. In der Praxis besteht das Filter aus einem Substrat, das i.a. mit einer Vielzahl von dünnen dielektrischen Schichten bedampft ist. Die Dicke der Schichten bestimmt im wesentlichen die spektrale Lage des langwelligsten Durchlaßbandes (Durchlaßwellenlänge 1. Ordnung). Nicht gewünschte höhere Ordnungen werden durch Blockfilter (Absorption und/oder Reflexion) ausgeschaltet.

1. Wir können die Kryolithschicht als planparallele Platte behandeln. Dabei beachten wir, daß bei der Reflexion innerhalb dieser Platte ein Phasensprung von π auftritt. Ein Maximum in der Transmission tritt auf, wenn der Gangunterschied des direkt durchgehende Strahls und des hin- und herreflektierten Strahls ein ganzzahliges Vielfaches von λ ist. Das Hin- und Herreflektieren bedeutet zweimal einen Phasensprung von π, so daß sich keine effektive Phasenverschiebung ergibt. Bei senkrechtem Einfall ist der Unterschied im optischen Weg $2nd$. Eine Verschiebung von λ (minimale Verschiebung) ergibt eine Mindestschichtdicke

$$d = \frac{\lambda}{2n} = \frac{550}{2 \cdot 1.35}\,\text{nm} = 203.7\,\text{nm}.$$

2. Ist β der Einfallswinkel des Strahls, so lautet unsere Bedingung (Fabry–Perot) für ein Maximum

$$2d\sqrt{n^2 - \sin^2\beta} = m\lambda.$$

Die Brechung an der ersten Schicht (ZnS) braucht nicht berücksichtigt werden. Der Strahl wird durch sie nur parallel versetzt und der Winkel innerhalb der Kryolithschicht entspricht einem Übergang Luft/Kryolith. Mit $m = 1$ und λ_0 als durchgelassene Wellenlänge bei senkrechtem Einfall ergibt sich

$$\lambda = \lambda_0\sqrt{1 - \frac{\sin^2\beta}{n^2}}.$$

Einsetzen ergibt

$$\lambda = 550\sqrt{1 - \frac{\sin^2 10°}{1.35^2}}\,\text{nm} = 545.43\,\text{nm}.$$

Die Wellenlänge wird also um $4.57\,\text{nm}$ zu kürzeren Wellenlängen hin verschoben.

4.3   Anwendungen von Beugung und Interferenz

4.3.1   Einleitung

Auflösungsvermögen optischer Geräte

Durch die Beugung wird das Auflösungsvermögen von Spektralapparaten und abbildenden Geräten eingeschränkt.

Bei Spektralapparaten gibt das (spektrale) Auflösungsvermögen den kleinsten Abstand $\Delta\lambda$ zweier Spektrallinien, die noch getrennt werden können. Das *Rayleigh Kriterium* fordert, daß das Beugungsmaximum der einen Linie zumindest in das erste Minimum der anderen Linie fallen muß. Damit ist für ein **Gitter** mit N Strichen in m-ter Ordnung

$$\frac{\lambda}{\Delta\lambda} = m\,N, \tag{4.17}$$

und für ein **Prisma** der (durchleuchteten) Basislänge a

$$\frac{\lambda}{\Delta\lambda} = a\,\frac{\mathrm{d}n}{\mathrm{d}\lambda}. \tag{4.18}$$

In Aufgabe 4.3.5 wird auch die Ortsauflösung eines Beugungsgitters behandelt.
Bei abbildenden Geräten gibt das Auflösungsvermögen den kleinsten Abstand, den zwei Objektpunkte haben können, wenn sie noch getrennt abgebildet werden sollen. Die Eintrittspupille (Durchmesser D) erzeugt ein Beugungsbild, dessen zentrales Maximum als *Beugungsscheibchen* oder *Airy-Scheibchen* bezeichnet wird. Das zentrale Maximum enthält 84% des gesamten Lichtes. Es definiert den *Divergenzwinkel*

$$\Delta\Phi = 1.22\,\frac{\lambda}{D} \tag{4.19}$$

des Lichts. Der Radius r eines Airy-Scheibchens im Abstand a von der Lochblende ist also

$$r = 1.22\,\frac{\lambda}{D}\,a, \tag{4.20}$$

wobei die Näherung $\tan(\Delta\Phi) = \sin(\Delta\Phi) = \Delta\Phi$ benutzt wurde. Gemäss RAYLEIGH ist die Auflösungsgrenze erreicht, wenn das Zentrum des Airy-Scheibchens eines Objekts auf das erste Minimum des anderen fällt. Damit ist die Winkelabstand der Zentren der Airy-Scheibchen der beiden Objekte aber gleich dem Divergenzwinkel. Der bildseitige Winkelabstand entspricht, falls sich auf beiden Seiten der Linse das gleiche Medium befindet, aber auch dem objektseitigen[12]. Also ist die Winkelauflösung durch

$$(\Delta\phi)_{\min} = 1.22\,\frac{\lambda}{D} \tag{4.21}$$

gegeben.

4.3.2 Auflösungsvermögen I

Aufgabe:

Der Abstand Erde–Mond beträgt $3.844 \cdot 10^5$ km.

1. Bis zu welchem Abstand können Sie zwei Objekte auf der Mondoberfläche mit bloßem Auge unterscheiden (Pupillendurchmesser 4 mm, $\lambda = 550$ nm)? Nehmen Sie an, daß das Auge mit Luft gefüllt ist.

2. Bis zu welchem Abstand können Sie zwei Objekte auf der Mondoberfläche mit dem Mt. Palomar Teleskop (Spiegeldurchmesser 5 m, $\lambda = 550$ nm) unterscheiden?

---

[12] Der Zentrumsstrahl einer Linse wird ja dann nicht abgelenkt.

Lösung:

Die Auflösung ist durch eine Lochblende des Durchmessers D beschränkt auf den Winkel

$$\phi = 1.22 \, \frac{\lambda}{D}.$$

Daraus ergibt sich der minimale Abstand x zweier Objekte auf der Mondoberfläche aus $\phi = x/L$, wenn L der Abstand zur Mondoberfläche ist:

$$x = 1.22 \, \frac{L\lambda}{D}.$$

1. Wir setzen $D = 4 \, \text{mm}$ ein und erhalten

$$x = 1.22 \, \frac{3.844 \cdot 10^8 \cdot 550 \cdot 10^{-9}}{4 \cdot 10^{-3}} \, \text{m} = 64.5 \, \text{km}.$$

2. Wir setzen $D = 5 \, \text{m}$ ein und erhalten

$$x = 1.22 \, \frac{3.844 \cdot 10^8 \cdot 550 \cdot 10^{-9}}{5} \, \text{m} = 51.6 \, \text{m}.$$

4.3.3 Auflösungsvermögen II

Aufgabe:

Das gelbe Fluoreszenzlicht von Natrium besteht aus einer Doppellinie bei $5889.95 \, \text{Å}$ und $5895.92 \, \text{Å}$. Die Doppellinie soll mit einem Spektralapparat aufgelöst werden.

1. Wieviele Gitterstriche N eines Beugungsgitters müssen ausgeleuchtet werden?

2. Wie groß muß die durchleuchtete Basislänge a eines Prismas mit der Dispersion $dn/d\lambda = 530 \, \text{cm}^{-1}$ (schweres Flint–Glas) sein?

3. Erklären Sie, wie die angewendeten Ausdrücke für das Auflösungsvermögen abgeleitet werden.

Lösung:

Aus den angegebenen Wellenlängen folgt, daß

$$\Delta\lambda = 5.97 \, \text{Å}.$$

1. Das Auflösungsvermögen eines Gitters mit N Strichen ist

$$\frac{\lambda}{\Delta\lambda} = m \, N.$$

Daraus folgt

$$N = \frac{\lambda}{m\Delta\lambda} = \frac{1}{m} \frac{5889.95}{5.97} \approx 987 \frac{1}{m}.$$

Sollen die beiden Linien also im Maximum 1. Ordnung getrennt sein, so muß das Gitter mindestens 987 Striche haben.

2. Das Auflösungsvermögen eines Prismas der Basislänge a ist

$$\frac{\lambda}{\Delta\lambda} = a\,\frac{\mathrm{d}n}{\mathrm{d}\lambda}.$$

Damit erhalten wir für die Basislänge

$$a = \frac{\lambda/\Delta\lambda}{\mathrm{d}n/\mathrm{d}\lambda} = \frac{987}{530}\,\mathrm{cm} = 1.86\,\mathrm{cm}.$$

3. Die Intensitätsverteilung eines **Gitters** mit N infinitesimal schmalen Spalten ist

$$I = I_0\left(\frac{\sin^2(NC)}{\sin^2 C}\right).$$

Dabei ist $C = \pi a \sin\Theta/\lambda$ die Phasendifferenz zwischen zwei Strahlen aus benachbarten Spalten mit Abstand a. Durch die endliche Spaltbreite wird diese Funktion mit dem Beugungsbild eines Einzelspaltes moduliert. Dadurch können natürlich Maxima verschwinden. Für die Auflösung ist aber nur die Lage der Hauptmaxima (d.h. Nenner $\to 0$) und der benachbarten Nullstellen (d.h. Zähler = 0 und Nenner $\neq 0$) verantwortlich, die durch obige Gleichung beschrieben werden.

Der Ort der Hauptmaxima ist für senkrecht einfallendes Licht

$$a\sin\Theta = \pm m\lambda \qquad \text{mit} \quad m = 0, 1, 2, 3, \cdots$$

und die Lage der <u>unmittelbar benachbarten</u> Nullstellen ist (vgl. Aufgabe 4.1.4)

$$a\sin\Theta = \pm\frac{\lambda}{N} \pm m\lambda.$$

Wir nehmen an, daß Licht der Wellenlängen λ und $\lambda + \Delta\lambda$ aufgelöst werden soll. Dann muß die Nullstelle der einen Wellenlänge genau mit dem Hauptmaximum der anderen übereinstimmen (Rayleigh-Kriterium), also

$$\sin\Theta = \frac{m(\lambda + \Delta\lambda)}{a} \quad \text{(Hauptmaxima)} \quad \text{und} \quad \sin\Theta = \frac{\lambda}{Na} + \frac{m\lambda}{a} \quad \text{(1. Nullstelle)}$$

für die m-te Ordnung. Daraus folgt das spektrale Auflösungsvermögen

$$\frac{\lambda}{\Delta\lambda} = mN.$$

Die größte Änderung des Ablenkwinkels mit der Wellenlänge ergibt sich beim **Prisma** im Fall des symmetrischen Strahlengangs. Hat das Lichtbündel eine Breite b, so entspricht der Beugungseffekt einer Beugung an einem Spalt der Breite b. Das erste Minimum findet sich in diesem Fall bei $\sin\Theta = \pm\lambda/b$. Nach dem Rayleigh-Kriterium muß eine Änderung der Wellenlänge um $\Delta\lambda$ gerade eine

Winkeländerung $\Delta\Theta$ um λ/b bewirken, damit man sie gerade noch auflösen kann. Die Winkeländerung ist

$$\Delta\Theta = \frac{d\Theta}{d\lambda}\,\Delta\lambda = \frac{a}{b}\,\frac{dn}{d\lambda}\,\Delta\lambda,$$

wobei im letzten Schritt auf bekannte Gleichungen für das Prisma zurückgegriffen wurde. Daraus erhalten wir das spektrale Auflösungsvermögen des Prismas

$$\frac{\lambda}{\Delta\lambda} = a\,\frac{dn}{d\lambda}.$$

Die Breite b des Strahlbündels, die ja für die Beugung verantwortlich ist, fällt also raus. Die Basislänge a beeinflußt die Ablenkung nicht die Beugung.

4.3.4   Schärfentiefe

Aufgabe:

Eine "Wegwerf"–Kamera habe als Objektiv eine dünne Linse der Brennweite $f = 35\,\mathrm{mm}$. Die Entfernung läßt sich nicht einstellen, aber es gibt eine dreistufige Blendeneinstellung mit den Symbolen "Sonne" (Blende 16), "leicht bewölkt" (Blende 8) und "stark bewölkt" (Blende 4). Der Abstand zum Film ist so gewählt, daß "unendlich" entfernte Gegenstände scharf abgebildet werden.

1. Berechnen Sie für die angegebenen Blendenstufen den jeweiligen Schärfentiefebereich.

2. Bei welchem Blendendurchmesser würde das Bild bei weiterem Abblenden aufgrund der Beugung unscharf?

Hinweis: Im Standardsehabstand sind für das Auge Punkte, die näher als $0.1\,\mathrm{mm}$ beieinanderliegen nicht unterscheidbar. Das Bild soll nicht vergrößert werden.

Lösung:

1. Die Berechnung der Schärfentiefe hat nichts mit Beugung zu tun, sondern kann mit Hilfe der geometrischen Optik erfolgen. Laut Angabe soll auf ∞ scharf gestellt sein, d.h. der Film befindet sich in der Brennebene. Die Blende ist gegeben als f/D, wobei D der Durchmesser der Blendenöffnung ist. Befindet sich ein Punkt auf der optischen Achse, so ist seine Abbildung auf der Filmebene ausreichend scharf, wenn der Bilddurchmesser höchstens gleich $d = 0.1\,\mathrm{mm}$ ist. Daraus ergibt sich die untere Grenze des Schärfentiefebereichs, dessen obere Grenze immer "∞" ist.

Wie man anhand von Bild 4.6 sieht, gilt

$$\frac{D/2}{b} = \frac{d/2}{b-f} \rightsquigarrow D(b-f) = bd.$$

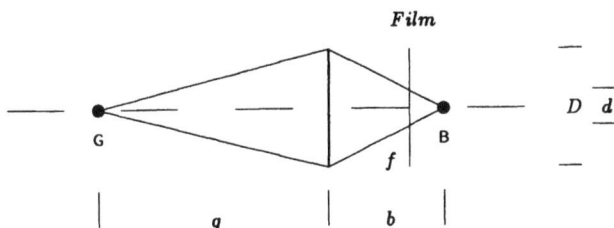

Bild 4.6: Die Schärfentiefe ist begrenzt durch den maximal erlaubten Durchmesser des Abbilds eines Punkts auf der Filmebene.

Daraus erhalten wir für die Bildweite b

$$b = \frac{Df}{D-d}.$$

Dieses Ergebnis setzen wir in die *Gaußschen Linsenformel*

$$\frac{1}{g} + \frac{1}{f} = \frac{1}{b}$$

ein:

$$\frac{1}{g} = \left(\frac{D-d}{Df}\right) - \frac{1}{f}$$

$$= \frac{1}{f}\left[\left(\frac{D-d}{D}\right) - 1\right]$$

$$= -\frac{1}{f}\frac{d}{D}.$$

Also ist

$$g = -\frac{Df}{d} = -\frac{f^2}{d \cdot \text{Blendenwert}}.$$

Das Vorzeichen entspricht unserer Vorzeichenkonvention (siehe S. 88). Einsetzen ergibt folgende Schärfentiefebereiche (jetzt als positive Werte):

Blende	4	8	16
Bereich	$3.063\,\text{m}\ldots\infty$	$1.531\,\text{m}\ldots\infty$	$0.766\,\text{m}\ldots\infty$

2. Für das Airy–Scheibchen können wir ebenfalls eine Größe bis $0.1\,\text{mm}$ zulassen. Es hängt allerdings von der Wellenlänge ab und wir setzen für diese $700\,\text{nm}$ (rotes Licht) ein. Der kleinst mögliche Blendendurchmesser ist dann also

$$D = 2 \cdot 1.22\,\frac{\lambda}{d}\,f.$$

Daraus folgt als maximaler Durchmesser $D \approx 0.6\,\text{mm}$, was einem Blendenwert von ≈ 58 entspricht.

4.3.5 Radioastronomie

Aufgabe:

Der Durchmesser der Sonne beträgt $1.39 \cdot 10^6$ km und ihr Abstand von der Erde beträgt etwa $150 \cdot 10^6$ km. Große Sonnenflecken erreichen Durchmesser von bis zu $5 \cdot 10^4$ km. Zur Untersuchung der Sonnenflecken benutzt man Strahlung mit Wellenlängen im Meterbereich. Nehmen Sie eine Wellenlänge vom 2 m an.

1. Welchen Durchmesser müßte der Reflektor eines Radioteleskops haben mit dem man Sonnenflecken auflösen kann?

2. Welche Winkelauflösung hat ein Radiointerferometer (ebenfalls für 2 m–Strahlung), das aus zwei Teleskopen im Abstand von 20 km besteht? Können Sie damit Sonnenflecken untersuchen? Betrachten Sie dazu die Teleskope als punktförmige Empfänger.

3. Das erste Radiointerferometer bestehend aus einer größeren Zahl von Teleskopen wurde 1951 in Australien gebaut. Es arbeitete mit 21 cm–Wellen und bestand aus 32 Antennen im Abstand von jeweils 7 m. Welche Winkelauflösung hatte diese Anlage? Die Antennen können wieder als punktförmig betrachtet werden.

4. Berechnen Sie zum Vergleich die Winkelauflösung des Spiegelteleskops auf dem Mt. Palomar für $\lambda = 550$ nm. Es hat einen Spiegeldurchmesser von 5 m.

Lösung:

Die Radioastronomie begann mit der Untersuchung von Hintergrundgeräuschen im Wellenlängenbereich um 15 m durch KARL JANSKY. Diese Arbeit wurde von den *Bell Labs* in Auftrag gegeben und war Teil von Entwicklungen in der Radiotechnik. Im Jahr 1933 fand JANSKY, daß ein Teil der Störungen aus der Richtung des Zentrums unserer Galaxis kommt. Diese Art von Signal war neu, da bis dahin in der Radiotechnik nur größere Wellenlängen Verwendung fanden, die an der Ionosphäre reflektiert werden.

Große Fortschritte machte die Radioastronomie während des 2. Weltkriegs aufgrund der Weiterentwicklung der Radartechnik. Nach dem Krieg standen viele ausgediente Radargeräte für die Radioastronomie zur Verfügung.

Die Radioastronomie untersucht Strahlung im Millimeter– bis Meter–Bereich. Zunächst baute man nur Radioteleskope (erste Teilaufgabe). Aufgrund der großen Wellenlängen ist deren Winkelauflösung aber relativ schlecht. Einen Ausweg stellten die Radiointerferometer dar. Diese bestehen aus einem Paar von Teleskopen oder, um einen weiteren Schnitt durch das Objekt zu erhalten, aus zwei Paaren, die aufeinander senkrecht stehen. Ein weitere Variante, die aus den Forderungen nach hoher Empfindlichkeit, hoher Auflösung und Beweglichkeit entstand, ersetzt das Paar durch eine größere Anzahl von Teleskopen. Das erste Teleskop der letztgenannten Art ist in der dritten Teilaufgabe beschrieben und wurde von W.N. CHRISTIANSEN gebaut.

Übrigens sind heute bestimmte Wellenlängenbereiche für die Radioastronomie reserviert. Allerdings besteht immer das Problem künstlicher Störungen, da diese sehr vielfältig sein können (vom Leck im Mikrowellenofen bis zu Raumfahrtexperimenten).

1. Die bekannteste Form eines Radioteleskope ist die Paraboloid–Antenne. Ihr Äquivalent in der Lichtoptik ist das Spiegelteleskop (Reflektor). Obwohl die Physik beider Geräte gleich ist, wird sie in Büchern der Lichtoptik anders beschrieben als in denen der Radioastronomie oder Radiotechnik. Ein lichtoptisches Teleskop wird durch sein Beugungsbild beschrieben, während ein Radioteleskop durch sein Polardiagramm beschrieben wird. Letzteres ist die Empfindlichkeit ($\propto$ Ausgabespannung) des Radioteleskops in Abhängigkeit vom Polarwinkel. Beides beinhaltet natürlich die gleiche Information. Genauso wird auch das Rayleigh-Kriterium zur Bestimmung der Auflösung in beiden Fällen verwendet. Zwei Punktquellen können also unterschieden werden, wenn sich die eine auf der optischen Achse und die andere in Richtung der ersten Nullstelle befindet. Beim $\lambda/2$–Dipol (PHYSIK II) ist z.B. der Winkel zwischen den "ersten" Nullstellen gerade 180°. Bei einer Paraboloid–Antenne entspricht er dem Winkel zwischen den ersten Minima der Beugungsfigur einer Lochblende (Teleskop), also $2 \cdot 1.22\, \lambda/D$. Dabei ist D der Durchmesser der Reflektorschüssel. Die Haupt- und Nebenkeulen des Polardiagramms entsprechen dem Airy–Scheibchen und den Beugungsringen, die wir von der Lochblende kennen. Für die Auflösung erhalten wir also

$$\phi = 1.22\, \frac{\lambda}{D}.$$

Zur Beobachtung der Sonnenflecken (Durchmesser d, Abstand l) benötigen wir eine Auflösung (Bogenmaß)

$$\phi \approx \frac{d}{l} = \frac{5 \cdot 10^4}{150 \cdot 10^6} = \frac{1}{30} \cdot 10^{-2} = 0.33 \cdot 10^{-3}$$

und somit bei einer Wellenlänge von $\lambda = 2\,\mathrm{m}$ einen Durchmesser

$$D = 1.22\, \frac{\lambda}{\phi} = 7393.9\,\mathrm{m}.$$

Selbst wenn die Auflösung nur für die Sonne ausreichen soll, brauchen wir bereits eine Schüssel mit einem Durchmesser von mehr als 260 m.

Die großen Wellenlängen haben allerdings den Vorteil, daß die Anforderungen an die Qualität der Oberfläche weit geringer sind als im lichtoptischen Bereich. Im allgemeinen fordert man, daß die Abweichung von der idealen Fläche kleiner als $\lambda/8$ ist, um ohne Einfluß auf die Rayleighauflösung zu sein. In der Praxis sind Radioteleskope auf $\lambda/20$ genau gebaut, da die tatsächliche Auflösung etwas besser als die grobe Rayleigh–Abschätzung ist. Das bedeutet natürlich auch, daß die Oberfläche ein Drahtgeflecht mit Abständen $< \lambda/20$ sein kann. Das vereinfacht die Konstruktion eines Radioteleskops ganz wesentlich.

Als Antennen werden für längere Wellenlängen *Yagi–Antennen* (Dipol mit Reflektor und Direktoren) und für für kürzere Hornantennen (Horn mit anschließendem Wellenleiter) benutzt. Bewegliche Radioteleskope wurden bis 100 m und feststehende bis 300 m Durchmesser gebaut.

2. Zwei Radioteleskope in einer Interferometeranordnung mischen im allgemeinen nicht das Radiosignal, sondern ihr elektrisches Ausgabesignal. Die Interferenz zeigt sich also in den elektrischen Signalen.

Wir können als lichtoptisches Äquivalent das Interferenzbild zweier Lochblenden in Fraunhoferscher Geometrie betrachten[13]. Unsere Radioquelle ersetzen wir durch eine Lichtquelle, so daß durch die beiden Lochblenden kohärentes Licht fällt. Die Intensitätsverteilung entlang dem Radius der Bildebene entspricht also der eines Doppelspaltes in Fraunhoferscher Geometrie. Die Interferenzstreifen sind mit der Beugungsfigur des Einzelspaltes moduliert (Bild 4.2).

Genau dasselbe Bild erhält man mit Radioantennen. Allerdings können wir in einer bestimmten Position der Antenne nur die einfallende Intensität messen, da wir ja keinen ortsauflösenden Detektor zur Verfügung haben. Um das Interferenzmuster sehen zu können, müssen wir den Himmel "scannen" oder die Bewegung der Radioquelle nutzen.

Richtet man eine Radioantenne so aus, daß die Punktquelle genau auf der optischen Achse liegt, so mißt man die Intensität des zentralen Maximums des Doppelspalts. Gibt es aber eine Wegdifferenz, so messen wir die Intensität an einer anderen Stelle des Interferenzmusters. Vernachlässigen wir elektronisch[14] verursachte Wegdifferenzen, so ist die Ursache dafür der Neigungswinkel der Radioquelle zur Interferometerachse. Dieser Neigungswinkel ändert sich natürlich aufgrund der Erdrotation. Die Änderungsrate ist aber nicht konstant, so daß wir nicht exakt das Doppelspaltmuster erhalten werden.

Eine andere Möglichkeit besteht in der Verfolgung des Objekts mit dem Interferometer. Die Radioteleskope werden also auf das Objekt ausgerichtet und die Intensität wechselt mit der Zeit zwischen maximaler (zentraler) Intensität und Null abhängig vom momentanen Neigungswinkel. Zur Vereinfachung sei angenommen, daß sich das Objekt entlang der Interferometerachse bewegt. Zwischen Auf- und Untergang einer Radioquelle beobachtet man bei einer Wellenlänge von 0.2 m und einem Teleskopabstand von 1 km etwa 10^4 Interferenzstreifen. Bewegt sich das Objekt senkrecht zur Interferometerachse, so kann es nicht aufgelöst werden.

Haben wir jetzt zwei Radioquellen im Winkelabstand β, so messen wir die Summe zweier Interferenzsignale, da die beiden Quellen inkohärent sind. Um uns die Messung klar zu machen, betrachten wir einen Spezialfall. Das Ganze spiele sich in Ost-West-Richtung am Äquator ab. Der Winkelabstand der Objekte sei klein (nahe der Auflösung des Interferometers). Außerdem seien die Signale der Quellen gleich groß. Beim Aufgehen der Radioquellen können wir sie folglich nicht unterscheiden, da der scheinbare Winkelabstand zu klein ist. Die beiden Intensitäten addieren sich also zur doppelten Intensität eines einzelnen Objekts. Während ihrer Bewegung über den Himmel erreicht die Weglängendifferenz der

---

[13] In der Praxis wird das Interferenzbild natürlich durch eine Linse in deren Brennebene erzeugt. Dieser Teil entspricht der Elektronik unseres Radiointerferometers.

[14] Laufzeiten der Signale z.B. in den Kabeln.

Objekte ein Maximum im Zenit und wird wieder klein bei ihrem Untergang. Dementsprechend durchläuft die Signalamplitude ein Minimum, um dann wieder zur Intensität wie beim Aufgang der Objekte anzuwachsen. Man erkennt daraus, daß die Auflösung des Radiointerferometers durch den Winkel $\beta_{\min}$ gegeben ist, bei dem die maximale Verschiebung der Einzelsignale gerade $\lambda/2$ ist:

$$\beta_{\min} = \frac{\lambda}{2s}.$$

Dabei ist s der Abstand der beiden Teleskope. Dies ist aber gerade das Rayleigh–Kriterium für zwei Schlitze im lichtoptischen Fall.

Für unserer Fall ergibt sich eine Auflösung

$$\beta_{\min} = \frac{2}{2 \cdot 20 \cdot 10^3} = 0.05 \cdot 10^{-3}.$$

Wir können damit also Sonnenflecken untersuchen, da wir für sie eine Mindestauflösung von $0.33 \cdot 10^{-3}$ gefordert haben.

3. Für ein Gitter aus N punktförmigen Sendern im Abstand d ist die Lage der ersten Nullstelle gegeben durch

$$\sin \Theta = \frac{\lambda}{Nd},$$

wenn sich unser erstes Objekt auf der optischen Achse befindet (die Radiowellen also senkrecht einfallen).

Die Radiowellen des zweiten Objekts sollen unter einem Winkel $\Theta_e \neq 0$ einfallen. Dann befindet sich das Maximum der Ordnung $m = 0$ seines Interferenzbildes bei

$$\sin \Theta - \sin \Theta_e = \frac{m\lambda}{d} = 0,$$

also ist $\Theta = \Theta_e$. Die Strahlen fallen beim Maximum 0.ter Ordnung geradlinig durchs Gitter. Gemäß dem Rayleigh–Kriterium soll dieses Maximum auf die erste Nullstelle des Bildes des ersten Objekts fallen. Die Auflösung ist also durch die Lage dieser Nullstelle gegeben.

Wir setzen $\sin \Theta \approx \Theta$ und erhalten mit den gegebenen Zahlenwerten

$$\Theta \approx \frac{\lambda}{Nd} = \frac{21 \cdot 10^{-2}}{32 \cdot 7} = 9.375 \cdot 10^{-4}.$$

4. Aus

$$(\Delta\phi)_{\min} = 1.22 \frac{\lambda}{D}$$

ergibt sich eine Winkelauflösung von $(\Delta\phi)_{\min} = 1.34 \cdot 10^{-7}$rad. Das sind 0.0276 Bogensekunden. Der Mars hat von der Erde aus einen Winkeldurchmesser von 18 Bogensekunden.

4.4 Die Polarisation von Licht

4.4.1 Einleitung

Die Polarisation von Licht wurde bereits in Abschnitt 2.5 angesprochen. Dort haben wir bereits den *Polarisations-* oder *Brewster-Winkel* kennengelernt und in den Aufgaben wurde ein Polarisator bestehend aus planparallelen Glasplatten behandelt, der die Reflexion am (oder nahe am) Brewster-Winkel zur Polarisation ausnutzt.

Ein *linearer Polarisator* läßt nur Licht durch, daß parallel zu seiner *Transmissionsachse* schwingt.

Optisch anisotrope Materialien

Viele Polarisatoren nutzen die optische Anisotropie von Materialien. Dazu gehört die *Doppelbrechung*, der *Dichroismus* (ein Spezialfall der Doppelbrechung) und die *optische Aktivität*.

Lineare Doppelbrechung   Dieser Effekt wird i.a. nur mit *Doppelbrechung* überschrieben. Im folgenden wird nur auf einachsig doppelbrechende Materialien eingegangen. Dazu gehören alle trigonalen, tetragonalen und hexagonalen Kristalle. Ein bekanntes Beispiel ist Calcit[15] (Kalkspat). Diese Kristalle haben eine *optische Achse*, die eine Richtung optischer Isotropie darstellt. Stimmt die Einfallsrichtung des Strahls mit dieser Achse überein, so erfolgt keine Doppelbrechung. Für alle anderen Einfallsrichtungen zerlegen doppelbrechende Kristalle den einfallenden Strahl in zwei senkrecht zueinander polarisierte Teilstrahlen. Der eine Teil gehorcht dem *Snelliusschen Brechungsgesetz* und heißt deshalb *ordentlicher Strahl*[16], der andere verletzt das Snelliussche Brechungsgesetz und heißt deshalb *außerordentlicher Strahl*[17].

> Der *ordentliche Strahl* ist senkrecht zur optischen Achse linear polarisiert, während der *außerordentliche Strahl* parallel zur optischen Achse linear polarisiert ist.

Der Brechungsindex n_{ao} des außerordentlichen Strahls ist eine Funktion der Ausbreitungsrichtung. Liegt die Ausbreitungsrichtung in einer Ebene senkrecht zur optischen Achse, so ist der Unterschied zum richtungsunabhängigen Brechungsindex n_o des ordentlichen Strahls am größten. I.a. wird dieser Wert von n_{ao} angegeben. Ist $n_o < n_{ao}$ so bezeichnet man den Kristall als *optisch positiv*. Im anderen Fall, also für $n_o > n_{ao}$, spricht man von *optische negativen* Kristallen.

Zwei spezielle Geometrien sind wichtig:

- Ist die Einfallsrichtung parallel zur optischen Achse, so gibt es keine Doppelbrechung.

---

[15] ERASMUS BARTHOLIN (1625–1698) entdeckte die Doppelbrechung im Jahr 1669 am isländischen Kalkspat.

[16] Besser wäre die Bezeichnung *gewöhnlicher* (franz. "ordinaire") bzw. *ungewöhnlicher* (franz. "extraordinaire") Strahl.

[17] Dieser Strahl wird i.a. auch bei senkrechtem Einfall abgelenkt. Er verletzt das Reflexionsgesetz und liegt i.a. nicht in der Einfallsebene.

- Ist die Einfallsrichtung senkrecht zur optischen Achse, so laufen ordentlicher und außerordentlicher Strahl parallel, werden aber gegeneinander phasenverschoben.

Der Grund für die Eigenschaften des außerordentlichen Strahles ist, daß bei ihm, aufgrund der Anisotropie des Kristalles, die Richtung der Wellennormale i.a. nicht mit der Richtung des Strahlungsflußes übereinstimmt.

Auch isotrope Kristalle können z.B. durch mechanische Spannung (*Spannungsdoppelbrechung*), elektrische Felder (*Kerr-Effekt*) oder magnetische Felder (*Cotton-Mouton-Effekt*) doppelbrechend werden.

Optische Aktivität (zirkulare Doppelbrechung)   Als optische Aktivität bezeichnet man die Drehung der Polarisationsebene linear polarisierten Lichts beim Durchgang durch das Material. Je nach Drehrichtung unterscheidet man rechts- und linksdrehendes Material.

In optisch aktiven einachsigen Kristallen gibt es, im Gegensatz zu den inaktiven, keine Richtung in der die Brechungsindizes von ordentlichem und außerordentlichem Strahl exakt gleich sind. Entlang der optischen Achse sind sie nur "fast gleich". Außerdem sind ordentlicher und außerordentlicher Strahl nur bei Ausbreitung senkrecht zur optischen Achse linear polarisiert und verhalten sich wie im inaktiven doppelbrechenden Material. In Richtung der optischen Achse sind beide Strahlen zirkular in entgegengesetzter Richtung polarisiert und sie bewegen sich mit unterschiedlicher Geschwindigkeit. Deshalb dreht sich die Polarisationsebene eines linear polarisierten Strahls, der sich parallel zur optischen Achse ausbreitet. Der Drehwinkel ist direkt proportional zur Plattendicke. *Das Ergebnis ist in diesem Fall immer ein linear polarisierter Lichtstrahl ganz im Gegensatz zur linearen Doppelbrechung.* Ein wichtiger Vertreter der optisch aktiven Materialien ist Quarz.

Dichroismus   Hierunter versteht man allgemein die selektive Absorption einer der beiden orthogonalen linear polarisierten Komponenten der einfallenden Lichtwelle. Die Farbe des Kristalls hängt deshalb von der Schwingungsrichtung des einfallenden Lichtes ab, woraus sich der Name *Dichroismus* erklärt.

Eine Sonderstellung nimmt der *Dichroismus* nur ein, wenn man sich auf das sichtbare Spektrum beschränkt. Betrachtet man dagegen das ganze Spektrum, so ist Doppelbrechung immer mit Dichroismus verbunden, da ordentlicher und außerordentlicher Strahl verschiedene Dispersionskurven mit charakteristischen Absorptionsgebieten haben.

Ein bekannter Vertreter dichroitischer Kristalle ist grüner Turmalin. Er absorbiert Licht, das senkrecht zu seiner *optischen Achse* polarisiert ist, bereits bei einer Schichtdicke von 1 mm fast vollständig.

Malussches Gesetz

Trifft linear polarisiertes Licht mit der Amplitude E_0 auf einen Polarisator (Analysator), dessen Durchlaßrichtung den Winkel φ mit der Polarisationsrichtung bildet, so ist leicht ersichtlich, daß für die durchgelassene Amplitude E' gilt: $E' = E_0 \cos \varphi$. Folglich ist die durchgelassene Intensität durch.

$$I(\varphi) = I_0 \cos^2 \varphi \qquad (4.22)$$

gegeben. Das ist das *Malussche Gesetz*[18].

4.4.2 Dichroismus

Aufgabe:

Ein Drahtgitterfilter besteht aus vielen parallel gespannten Drähten. Unpolarisierte Mikrowellen sollen senkrecht auf dieses Gitter fallen. In welcher Richtung ist die durchgelassene Lichtwelle polarisiert und warum?

Lösung:

Die Welle ist senkrecht zu den Drähten polarisiert. Die Komponente der Welle, die parallel zu den Drähten polarisiert ist, beschleunigt die Elektronen in den Drähten. Durch Stöße mit Gitteratomen wird Energie in Wärme umgewandelt. Außerdem reemittieren die beschleunigten Elektronen die Welle, was zu einer teilweisen Auslöschung der einfallenden Welle führt (Phase!).
Solche Drahtgitter wurden 1888 von HEINRICH HERTZ zur Untersuchung der Eigenschaften von Röntgenwellen benutzt. im Bereich des sichtbaren Lichtes wirken dichroitische Kristalle in ähnlicher Weise.

4.4.3 Brewster Fenster

Aufgabe:

Die atomphysikalische Grundlage des *Lasers* ist die *stimulierte Emission*. Bei ihr wird der Übergang (= Emission eines Wellenzuges) eines Atoms von einem angeregten Zustand in einen Zustand niedrigerer Energie durch einen vorhandenen elektromagnetischen Wellenzug der gleichen Frequenz ausgelöst. Beide Wellenzüge sind anschließend in Phase und haben die selbe Polarisation und Ausbreitungsrichtung. Dies begründet die außergewöhnlichen Eigenschaften von Laserlicht.
Da die auslösenden Wellenpakete zunächst einmal durch spontane Emission entstanden sind, haben sie natürlich verschiedene Richtungen, Polarisationen und Phasen. Wichtig ist deshalb nicht nur die stimulierte Emission, sondern auch die Verwendung eines Laser-Resonators, im wesentlichen bestehend aus zwei planparallelen Spiegeln, so daß sich senkrecht zu diesen Spiegeln ein intensiver, hochkollimierter Lichtstrahl aufbauen kann (Licht in andere Richtungen geht verloren). Das Licht ist aber natürlich nicht polarisiert.
Zu Beginn der Entwicklung der HeNe-Laser (bis etwa 1970) war es nicht möglich die Spiegel direkt der Entladung innerhalb der Laserröhre auszusetzen. Erst in neuerer Zeit konnten entsprechend widerstandsfähige Beschichtungen entwickelt werden. Also mußte die Laser-Röhre durch ein Fenster abgeschlossen werden. Überlegen Sie wie Sie durch geschickte Anordnung dieses Fensters zusätzlich lineare Polarisation des Laserlichts erreichen können.

---

[18] ETIENNE MALUS (1775–1812).

Lösung:

Man baut das Fenster schräg zur Achse der Röhre ein und zwar so, daß es unter dem Brewsterwinkel (= Polarisationswinkel) zur Achse steht. In diesem Fall ist der Reflexionskoeffizient $r_\parallel$ der Komponente des elektrischen Feldes parallel zur Einfallsebene gleich Null. Die Parallelkomponente wird also vollständig transmittiert, während die Komponente senkrecht zur Einfallsebene teilweise reflektiert wird und zwar aus der Achse des Lasers heraus, so daß es verlorengeht. Auf diese Weise baut sich sehr schnell ein vollständig polarisierter Strahl auf, d.h. die senkrechte Komponente fehlt völlig.

Übrigens wäre ein einfaches Fenster in jedem Fall unvorteilhaft, da beim Durchgang durch ein Fenster etwa 4% Intensität verloren gehen. Muß das Licht jedesmal ein Fenster durchlaufen um den Spiegel des Laserresonators zu erreichen, so wäre dies mit erheblichen Intensitätsverlusten verbunden. Das Brewsterfenster war also auch ein Trick um die Intensitätsverluste niedrig zu halten.

4.4.4   Gekreuzte Polarisatoren

Aufgabe:

Zwei lineare (und ideale) Polarisatoren seien um 90° verdreht hintereinander aufgebaut. Die Transmissionsachse des einen sei vertikal, die des anderen horizontal. Durch diese Anordnung geht selbstverständlich kein Licht. Es soll jetzt ein dritter Polarisator zwischen die beiden ersten gestellt werden, dessen Transmissionsachse beliebig eingestellt werden kann. Der Einstellwinkel Θ wird gegen die Vertikale gemessen.

1. Wie groß ist die Ausgangsintensität I als Funktion der einfallenden Intensität I_e unpolarisierten Lichtes und des Einstellwinkels Θ ?

2. Für welchen Winkel wird die Transmission maximal?

Lösung:

Zur Lösung dieser Aufgabe benutzen wir das Malussche Gesetz

$$I(\varphi) = I_0 \cos^2 \varphi.$$

Es beschreibt die Intensität von linear polarisiertem Licht, nachdem es einen Analysator passiert hat, dessen Durchlaßrichtung den Winkel φ mit der Polarisationsrichtung des einfallenden Lichts bildet.

Fehlt der mittlere Polarisator, so gilt für den zweiten Polarisator immer $\varphi = 90°$. Der zweite Polarisator läßt kein Licht durch.

1. Wir nehmen jetzt an, daß das Licht durch den ersten Polarisator senkrecht polarisiert wird. Vor dem ersten Polarisator ist das Licht unpolarisiert und kann folglich in zwei linear polarisierte Komponenten mit jeweils der Intensität $I_e/2$ zerlegt werden. Eine dieser Komponenten geht durch den Polarisator.

Der mittlere Polarisator bildet den Winkel Θ mit der Vertikalen. Er läßt folglich die Intensität

$$I(\Theta) = \frac{I_e}{2}\cos^2\Theta$$

durch, da, aufgrund der gewählten Geometrie, gilt: $\varphi = \Theta$. Das Licht ist jetzt unter dem Winkel Θ zur Vertikalen polarisiert und wird deshalb vom letzten Polarisator (Analysator) wieder teilweise durchgelassen. Für die durchgelassene Intensität ergibt sich wiederum aus dem Malusschen Gesetz

$$\begin{aligned} I_t(\Theta) &= I(\Theta)\cos^2(90^\circ - \Theta) \\ &= \frac{I_e}{2}\cos^2\Theta\cos^2(90^\circ - \Theta) \\ &= \frac{I_e}{2}\cos^2\Theta\sin^2\Theta. \end{aligned}$$

Durch geschickte Anwendung der Additions- und Multiplikationsregeln für trigonometrische Funktionen läßt sich dies noch weiter umformen. Wir verwenden dazu die Identitäten $\sin^2\alpha = 1/2(1 - \cos(2\alpha))$ und $\cos^2\alpha = 1/2(1 + \cos(2\alpha))$. Nach Ausmultiplizieren erhalten wir

$$I = \frac{I_e}{8}\left(1 - \cos^2(2\Theta)\right)$$

oder nach nochmaliger Anwendung

$$I = \frac{I_e}{16}\left(1 - \cos(4\Theta)\right)$$

2. Die Intensität ist offensichtlich Null für $\Theta = 0$. Das erste Maximum der Intensität erhalten wir für $\Theta = 45^\circ$. Das nächste Minimum ist bei $\Theta = 90^\circ$ usw. Der Verlauf ist in Bild 4.7 dargestellt.

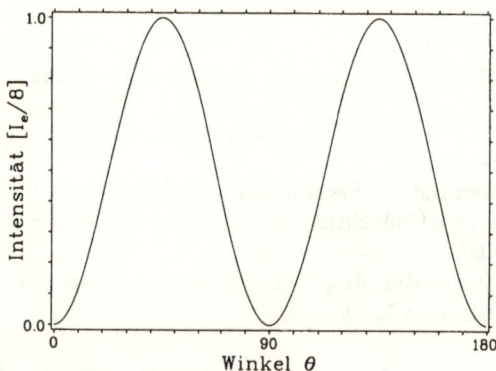

Bild 4.7: Intensitätsverlauf in Einheiten von $I_e/8$ in Abhängigkeit von der Einstellung des mittleren Polarisators.

4.4.5 Das Wollaston–Prisma

Aufgabe:

Quarz ist ein doppelbrechender Kristall mit $n_o = 1.544$ und $n_{ao} = 1.553$. Verbindet man zwei Quarzprismen mit Glyzerin so, daß ihre optischen Achsen aufeinander senkrecht stehen, so entsteht ein *Wollaston–Prisma*, das als Strahlteiler wirkt. Die optischen Achsen sind dabei jeweils parallel zur Ein- bzw. Austrittsfläche des Lichts. Unpolarisiertes Licht fällt senkrecht auf das erste Prisma.

1. Wie wird ein einfallendes unpolarisiertes Lichtbündel in ein ordentliches und außerordentliches Bündel aufgespalten?

2. Wie groß ist der Winkel zwischen den beiden Lichtstrahlen hinter dem Prisma, wenn der Keilwinkel 15° beträgt?

Lösung:

Das Wollaston–Prisma ist ein Polarisationsprisma. Polarisationsprismen nutzen i.a. das Prinzip der Doppelbrechung. Sie bestehen aus zwei oder mehreren Teilprismen. Als Material wird meist Kalkspat oder Quarz verwendet. Sie zerlegen unpolarisiertes Licht in zwei senkrecht zueinander linear polarisierte Anteile. Oft wird nur einer dieser Anteile durchgelassen, wie beim *Nicolschen Prisma* oder beim *Glen–Thompson Prisma*. Das Wollaston–Prisma dagegen läßt beide Anteile durch.

1. Der Lichtstrahl fällt senkrecht zur Grenzfläche des Prismas ein. Da die optische Achse parallel zur Grenzfläche ist, steht der Lichtstrahl damit auch senkrecht auf die optische Achse. In dieser speziellen Geometrie wird weder der außerordentliche noch der ordentliche Strahl gebrochen. Zudem wirkt in dieser Anordnung der optisch aktive Quarz wie ein inaktiver doppelbrechender Kristall, d.h. ordentlicher (o–) und außerordentlicher (ao–) Strahl sind linear polarisiert. Die beiden Komponenten werden phasenverschoben, was aber keinen Einfluß auf die Funktion des Prismas hat. Auf das zweite Teilprisma trifft der Lichtstrahl unter einem Winkel von 15° auf. Jetzt sind zwei Punkte wichtig:

   • Die optische Achse im zweiten Teilprisma ist senkrecht zur optischen Achse im ersten. Der o–Strahl wird also zum ao–Strahl und umgekehrt.

   • Die optische Achse im zweiten Teilprisma steht senkrecht auf die Einfallsebene. Das Snelliussche Gesetz darf deshalb auch auf den außerordentlichen Strahl angewendet werden[19].

   Für Quarz ist $n_o = 1.54$ und $n_{ao} = 1.55$. Deshalb geht beim Rollentausch, der beim Übergang vom ersten ins zweite Teilprisma stattfindet, der ursprüngliche o–Strahl vom optisch dünneren ins optisch dichtere Medium über, während der ao–Strahl vom dichteren ins dünnere übergeht. Der erste wird folglich vom Lot weggebrochen und der zweite zum Lot hin.

---

[19] Auch die ao–Elementarwellen besitzen kreisförmige Querschnitte (siehe Huygenssches Prinzip).

2. Da wir das Snelliussche Gesetz anwenden dürfen, gilt

$$n_o \sin 15° = n_{ao} \sin \Theta'_{ao}$$

und

$$n_{ao} \sin 15° = n_o \sin \Theta'_o.$$

Einsetzen ergibt

$$\sin \Theta'_{ao} = 0.2603, \qquad \sin \Theta'_o = 0.2573.$$

Die zugehörigen Winkel zum Lot sind 15.09° und 14.91°. Die Einfallswinkel für die Austrittsseite sind folglich jeweils 0.09° zu verschiedenen Seiten des Lots. Beim Austritt aus dem Prisma werden beide Lichtstrahlen vom Lot weggebrochen, da sie ins optisch dünnere Medium übergehen. Nach nochmaliger Anwendung des Snelliusschen Gesetzes erhalten wir die Ausfallswinkel. Der Winkel zwischen den polarisierten Ausgangsstrahlen ergibt sich zu 0.277°.

4.4.6   Phasenverschiebungs–Plättchen

Aufgabe:

Ein Phasenverschiebungs–Plättchen ist eine doppelbrechende einachsige Kristallplatte mit der optischen Achse parallel zur Grenzfläche. Das Licht fällt senkrecht auf das Plättchen. Beim Durchgang durch die Platte werden ordentlicher und außerordentlicher Strahl gegeneinander phasenverschoben.

1. Wie groß ist der Phasenunterschied als Funktion der Plattendicke d?

2. Welche Dicke benötigen Sie für ein $\lambda/2$–Plättchen für Licht der Wellenlänge $\lambda = 5876\,\text{Å}$, $n_o = 1.65$ und $n_{ao} = 1.48$?

3. Ein Plättchen aus Kalkspat befinde sich zwischen zwei parallel ausgerichteten Polarisatoren. Welche Lage der optischen Achse zur Polarisationsrichtung und welche Phasenverschiebung werden benötigt, damit die Anordnung für Licht bestimmter Wellenlängen undurchlässig wird?

4. Diese Anordnung kann zum Trennen der beiden Natrium–D–Linien benutzt werden. Wie dick muß das Phasenverschiebungs–Plättchen dazu sein?

$\lambda(\text{Å})$:	5876	5893
n_{ao}:	1.48647	1.48641
n_o:	1.65846	1.65836

Hinweis: Der Aufbau soll für Licht der Wellenlänge $\lambda = 5876\,\text{Å}$ maximal durchlässig sein und für die zweite Linie undurchlässig.

Lösung:

1. Die optischen Wege sind $n_\text{o}d$ für den ordentlichen und $n_\text{ao}d$ für den außerordentlichen Strahl. Die optische Wegdifferenz ist also

$$\Delta = (n_\text{o} - n_\text{ao})\, d.$$

Dividieren wir diesen Ausdruck durch die Wellenlänge der Strahlung, so erhalten wir die Anzahl der Wellenlängen, um die die beiden Wellen gegeneinander verschoben sind. Die Verschiebung um eine volle Wellenlänge entspricht einer Phasenverschiebung um 2π. Also ist der Phasenunterschied

$$\Delta\phi = \frac{2\pi}{\lambda}\,(n_\text{o} - n_\text{ao})\, d.$$

2. Setzen wir $\Delta = \lambda/2$, so erhalten wir

$$d = \frac{587.6 \cdot 10^{-9}}{2}\,(1.65 - 1.48)^{-1}\,\text{m}$$

und somit ist $d = 1.73 \cdot 10^{-6}\,\text{m}$.

3. Kann nur funktionieren, wenn die optische Achse einen Winkel von 45° mit der Transmissionsachse bildet und es sich um ein $\lambda/2$–Plättchen handelt. Genau dann wird die Polarisationsrichtung um 90° gedreht.

4. Die Intensität ist am größten, wenn ordentlicher und außerordentlicher Strahl um ein ganzzahliges Vielfaches von 2π phasenverschoben werden, also

$$d\,(n_\text{o} - n_\text{ao}) = m\lambda,$$

wobei m eine ganze Zahl ist ($m = 1, 2, 3\ldots$). Die Polarisationsrichtung bleibt dann unverändert und der zweite Polarisator läßt die Welle durch. Andererseits verschwindet die Intensität völlig, wenn

$$d\,(n'_\text{o} - n'_\text{ao}) = \left(m \pm \frac{1}{2}\right)\lambda',$$

da die beiden Teilstrahlen dann gerade um $\pi/2$ phasenverschoben sind, wodurch die Polarisationsrichtung um 90° gedreht wird und der zweite Polarisator unpassierbar wird. Dies ist für λ' gefordert.

Wir setzen in beide Bedingungen die Zahlenwerte ein und erhalten für $\lambda = 5876\,\text{Å}$:

$$d = m\,\frac{5876}{1.65846 - 1.48647}\,\text{Å} = m \cdot 34164.8\,\text{Å}$$

und für $\lambda' = 5893\,\text{Å}$:

$$d = \left(m \pm \frac{1}{2}\right)\frac{5893}{1.65836 - 1.48641}\,\text{Å} = \left(m \pm \frac{1}{2}\right)34271.6\,\text{Å}.$$

Daraus läßt sich jetzt m berechnen. Dazu setzen wir die rechten Seiten der beiden letzten Ausdrücke gleich. Da m positiv sein muß, benutzen wir $(m - 1/2)$ um m zu berechnen:

$$m \cdot 34164.8 \,\text{Å} = \left(m - \frac{1}{2}\right) \cdot 34271.6 \,\text{Å} \rightsquigarrow m \approx 160.45 \,.$$

Damit die Wellenlänge λ' völlig verschwindet, setzen wir jetzt $m = 160$ in die zugehörige Gleichung ein und berechnen d aus

$$d = \frac{\left(m - \frac{1}{2}\right) \lambda'}{(n'_\text{o} - n'_\text{ao})} \,.$$

Einsetzen der Zahlen ergibt $d = 0.55 \,\text{mm}$.

4.4.7 $\lambda/2-$ und $\lambda/4-$Plättchen

Aufgabe:

Im Phasenverschiebungs–Plättchen läuft der Lichtstrahl senkrecht zur optischen Achse. Aufgrund der resultierenden Phasenverschiebung zwischen ordentlichem und außerordentlichem Strahl kommt es zur Änderung der Polarisation. Ein $\lambda/2$-Plättchen erzeugt eine Phasenverschiebung von π und ein $\lambda/4$-Plättchen von $\pi/2$.
Ein monochromatischer Lichtstrahl durchlaufe ein $\lambda/2-$ bzw. ein $\lambda/4$-Plättchen. Wie ist die Polarisation des Lichts nach dem Plättchen, wenn die einfallende Welle

1. parallel oder senkrecht zur optischen Achse linear polarisiert ist.

2. unter einem Winkel von 45° zur optischen Achse linear polarisiert ist.

3. rechtszirkular polarisiert ist.

4. unpolarisiert ist.

Lösung:

Phasenverschiebungs–Plättchen (*Retardation Plates*) haben die optische Achse parallel zur Grenzfläche. In dieser Geometrie sind sowohl im optisch inaktiven als auch im optisch aktiven Material ordentlicher und außerordentlicher Strahl linear polarisiert. Außerdem werden bei senkrechtem Einfall weder der außerordentliche noch der ordentliche Strahl gebrochen. Sie werden aber gegeneinander phasenverschoben.
Der einfallende Lichtstrahl sei in z-Richtung. Die optische Achse sei in x-Richtung. Linear polarisiertes Licht in $x-$ bzw. y-Richtung außerhalb des Plättchens ist also gegeben durch

$$\vec{E}_\text{x} = E_{\text{x}0} \cos(kz - \omega t)\,\hat{x} \quad \text{und} \quad \vec{E}_\text{y} = E_{\text{y}0} \cos(kz - \omega t + \phi)\,\hat{y}$$

Die Phase der x-polarisierten Welle ist willkürlich gleich Null gesetzt. Die Phase der y-polarisierten ist der Phasenunterschied zur x-polarisierten und erlaubt uns beliebige

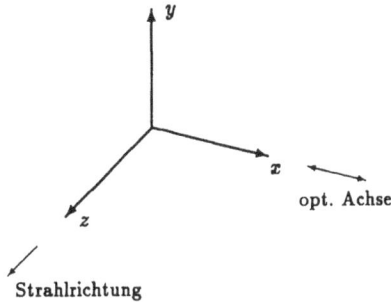

Bild 4.8:   Lage des Koordinatensystems bei der Behandlung der Polarisationszustände.

Wellen aus den beiden linear polarisierten zusammenzusetzen. Im Plättchen ist das in x-Richtung polarisierte Licht der außerordentliche Strahl und das in y-Richtung polarisierte der ordentliche Strahl. Bild 4.8 zeigt die Lage des Koordinatensystems. Beim Durchgang durch doppelbrechendes Material haben ordentlicher und außerordentlicher Strahl verschiedene Brechungsindizes. Wir können für die Wellenvektoren also

$$k_{ao} = n_{ao} k_0 \quad \text{und} \quad k_o = n_o k_0$$

schreiben. In der Literatur sind die Brechungsindizes für die Ausbreitungsrichtung senkrecht zur optischen Achse angegeben. Für Kalkspat ist z.B. der Brechungsindex für den ordentlichen Strahl $n_o = 1.658$ und für den außerordentlichen $n_{ao} = 1.486$ (optisch negativer Kristall). Der ordentliche Strahl bleibt also in diesem Fall hinter dem außerordentlichen zurück. Die optische Achse ist hier also die *schnelle Achse*, senkrecht dazu ist die *langsame Achse*. Dies führt zu einer zusätzlichen Phasenverschiebung $\Delta\phi$ zwischen ordentlichem und außerordentlichem Strahl. Hinter dem Plättchen ist die y-polarisierte Welle also

$$\vec{E}_y = E_{y0} \cos(kz - \omega t + \phi + \Delta\phi)\, \hat{y}.$$

$\Delta\phi$ ist beim $\lambda/2$-Plättchen gleich π und beim $\lambda/4$-Plättchen gleich $\pi/2$. Die zusätzliche Phasenverschiebung ist positiv für die y-Richtung, wenn wir eine schnelle optische Achse in x-Richtung haben. Dann ist $n_o = n_{ao} + \Delta n > n_{ao}$ und wir können $\Delta\phi$ als $\Delta n\, k_0\, d$ identifizieren, wobei d die Dicke des Plättchens ist.

Man kann sich das Vorzeichen von $\Delta\phi$ auch noch anders klarmachen. Das Zeitglied hat ein negatives Vorzeichen. Eine Funktion $\cos(kz - \omega t + \Delta\phi)$ erreicht einen Funktionwert also später als $\cos(kz - \omega t)$, wenn $\Delta\phi$ positiv ist.

1. Ist der Lichtstrahl parallel bzw. senkrecht zur optischen Achse polarisiert, so ist er im Plättchen gerade der außerordentliche bzw. der ordentliche Lichtstrahl und es ergibt sich keine Phasenverschiebung. Die Polarisation bleibt also sowohl beim $\lambda/2$- als auch beim $\lambda/4$-Plättchen erhalten.

2. Unter einem Winkel von 45° zur optischen Achse polarisiertes Licht läßt sich in einen ordentlichen und einen außerordentlichen Lichtstrahl gleicher Intensität aufteilen. Die Phasendifferenz ϕ zwischen beiden ist Null:

$$\vec{E} = \frac{E_0}{2} \cos(kz - \omega t)\,[\hat{x} + \hat{y}].$$

Das $\lambda/2$-Plättchen verschiebt die Phasen um π gegeneinander, also

$$\begin{aligned}
\vec{E}_y &= E_{y0}\cos(kz - \omega t + \pi)\,\hat{y} \\
&= -E_{y0}\cos(kz - \omega t)\,\hat{y}.
\end{aligned}$$

Es ändert sich also das Vorzeichen einer Komponente. Dies bedeutet, daß sich hinter dem Plättchen die Polarisationsrichtung der Welle um 90° gedreht hat. Die Polarisationsrichtung wird also an der optischen Achse "gespiegelt".

Das $\lambda/4$-Plättchen verschiebt die Phasen um $\pi/2$ gegeneinander, also

$$\begin{aligned}
\vec{E}_y &= E_{y0}\cos\left(kz - \omega t + \frac{\pi}{2}\right)\hat{y} \\
&= -E_{y0}\sin(kz - \omega t)\,\hat{y}.
\end{aligned}$$

Die Addition von Kosinus und Sinus ergibt eine zirkular polarisierte Welle. In unserem Beispiel ($n_o > n_{ao}$) ist die Welle linkszirkular polarisiert.

3. Eine rechtszirkular (also im Uhrzeigersinn) polarisierte Welle ist durch

$$\vec{E} = \frac{E_0}{2}\left[\cos(kz - \omega t)\,\hat{x} + \sin(kz - \omega t)\,\hat{y}\right]$$

gegeben.

Durch das $\lambda/2$-Plättchen wird die y-Komponente zu

$$\begin{aligned}
\vec{E}_y &= E_{y0}\sin(kz - \omega t + \pi)\,\hat{y} \\
&= -E_{y0}\sin(kz - \omega t)\,\hat{y}.
\end{aligned}$$

Also erhalten wir eine linkszirkular polarisierte Welle.

Durch das $\lambda/4$-Plättchen wird die y-Komponente zu

$$\begin{aligned}
\vec{E}_y &= E_{y0}\sin\left(kz - \omega t + \frac{\pi}{2}\right)\hat{y} \\
&= E_{y0}\cos(kz - \omega t)\,\hat{y}.
\end{aligned}$$

Also erhalten wir eine linear polarisierte Welle. Die Polarisationsebene bildet einen Winkel von 45° mit der optischen Achse. Die Richtung hängt wieder von den Brechungsindizes ab.

4. Besteht vor dem Plättchen keine Phasenbeziehung zwischen den Komponenten, so besteht auch hinter dem Plättchen keine. Ein Phasenverschiebungs-Plättchen kann also nicht als Polarisator verwendet werden.

4.4.8 $\lambda/4$–Plättchen

Aufgabe:

Ein monochromatischer linear polarisierter Lichtstrahl durchlaufe ein $\lambda/4$–Plättchen. Seine Polarisationsebene bilde einen Winkel von 45° mit der optischen Achse. Hinter dem Plättchen werde das Licht von einem Spiegel zurückreflektiert. Wie ist das Licht nach dem neuerlichen Durchgang durch das Plättchen polarisiert?

Lösung:

Da das Licht unter 45° zur optischen Achse des Plättchens polarisiert ist, können wir es uns aus zwei Komponenten gleicher Amplitude parallel und senkrecht der optischen Achse zusammengesetzt denken. Die eine Komponente erhält bei Durchgang durch das Plättchen eine Phasenverschiebung von $\pi/2$ gegenüber der anderen. Das Ergebnis ist eine zirkular polarisierte Welle. Die Amplitude dreht sich dabei immer von der Richtung des niedrigen Brechungsindex ("schnelle" Richtung) zur Richtung des höheren. Dies hat nichts mit ordentlich und außerordentlich zu tun. Zum Beispiel ist für Kalkspat $n_o = 1.6584$ und $n_{ao} = 1.4864$, während für Quarz $n_o = 1.5443$ und $n_{ao} = 1.5534$ ist (für gelbes Natrium-D-Licht).

Das zirkular polarisierte Licht wird am Spiegel reflektiert. Dabei erfolgt ein Phasensprung um π, der aber beide Komponenten gleichermaßen betrifft. Außerdem wird natürlich die Ausbreitungsrichtung invertiert, wodurch sich der Drehsinn umkehrt. Beim neuerlichen Durchgang durch das Plättchen entsteht wieder linear polarisiertes Licht, dessen Polarisationsrichtung aber um 90° gegenüber der ursprünglichen Polarisationsrichtung gedreht ist.

4.4.9   Optische Aktivität

Aufgabe:

Quarz ist ein optisch aktiver einachsig doppelbrechender Kristall. Die Polarisationsebene von linear polarisiertem, hochkollimiertem Licht, ($\lambda = 589.29$nm), das sich parallel zur optischen Achse ausbreitet, wird pro Millimeter um 21.7° gedreht.

1. Zeigen Sie, daß für den Drehwinkel β der Polarisationsebene gilt:

$$\beta = \frac{\pi d}{\lambda}(n_L - n_R)$$

Dabei ist d die Plättchendicke und $n_{L,R}$ sind die Brechungsindizes der links– bzw. rechtszirkular polarisierten Komponenten.

2. Wie groß ist der Unterschied der beiden Brechungsindizes entlang der optischen Achse für Quarz.

Lösung:

1. Zur Beschreibung der optischen Aktivität zerlegen wir das linear polarisierte Licht, das sich in Richtung der optischen Achse ausbreitet, in eine rechts- und eine linkszirkular polarisierte Komponente:

$$E_R = \frac{E_0}{2}\left(\hat{x}\cos\left(k_R z - \omega t\right) + \hat{y}\sin\left(k_R z - \omega t\right)\right)$$

$$E_L = \frac{E_0}{2}\left(\hat{x}\cos\left(k_R z - \omega t\right) - \hat{y}\sin\left(k_R z - \omega t\right)\right).$$

Die Welle breitet sich in z-Richtung aus und die Vektoren E_R und E_L drehen sich in der xy-Ebene.

!   Man beachte das positive Vorzeichen des Sinus für rechtszirkular polarisiertes Licht. Die Rotationsrichtung läßt sich mit Blickrichtung <u>zur</u> Lichtquelle feststellen, wenn wir eine bestimmte Ebene $z = z_0$ beobachten. Aufgrund des negativen Vorzeichens des Zeitglieds dreht sich der elektrische Feldvektor im Uhrzeigersinn. Beobachten wir die Welle dagegen zu einer bestimmten Zeit $t = t_0$, so können wir die Rotationsrichtung nur von der Quelle aus betrachtet erkennen.

Die beiden Komponenten haben im optisch aktiven Material verschiedene Brechungsindizes und bewegen sich deshalb mit verschiedenen Geschwindigkeiten. Die Wellenvektoren sind also $k_R = k_0 n_R = n_R\, 2\pi/\lambda$ und $k_L = k_0 n_L = n_L\, 2\pi/\lambda$. Setzen wir die zirkular polarisierten Wellen zusammen, so erhalten wir

$$\begin{aligned} E &= E_R + E_L \\ &= \frac{E_0}{2}\left[\hat{x}\cos\left(k_R z - \omega t\right) + \hat{y}\sin\left(k_R z - \omega t\right)\right] + \\ &\quad \frac{E_0}{2}\left[\hat{x}\cos\left(k_R z - \omega t\right) - \hat{y}\sin\left(k_R z - \omega t\right)\right]. \end{aligned}$$

Mit den Identitäten

$$\cos\alpha + \cos\beta = 2\cos\left(\frac{\alpha+\beta}{2}\right)\cos\left(\frac{\alpha-\beta}{2}\right)$$

und

$$\sin\alpha - \sin\beta = 2\cos\left(\frac{\alpha+\beta}{2}\right)\sin\left(\frac{\alpha-\beta}{2}\right)$$

können wir diese Gleichung umformen in

$$\begin{aligned} E &= E_0\cos\left(\frac{1}{2}\left(k_R z - \omega t + k_L z - \omega t\right)\right) \\ &\quad \left[\cos\left(\frac{k_R z - k_L z}{2}\right)\hat{x} + \sin\left(\frac{k_R z - k_L z}{2}\right)\hat{y}\right] \\ &= E_0\cos\left(\frac{k_R + k_L}{2}z - \omega t\right)\left[\cos\left(\frac{k_R - k_L}{2}z\right)\hat{x} + \sin\left(\frac{k_R - k_L}{2}z\right)\hat{y}\right]. \end{aligned}$$

Wie man sieht, sind die beiden Komponenten zu allen Zeiten in Phase. Es ändern sich nur die relativen Beiträge der beiden Komponenten. Dies entspricht einer Drehung der Polarisationsrichtung der linear polarisierten Welle. Die Stellung des Vektors $\vec{E}$ in der xy-Ebene wird durch $(k_R - k_L/2)z$ beschrieben. Ist beim Eintritt ins Material gerade $z = 0$, so ist dies gerade der Betrag des Drehwinkels.

Entsprechend der Wahl unseres Koordinatensystems ist dieser Winkel positiv bei Drehung im Gegenuhrzeigersinn (Blickrichtung zur Quelle). Aus historischen Gründen wird der Winkel aber so gewählt, daß gilt:

Der Winkel β ist positiv bei Drehung im Uhrzeigersinn.

Wir müssen also das Vorzeichen ändern und erhalten

$$\begin{aligned} \beta &= -\frac{k_R - k_L}{2}z \\ &= -\frac{\pi}{\lambda}(n_R - n_L)z \end{aligned}$$

bzw. für $z = d$

$$\beta = \frac{\pi d}{\lambda}(n_L - n_R).$$

Wenn also die rechtszirkular (im Uhrzeigersinn) polarisierte Welle der linkszirkular polarisierten vorauseilt ($n_R < n_L$), so erfolgt auch die Drehung im Uhrzeigersinn.

2. Wir setzen $\beta/d = 21.7°/\text{mm}$ und die Wellenlänge $\lambda = 589.29\,\text{nm}$ ein und erhalten

$$n_L - n_R = \frac{589.29 \cdot 10^{-6} \cdot 21.7}{\pi} \approx 4.07 \cdot 10^{-3}$$

Es sei nochmals darauf hingewiesen, daß in optisch inaktiven doppelbrechenden Kristallen die Brechungsindizes von ordentlichem und außerordentlichem Strahl entlang der optischen Achse gleich sind.

4.4.10 Depolarisatoren

Aufgabe:

Polarisation von Licht kann auch unerwünscht sein, wenn dadurch Meßfehler am Detektor z.B. bei Laserleistungsmessung verursacht werden können. Leider gibt es keine echten Depolarisatoren. Ein *Cornu Pseudodepolarisator* nutzt die optische Aktivität von Quarz. Zwei 45° Quarzprismen, eines aus rechtsdrehendem und eines aus linksdrehendem Quarz, sind entlang ihrer Hypotenusen verklebt und zwar so, daß die optischen Achsen kollinear sind. Ein hochkollimierter linear polarisierter Lichtstrahl bewege sich entlang ihrer optischen Achsen durch die Teilprismen. Beschreiben Sie das Ergebnis.

Lösung:

Ein Pseudodepolarisator transformiert einen bestimmten Polarisationszustand in ein Kontinuum von Polarisationszuständen. Diese verhalten sich unter bestimmten Umständen wie unpolarisiertes Licht.

Der *Cornu Pseudodepolarisator* nutzt die optische Aktivität von Quarz. Die Ebene senkrecht zur optischen Achse sei die xy-Ebene. Die Kontaktfläche der beiden Prismen enthalte die x-Achse (und die Hypotenuse der beiden Prismen). Die Weglänge, die ein Lichtstrahl in jedem der beiden Prismen zurückgelegt hat, ist also unabhängig von seiner x-Position, aber abhängig von seiner y-Position. In den beiden Prismen wird die Polarisationsebene des Lichtstrahls in entgegengesetzten Richtungen gedreht. Die resultierende Drehung nach dem Bauelement hängt von der Weglänge in jedem der beiden Prismen und damit von der y-Position des Lichtstrahls ab.

Die Abhängigkeit der Polarisation von der y-Position wäre natürlich auch gegeben, wenn man nur ein Teilprisma verwenden würde. Durch Verkleben von zwei Quarzprismen läßt sich aber Lichtbrechung vermeiden und der Strahl weicht nicht von seiner ursprünglichen Richtung ab. Natürlich verstärkt sich auch dadurch die y-Abhängigkeit der Polarisationsrichtung.

Wir haben oben monochromatisches Licht angenommen. Noch besser geht es natürlich mit polychromatischem Licht, da, aufgrund der Wellenlängenabhängigkeit der Brechungsindizes, die Polarisationsverteilung noch komplizierter wird.

B. Quantenphänomene und Atomphysik

5. Einführung – Historischer Überblick

Quantenphänomene und Atomphysik sind ein wichtiger Bestandteil der Physik des 20. Jahrhunderts. Sie haben ein enormes Umdenken unter den Physikern erfordert. Viele versuchten zunächst noch an der klassischen Physik festzuhalten. Ein Beispiel hierfür ist das *Rayleigh-Jeans-Gesetz* (s.u.). Der besseren Übersicht wegen ist dieses Kapitel in die beiden Gebiete *Lichtquanten* und *Atomphysik* unterteilt, obwohl ihre Entwicklung natürlich teilweise parallel verlief. Es wird auch nur ein Überblick bis etwa 1930 gegeben, da es ja vorerst um den Einstieg in dieses Gebiet geht.

5.1   Lichtquanten

Wir haben schon im Abschnitt 1.1 die *Fraunhoferschen Linien* und die Arbeiten von DAVID BREWSTER erwähnt. GUSTAV KIRCHHOFFS (1824–1887) Veröffentlichung über das "Emissionsvermögen und das Absorptionsvermögen der Körper für Wärme und **1860** Licht"[1] ist ein wichtiger Schritt auf dem Weg zum Verständnis der Fraunhoferschen Linien. Gleichzeitig führt sie aber auch zu den Arbeiten PLANCKS und damit zur "Geburt der Quantenmechanik".

Aus dem *Kirchhoffsche Gesetz* folgt ein Modell der Sonne nach dem diese aus einem heißen undurchsichtigen Kern besteht, der von einer kühleren Hülle umgeben ist. Der Kern sendet ein kontinuierliches Spektrum aus, und die Absorption durch die Hülle verursacht die Fraunhoferschen Linien.

In der oben erwähnten Arbeit führt KIRCHHOFF den *schwarzen Körper* ein, der sich definitionsgemäß dadurch auszeichnet, daß er die einfallende elektromagnetische Strahlung vollkommen <u>absorbiert</u>. Es zeigt sich, daß die *schwarze Strahlung*, die dieser Körper <u>emittiert</u>, unabhängig von seinen Materialeigenschaften ist. Das Emissionsvermögen des *schwarzen Körpers* ist nur eine Funktion der Wellenlänge und der Temperatur. Das Ziel ist jetzt diese grundlegende Funktion zu finden.

Man erwartet zunächst eine einfache Erklärung aufgrund der bekannten Gesetze der Strahlung und der Wärme. JOSEF STEFAN (1835–1893) findet 1879 experimentell, daß die Gesamtemission proportional T^4 ist. LUDWIG BOLTZMANN (1844–1906) leitet diese **1880** Beziehung, die wir heute als *Stefan–Boltzmann Gesetz* kennen, theoretisch her (1884).

---

[1] G. Kirchhoff, *Annalen der Physik und Chemie* **109** (1860) 275.

Der wesentliche nächste Schritt gelingt WILHELM WIEN (1864–1928) mit dem nach ihm benannten *Verschiebungsgesetz* und dem *Wienschen Strahlungsgesetz*.

Die richtige Form der Funktion findet schließlich MAX PLANCK (1858–1947). Er verlagert das Problem von der Strahlung selbst auf das ausstrahlende Atom, den sogenannten *Oszillator*. Am 14. Dezember 1900 stellt er die richtige Strahlungsformel in einem

1900   Vortrag vor. Sie erfordert, daß der Oszillator seine Energie nicht stetig, sondern nur in diskreten Energiestufen, also in *Energiequanten*, ändert. Mit dieser Formel ist die Grenze der klassischen Physik erreicht.

Die Abkehr von der klassischen Physik ist nicht für alle ohne weiteres akzeptierbar. Ein Beispiel ist das *Rayleigh–Jeans Gesetz*, ein Strahlungsgesetz, das für große Wellenlängen eine richtige Beschreibung gibt. Es wird zunächst von LORD RAYLEIGH (1824–1919) aufgestellt[2] und 1909, also nach der Planckschen Formulierung, von SIR JAMES JEANS (1877–1946) auf breiterer klassischer Grundlage abgeleitet[3].

Mittlerweile ist auch der *photoelektrische Effekt* entdeckt. HEINRICH HERTZ (1857–1894) berichtet 1887 darüber. WILHELM HALLWACHS (1859–1922) findet 1888, daß Metalloberflächen, die mit ultraviolettem Licht bestrahlt werden, sich positiv aufladen. PHILIPP VON LENARD (1862–1947) und JOSEPH JOHN THOMSON (1856–1940) können zeigen, daß der Grund dafür die Aussendung negativer Teilchen ist[4] (*Photoelektronen*). Auch dieser Effekt, der *Photoeffekt*, kann klassisch nicht erklärt werden. So sollten im klassischen Bild die Elektronen verzögert gegenüber dem Beginn der Bestrahlung emittiert werden, da sie ja erst Energie "sammeln" müssen. Das ist aber nicht der Fall. Auch hängt die Energie der ausgesandten Elektronen nicht von der Intensität des Lichts, sondern nur von seiner Wellenlänge ab.

Eine Erklärung des Photoeffekts findet ALBERT EINSTEIN (1879–1955) durch Anwen-

1905   dung von PLANCKS Vorstellungen. Er veröffentlicht sie 1905. Während PLANCK aber sagt, daß die Energie der Oszillatoren quantisiert ist, schlägt Einstein jetzt vor, daß das Strahlungsfeld selbst quantisiert ist, daß das Licht also aus *Lichtquanten* (*Photonen*) besteht, die sich mit der Lichtgeschwindigkeit c ausbreiten[5]. Im Photoeffekt zeigt sich die Absorption der Quanten des Strahlungsfelds (*Photonen*).

Die Lichtquanten waren so revolutionär, daß auch PLANCK zunächst nicht daran glaubt. Er fühlt sich an *Newtons Korpuskulartheorie* erinnert (siehe Aufgabe 1.1.1).

Im Jahr 1923 wird auch die Impulsrelation der Photonen $p = h/\lambda$ überprüft. ARTHUR HOLLY COMPTON (1892–1962) bestrahlt Elektronen mit Röntgenstrahlen[6], und mißt die Frequenz der gestreuten Photonen, die, im Gegensatz zum klassischen Bild[7], verschieden von der Frequenz der einfallenden Welle ist.

Für das Licht gibt es jetzt also ein *Teilchenbild* und ein *Wellenbild*. NIELS BOHR ist ein entschiedener Vertreter der *Dualität*, d.h. es gibt Bereiche in denen die Wellentheo-

---

[2] Lord Rayleigh, *Phil. Mag.* **49** (1900) 539.

[3] J.H. Jeans, *Phil. Mag* Febr. 1909, 229.

[4] Siehe z.B. P. Lenard, *Ann. d. Phys.* **8** (1902) 149.

[5] Ein anderes Problem auf das EINSTEIN die Plancksche Quantentheorie anwendet, ist die spezifische Wärme fester Körper. Auch das hat Erfolg.

[6] Die *Röntgenstrahlung* entdeckte WILHELM CONRAD RÖNTGEN (1845–1923) am 8. November 1895 in Würzburg und erhält dafür 1901 den ersten Nobelpreis für Physik.

[7] Das Elektron würde klassisch zum Schwingen angeregt werden und eine Kugelwelle derselben Frequenz aussenden.

rie anzuwenden ist und solche in denen die Korpuskulartheorie die richtige Antwort
gibt. Zur Interpretation des *Welle–Teilchen Dualismus* führen BOHR, KRAMERS und
SLATER 1924 den Begriff der Wahrscheinlichkeitswelle[8] ein. Im Fall der elektromagnetischen Wellen bedeutet die Intensität an jedem Punkt mit welcher Wahrscheinlichkeit
dort ein Lichtquant angetroffen wird. Dies ist aber "nur" ein erster Ansatz zur richtigen
Interpretation.

BOHR formuliert im Jahr 1927 das *Komplementaritätsprinzip* nach dem es unmöglich
ist, Wellen– und Teilcheneigenschaften gleichzeitig in einem Experiment zu beobachten.
Im Jahr 1929 entsteht eine neue Theorie, die die Wechselwirkung von Licht mit Materie
beschreibt. Sie verbindet die Maxwellsche Theorie mit den Prinzipien der Quantenmechanik und heißt deshalb *Quantenelektrodynamik* (QED). Die QED löst das Problem
der Dualität von Welle und Teilchen:

> Licht besteht aus Teilchen, aber über diese Teilchen können nur Wahr-
> scheinlichkeitsaussagen gemacht werden.

5.2 Atomphysik

Auch die Vorstellung vom Atombau ändert sich grundlegend. Ideen zu einer inneren
Struktur gibt es schon seit Beginn des 19. Jahrhunderts. Die Entdeckung der *Kathoden-*   **1860**
strahlen[9] und ihre Identifizierung als Elektronenstrahlen[10] legen nahe, daß Elektronen
Bestandteile der Atome sind.

Atomspektren

Der Schweizer Lehrer JOHANN JAKOB BALMER (1825–1898) findet 1885 eine Beziehung zwischen den Wellenlänge der vier Wasserstofflinien im sichtbaren Spektrum[11].
Aufgrund vorhandener Daten führt JANNE R. RYDBERG (1854–1919) 1889 Serienfor-
meln ein, die die Gesetzmäßigkeiten deutlich widerspiegeln. Er schreibt eine Spektral-
frequenz als Differenz zweier "Terme":

$$\frac{1}{\lambda} = \frac{R}{(n_1 + \alpha_1)^2} - \frac{R}{(n_2 + \alpha_2)^2}$$

Zeemaneffekt

Von entscheidender Bedeutung für das Bild vom Atom ist aber im Jahr 1896 die Entdeckung PIETER ZEEMANS (1865–1943), daß die Spektrallinien nicht absolut festliegen,   **1896**

---

[8] Bei dieser Interpretation haben die Erhaltungssätze aber nur statistische Gültigkeit und dies wird
bald widerlegt.

[9] J. Plücker, *Ann. d. Phys.* **103** (1858) 88.

[10] J.J. Thomson, *Phil. Mag.* **44** (1897) 293. Den Begriff "Elektron" hat wohl erstmals GEORGE JOHN-
STONE STONEY verwendet (*Phil. Mag.* **38** (1894) 418).

[11] WILLIAM HUGGINS entdeckte im Spektrum der Wega insgesamt 14 Wasserstofflinien (UV und
sichtbar, auf Photographie sichtbar gemacht). In diesem Zusammenhang muß noch J. NORMAN
LOCKYER (1836–1920) erwähnt werden. Er hatte die Idee, daß Atome nicht stabil sind und bei
den hohen Temperaturen der Sterne aufspalten (Ionen). Damit werden Linien der Sternspektren
erklärbar für die vorher neue Elemente postuliert wurden.

sondern durch ein Magnetfeld beeinflußt werden können. Sie spalten in Dubletts bei longitudinaler und in Tripletts bei transversaler Beobachtung bezüglich der Feldrichtung auf (*normaler Zeemaneffekt*[12]).

Seit 1897 ist auch der *anomale Zeemaneffekt* entdeckt. So beobachtet z.B. ALBERT A. MICHELSON (1852-1931), der erstmals Interferometer zur Messung des Zeemaneffekts benutzt, eine Aufspaltung der Spektrallinien in mehr als drei Komponenten[13]. Für die Namensgebung (*anomaler Zeemaneffekt*) sind aber erst 1912 FRIEDRICH PASCHEN (1865-1947) und ERNST BACK (1881-1959) verantwortlich. Sie finden auch eine "magnetische Verwandlung" bei hohen Magnetfeldern[14], den *Paschen–Back Effekt*.

HENDRIK ANTOON LORENTZ (1853-1928) erklärt den *normalen Zeemaneffekt* durch den Einfluß des Magnetfelds auf oszillierende Elektronen unter der Annahme, daß die Bewegung der Elektronen die Ausstrahlung der Spektrallinie verursacht. Daraus ergibt sich die Aufspaltung in Dubletts bzw. Tripletts. Etwa zur selben Zeit zeigt JOSEPH LARMOR (1857-1942), daß auch rotierende Elektronen, die im Magnetfeld zu präzedieren beginnen (*Larmorpräzession*) den Zeemaneffekt erklären würden.

Das Thomsonsche Atommodell

1904   J.J. THOMSON schlägt jetzt ein Atommodell vor, bei dem sich die Elektronen in einer gleichförmig positiv geladenen Kugel befinden (1904). Er kann zeigen, daß sich diese in stabilen Schalen anordnen lassen, falls mehr als vier Elektronen beteiligt sind. Zu dieser Zeit wird die Zahl der Elektronen als entscheidendes Merkmal des Atoms betrachtet. Die Stabilität der Atome ist kein Problem, da sich die Elektronen in einer positiven Raumladung befinden.

Das Rutherfordsche Atommodell

1911   Im Jahr 1911 leitet ERNEST RUTHERFORD (1871-1937) sein Atommodell aus der Beobachtung des Durchgangs von α–Strahlen durch Materie ab (GEIGER, MARDEN). Das Atom besteht danach aus einem positiv geladenen Atomkern und aus Elektronen, die ihn umkreisen. Das Modell kann die Stabilität der Atome nicht erklären. Die Bedeutung der *Kernladungszahl* wird aber offensichtlich. VAN DER BROEK setzt 1912 die *Ordnungszahl* (Atomnummer) gleich der *Kernladungszahl*[15].

Das Bohrsche Atommodell

Die "Entdeckung" des Wirkungsquantums h in der Wechselwirkung von Licht und Materie legt die Idee nahe, daß mit h auch das Atom zu verstehen ist. Aufbauend auf den Vorstellungen RUTHERFORDS über den Atombau und der Quantenhypothese PLANCKS entwickelt NIELS BOHR (1885-1962) im Jahr 1913 das *Bohrsche Atommo-*
1913   *dell*, das die Stabilität der Atome beschreibt. Danach kann ein Atom nur in diskre-

---

[12] P. Zeeman, *Phil. Mag.* 44 (1897) 55 und 255. Zur Messung benutzte ZEEMAN ein *Rowland Gitter*.

[13] A.A. Michelson, *Phil. Mag.* 44 (1897) 109.
[14] F. Paschen und E. Back, *Ann. d. Phys.* 40 (1913) 960.
[15] A. van der Broek, *Phys. Z.* 14 (1913) 32.

ten Zuständen existieren, deren energieärmster der Normalzustand ist, und in denen es keinen Energieverlust durch elektromagnetische Strahlung erleidet. Im einfachsten Fall, dem Wasserstoffatom, kann man aus der Bohrschen Theorie sogar die Frequenzen des emittierten Lichtes berechnen. Die ebenen Kreisbahnen sind durch die Quantenzahl n bestimmt. ARNOLD SOMMERFELD (1868-1951) erweitert das Modell später auf elliptische Elektronenbahnen. Es kommt die Quantenzahl l (nach heutiger Nomenklatur) hinzu (*Bohr-Sommerfeldsche Quantisierungsbedingung*, 1915). BOHR gibt durch die Annahme einer Bahnstruktur eine theoretische Deutung des Periodensystems der Elemente und erklärt die charakteristischen Röntgenlinien, die entstehen, wenn ein Elektron aus den innersten Bahnen entfernt wird.

Die Bohrsche Theorie leitet einen Abschnitt ein, der auch als *ältere Quantentheorie* und als *Quantentheorie des Korrespondenzprinzips* bekannt wird (1914-1922).

Bestätigung findet das *Bohrsche Atommodell* durch die systematische Untersuchung der *charakteristischen Röntgenstrahlung*, die von HENRY MOSELEY (1887-1915) in den Jahren 1913 und 1915 durchgeführt wird (*Moseleysches Gesetz*) und 1914 durch die Untersuchung inelastischer Stöße langsamer Elektronen an Gasmolekülen durch JAMES FRANCK (1882-1964) und GUSTAV LUDWIG HERTZ (1878-1975).

SOMMERFELD und PETER DEBYE (1884-1966) können 1916 den *normalen Zeemaneffekt* im Rahmen der Quantentheorie erklären. Dazu fügen sie der Quantenzahl l eine magnetische Quantenzahl m mit $|m| \leq l$ hinzu.

Die Systematik der Multiplettspektren

Im Jahr 1920 findet SOMMERFELD Regeln für die Feinstruktur[16] der Spektren durch Hinzunahme einer "inneren" Quantenzahl j und der Auswahlregel $\Delta j = \pm 1, 0$. Im **1920** Rahmen dieser Arbeit führt SOMMERFELD die *Feinstrukturkonstante* α ein. BOHR interpretiert die neue Quantenzahl mit dem Auftreten einer dritten Frequenz, die eine Folge der Störung der ebenen Elektronenbahn durch die Wechselwirkung mit den übrigen Elektronen ist. ALFRED LANDÉ (1888-1975) schreibt die "innere" Quantenzahl j 1921 dem Gesamtdrehimpuls des Atoms zu. Von HEISENBERG stammt die Vorstellung, daß ein Elektron den Drehimpuls $1/2$ (in Einheiten $h/2\pi$) auf den Atomrest überträgt. Er versucht damit Multipletts und anomale Zeemaneffekte zu interpretieren. Es wird klar, daß die ältere Quantentheorie keine gute Erklärung für die Multiplettstruktur liefert[17].

Mit der Feinstruktur hängen offensichtlich die *anomalen Zeemaneffekte* zusammen. Man findet für sie empirische Regeln. LANDÉ benutzt dabei, wie schon HEISENBERG zuvor, halbzahlige Quantenzahlen. Neue Experimente führen zur Entdeckung höherer Multipletts (z.B. 5- und 7-fache Terme im Spektrum von Mn^+), die auch in das (l, j)-Schema passen. LANDÉ veröffentlicht 1923 eine Systematik der Multiplettspektren und ihrer Zeemanaufspaltungen[18]. Das *Landésche Vektormodell* entsteht. LANDÉ gibt seine g-Formel an und deutet sie mit dem Vektormodell. 1923 gibt auch WOLFGANG PAULI

---

[16] Bei genügend hoher Meßgenauigkeit findet man, daß viele Terme doppelt oder dreifach aufgespalten sind (Multipletts).

[17] Es gibt natürlich noch mehr Mißerfolge. So lassen sich z.B. die Zustände des Heliumatoms nicht berechnen.

[18] A. Landé, *Z. Phys.* **15** (1923) 189.

(1900–1958) formale Regeln an, wie der *anomale Zeemaneffekt* mit Quantenzahlen interpretiert werden kann[18].

Das Paulische Ausschließungsprinzip

Ende 1924 zeigt PAULI, daß der Drehimpuls des Atoms nur von den äußeren Elektronen herrühren kann, der "Atomrest" also keine Rolle spielt. Er führt eine "Zweideutigkeit" des Elektrons ein und damit verbunden eine vierte Quantenzahl. Dieser zusätzliche Freiheitsgrad des Elektrons verdoppelt die Zahl der möglichen Zustände. Er führt außerdem eine allgemeine Regel ein:

> Zu jedem Satz der vier Quantenzahlen gibt es in einem Atom höchstens ein Elektron.

Dies ist das *Paulische Ausschließungsprinzip* nach dem jeder Zustand nur einfach besetzt werden darf.

Weitere Regeln

Viele komplizierte Spektren werden jetzt gedeutet. RUSSEL und SAUNDERS führen 1925 die Kopplung der elektronischen Bahndrehimpulse bei der Einordnung der Erdalkaliatome (zwei Leuchtelektronen) ein. Es bürgert sich eine einheitliche Nomenklatur der Zustände, die *spektroskopischen Symbole*, ein. FRIEDRICH HUND (1896–) gibt Regeln zur Ermittlung des Grundzustandsmultipletts an. SAMUEL GOUDSMIT (1902–1978) und GEORG E. UHLENBECK (1900–) unterscheiden die *Russel–Saunders–Kopplung* und die *J–J–Kopplung*.

Der Spin

RALF KRONIG weist schon Anfang 1925 auf die Existenz eines Eigendrehimpulses des Elektrons hin. Im Herbst 1925 entsteht die Hypothese vom *Elektronenspin* durch UHLENBECK und GOUDSMIT. Es ist jetzt klar, daß im Fall der "normalen" Kopplung (*Russel–Saunders–Kopplung*) die Spins der Elektronen zu einem resultierenden Spin S und die Bahndrehimpulse zu einem resultierenden Bahndrehimpuls L koppeln. Die Drehimpulse S und L wiederum koppeln zum Gesamtdrehimpuls J.

Die Matrizenmechanik

WERNER HEISENBERG (1901–1976) ist unzufrieden mit den klassischen Modellen der Atome und will das quantenmechanische Gegenstück zu den klassischen Bewegungsgleichungen finden[19]. Statt von Gleichungen für die Orte und Geschwindigkeiten der Elektronen, geht HEISENBERG von Gleichungen für die Frequenzen und Amplituden ihrer Fourierentwicklung aus. Die erste Fassung einer streng gültigen Quantenmechanik

1925

---

[18] W. Pauli, *Z. Phys.* **16** (1923) 155.

[19] Der Versuch klassische Vorstellungen beizubehalten ist problematisch. WOLFGANG PAULI weist darauf hin, daß die Bohr–Sommerfeldschen Elektronenbahnen zu den irreführenden Vorurteilen gehören, die sich aus der Übertragung von Begriffen der klassischen Physik auf die Atomtheorie ergeben.

erscheint im Juli 1925[20]. MAX BORN (1882–1970) und (ERNST) PASCUAL JORDAN (1902–1980) erkennen, daß sie sich auch mit Hilfe von Matrizen mathematisch formulieren läßt[21]. Später kann gezeigt werden, daß die Matrizen, die Ort und Impuls darstellen, nicht miteinander vertauschen. Darin zeigt sich deutlich der Unterschied zur klassischen Mechanik. Im November 1925 entsteht die Arbeit von BORN, HEISENBERG und JORDAN in der für die kanonischen Variablen p und q die grundlegende Relation

$$i\,(pq - qp) = \hbar$$

eingeführt wird. Die *Matrizenmechanik* ist formuliert[22].

Die Wellenmechanik

Ebenfalls im Jahr 1925 weist EINSTEIN auf die Welleneigenschaften der Materie hin. Gestützt wird dies durch die Doktorarbeit von LOUIS VICTOR PRINCE DE BROGLIE (1892–1987) in der sie jedem materiellen Teilchen ein Wellenphänomen zuordnet. Mit seinen *Materiewellen* versucht DE BROGLIE eine Erklärung für die Bohrsche Quantenbedingung zu geben. Danach soll eine um den Kern laufende Welle eine ganze Zahl von Wellenlängen umfassen. W. ELSASSER erklärt im Juli 1925 den *Ramsauer-Effekt*[23] und die experimentellen Ergebnisse bei der Reflexion langsamer Elektronen an bestimmten Metalloberflächen mit den Materiewellen.

Dies ist ein wichtiger Anstoß für ERWIN SCHRÖDINGER (1887–1961) sich mit der Wellentheorie der Materie zu beschäftigen. Er geht von den *de Broglie-Materiewellen* aus und versucht eine Wellengleichung für die stationären Wellen um einen Atomkern zu finden. Er kann 1926 als Eigenwerte seiner Wellengleichung die Energiewerte der stationären Zustände des Wasserstoffatoms ableiten und er findet Vorschriften zur Übersetzung klassischer Gleichungen in quantenmechanische Gleichungen.

Die Wahrscheinlichkeitsdeutung

Die Interpretation des mathematischen Formalismus gibt BORN im selben Jahr. In Fortführung des früheren Gedankens von BOHR, KRAMERS und SLATER interpretiert er die Welle als *Wahrscheinlichkeitswelle*. Man findet auch den Zusammenhang des Paulischen Ausschließungsprinzips mit der Wellen- und Quantenmechanik. ENRICO FERMI (1901–1954) und PAUL DIRAC (1902–1984) zeigen, daß ganz allgemein die Forderung nach Antisymmetrie der Wellenfunktion bei Vertauschung der Koordinaten zweier beliebiger Elektronen dem Pauli Prinzip äquivalent ist[24].

---

[20] W. Heisenberg, *Z. Phys.* **33** (1925) 879.

[21] M. Born und P. Jordan, *Z. Phys.* **34** (1925) 858.

[22] M. Born, W. Heisenberg und P. Jordan, *Z. Phys.* **35** (1926) 557.

[23] Ein Quanteneffekt bei der Streuung von Elektronen an Gasatomen oder Gasmolekülen. Die klassisch nicht erklärbare Durchlässigkeit der Gase für Elektronen mit Energien um 1eV ist auf die Beugung der Materiewellen zurückzuführen.

[24] Dies führt zur Einführung einer neuen Statistik, der *Fermi-Dirac-Statistik*.

Die Heisenbergschen Unbestimmtheitsrelationen

Anfang 1927 festigt sich HEISENBERGS Ansichts über den physikalischen Sinn der Quantentheorie und er formuliert die *Unbestimmtheitsrelationen*[25].

> Auch im atomaren Bereich lassen sich klassische Begriffe exakt definieren. Die simultane Bestimmung zweier kanonisch konjugierter Größen p und q ist aber gemäß $\Delta p\,\Delta q \approx \hbar$ mit einer Unschärfe behaftet.

Er weist darauf hin, daß danach auch die exakte Bestimmung eines Anfangszustandes unmöglich ist.

Die Kopenhagener Deutung

Im Jahr 1927 kommt man schließlich zu einer widerspruchsfreien Deutung der Quantenmechanik, die als *Kopenhagener Deutung* bekannt wird. Ein zentraler Punkt sind darin die *Unbestimmtheitsrelationen*, die die Anwendbarkeit der klassischen Begriffe begrenzen.

> Messungen werden mit Begriffen der klassischen Physik beschrieben. Zwischen zwei Messungen kann keine klassische Aussage über das Verhalten des Systems gemacht werden. Die Wahrscheinlichkeitsfunktion genügt zwar einer Bewegungsgleichung, aber sie liefert keine raum–zeitliche Beschreibung des Systems. Jede Messung unterbricht den Ablauf der Wahrscheinlichkeitsfunktion, da sie unsere Kenntnis des Systems ändert.

Eine Beobachtung erfordert eine Wechselwirkung mit der Meßanordnung. Von den möglichen Zuständen des Systems wird durch die Messung einer ausgewählt[26].
Durch die Unbestimmtheitsrelationen werden auch Widersprüche zwischen Teilchen- und Wellenbild vermieden. Der Dualismus der beiden komplementären Bilder stellt also keine grundsätzliche Schwierigkeit dar.

---

[25] W. Heisenberg, *Z. Phys.* **43** (1927) 172.
[26] Diese unstetige Änderung der Kenntnis des Systems wird als *Quantensprung* bezeichnet.

6. Wellen und Teilchen

6.1 Photonen

6.1.1 Einleitung

Besonders elektromagnetische Strahlung mit Wellenlängen im Bereich atomarer Dimensionen ($\lambda \approx 10^{-10}$m) zeigt, im Gegensatz zum sichtbaren Licht, ausgeprägten Teilchencharakter. Dies führte zum Problem der Dualität von Welle und Teilchen. Die heutige Auffassung ist durch die *Quantenelektrodynamik* (QED) begründet. Licht besteht aus Teilchen über die aber nur Wahrscheinlichkeitsaussagen gemacht werden können. Die Teilchen heißen *Photonen*. Eigenschaften der *Photonen* sind in Tabelle 6.1 zusammengestellt.

Tabelle 6.1: Eigenschaften der Photonen. Die Größe h ist das *Plancksche Wirkungsquantum* und $\hbar = h/2\pi$.

Ruheenergie	Energie	Impuls	Drehimpuls
Null	$E = h\nu = \hbar\omega$	$|\vec{p}| = E_\gamma/c$	$|\vec{\sigma}| = \pm h/2\pi$

Photoeffekt

Die Teilchennatur elektromagnetischer Wellen beweist z.B. der *Photoeffekt*, der u.a. in Aufgabe 6.1.2 behandelt wird. Die Photonen wechselwirken dabei mit gebundenen Elektronen. Die Bindung an den Atomkern ermöglicht es, daß die gesamte Energie des Photons auf das Elektron übertragen wird, was bei einem ungebundenen Elektron aufgrund der Impulserhaltung nicht möglich wäre. *Photoelektronen* werden aus dem Material gelöst, sobald die Photonenenergie größer als die *Austrittsarbeit A* (Materialkonstante) ist. Die Intensität der Strahlung hat darauf **keinen** Einfluß. Die maximale kinetische Energie der Photoelektronen ist

$$T_{\max} = h\nu - A. \tag{6.1}$$

Die Anzahl der Photoelektronen wird durch die Intensität der Strahlung bestimmt.

Compton–Effekt

Die Wechselwirkung mit freien, ruhenden Elektronen führt zum *Compton-Effekt* (siehe Bild 6.1). Dabei zeigt sich, genauso wie beim *Strahlungsdruck*, der Impuls der Photonen.

Als "frei" gilt auch ein Elektron dessen Bindungsenergie klein gegenüber der Photonenenergie ist. Das Photon wird am Elektron inelastisch gestreut. Für die Energie des gestreuten Photons findet man

$$E'_\gamma = h\nu' = \frac{h\nu}{1 + \epsilon(1 - \cos\Theta)}, \tag{6.2}$$

wobei $\epsilon = h\nu/(m_e c^2)$ die *reduzierte Gammaenergie* ist. Die Wellenlängenverschiebung ist gegeben durch

$$\Delta\lambda = \lambda' - \lambda = \lambda_C(1 - \cos\Theta). \tag{6.3}$$

Dabei ist $\lambda_C = h/(m_e c)$ die *Compton-Wellenlänge* des Elektrons. Für Vorwärtsstreuung ($\Theta = 0$) ergibt sich $\lambda = \lambda'$ und für Rückstreuung ($\Theta = 180°$) erhalten den maximalen Energieverlust für das Photon:

$$E_\gamma - E'_\gamma = \frac{2E_\gamma^2}{m_e c^2 + 2E_\gamma}. \tag{6.4}$$

Die kinetische Energie der gestreuten Elektronen leiten wir in Aufgabe 6.1.5 ab.

6.1.2   Photoeffekt

Aufgabe:

Sie bestrahlen die saubere Oberfläche eines Metalls im Vakuum mit Licht verschiedener Wellenlängen und messen folgende Grenzgegenspannungen (=Spannung bei der der Photostrom gerade verschwindet):

Wellenlänge (nm)	283	329	476
Grenzspannung (V)	2.11	1.49	0.33

1. Bestimmen Sie die Plancksche Konstante h.

2. Berechnen Sie die Austrittsarbeit A.

3. Berechnen Sie die Grenzwellenlänge für das Auftreten des Photoeffekts.

Lösung:

1. Zur Berechnung der Planckschen Konstanten benötigen wir nur zwei Frequenzen, die wir zunächst berechnen:

$$\nu_1 = \frac{c}{\lambda_1} = \frac{2.99 \cdot 10^8}{283 \cdot 10^{-9}}\frac{1}{s} = 0.10565 \cdot 10^{16}\frac{1}{s}$$

$$\nu_2 = \frac{c}{\lambda_2} = \frac{2.99 \cdot 10^8}{329 \cdot 10^{-9}}\frac{1}{s} = 0.09088 \cdot 10^{16}\frac{1}{s}.$$

Wir stellen die Energiebilanz für beide Wellenlängen auf. Die Energie der Photonen ist die Summe von Austrittsarbeit A und Energie der Elektronen. Letztere ist durch die Grenzgegenspannung bestimmt:

$$h\nu_1 = eV_1 + A$$
$$h\nu_2 = eV_2 + A.$$

Subtrahieren der beiden Gleichungen ergibt

$$h = e\frac{V_1 - V_2}{\nu_1 - \nu_2} = 1.602 \cdot 10^{-19} \frac{(2.11 - 1.49)}{(0.106 - 0.091) \cdot 10^{16}} \frac{CV}{1/s} = 6.726 \cdot 10^{-34} \, \text{Js}.$$

2. Die Austrittsarbeit A läßt sich aus einer der Energiebilanzen berechnen

$$A = h\nu_1 - eV_1 = 3.725 \cdot 10^{-19} \text{J} = 2.33 \, \text{eV}.$$

3. Die Grenzwellenlänge ist die Wellenlänge der Photonen, deren Energie gerade der Austrittsarbeit A entspricht:

$$\lambda = \frac{c}{\nu} = \frac{hc}{A} = 539.89 \, \text{nm}.$$

6.1.3 Austrittsarbeit verschiedener Metallen

Aufgabe:

Die folgende Liste zeigt bei welcher Lichtfrequenz die Photoemission bei einigen ausgewählten Metallen einsetzt:

Gold	*Kupfer*	*Silber*	*Natrium*
$12.5 \cdot 10^{14}$ Hz	$11.0 \cdot 10^{14}$ Hz	$10.3 \cdot 10^{14}$ Hz	$5.5 \cdot 10^{14}$ Hz

Berechnen Sie die Austrittsarbeit für diese Metalle.

Lösung:

Tabelle 6.2: Austrittsarbeiten einiger Metalle.

Metall	*Frequenz [Hz]*	*Wellenlänge [nm]*	*Austrittsarbeit [eV]*
Gold	$12.5 \cdot 10^{14}$	240	5.175
Kupfer	$11.0 \cdot 10^{14}$	273	4.554
Silber	$10.3 \cdot 10^{14}$	291	4.264
Natrium	$5.5 \cdot 10^{14}$	545	2.277

Die Schwelle für den Beginn des Photoeffekts ist gegeben durch

$$E_\gamma = h\nu = A,$$

wobei A die Austrittsarbeit des Metalls ist. Für die Plancksche Konstante setzen wir $h \approx 4.14 \cdot 10^{-15} \, \text{eV s}$. Daraus ergeben sich die in Tabelle 6.2 gezeigten Austrittsarbeiten.

6.1.4 Strahlungsdruck

Aufgabe:

Der mittlere Strahlungsdruck ist gegeben durch:

$$p_S = \frac{E_e}{c}$$

Dabei ist E_e die *Bestrahlungsstärke*. Licht kann aber auch im Teilchenbild gesehen werden. Die Lichtteilchen, Photonen, haben die Energie $\hbar\omega$.

1. Leiten Sie aus der Formel für den Strahlungsdruck den Impuls der Photonen ab?

2. Wie wird bei der Emission von Licht die Impulserhaltung gewährleistet?

Lösung:

1. Der Strahlungsdruck ergibt sich aus dem magnetischen Feld der Lichtwelle, das auf die vom elektrischen Feld bewegten Ladungen im Material wirkt. Die Gleichung für p_S zeigt, daß der Lichtdruck, also die Kraft pro Fläche F, die das Licht ausübt, gerade die absorbierte Energie dividiert durch die Lichtgeschwindigkeit ist. Das ist eine allgemein gültige Beziehung!

   Es gilt also (mit E_e : Bestrahlungsstärke [W/m²], n/t : Photonen/sec und F : Querschnittsfläche) :

$$p_S = \frac{E_e}{c} = \frac{n/t \cdot \hbar\omega}{F \cdot c}$$

   Gleichzeitig gilt :

$$\text{Druck} = \frac{\text{Kraft}}{F} = \frac{\text{Impulsabgabe}/t}{F}$$

   Vergleich der Gleichungen ergibt für den Impuls *eines* Photons :

$$p = \frac{\hbar\omega}{c} = \hbar k$$

   Da der Druck in Ausbreitungsrichtung der Welle ausgeübt wird, gilt :

$$\vec{p} = \hbar\vec{k}$$

2. Bei der Emission von Licht wird entsprechend Rückstoßimpuls auf das emittierende System übertragen.

6.1.5 Compton–Effekt

Aufgabe:

Der Compton–Effekt ist die inelastische Streuung eines Photons an einem <u>freien</u> Elektron. Der Streuwinkel Θ des gestreuten Photons wird gegen die Richtung des einfallenden Photons gemessen.

1. Berechnen Sie die kinetische Energie der gestreuten Elektronen in Abhängigkeit vom Streuwinkel Θ der Photonen und der Energie der einfallenden Photonen $E = h\nu$.

2. Berechnen Sie die maximale Energie eines gestreuten Elektrons und die minimale Energie eines gestreuten Photons.

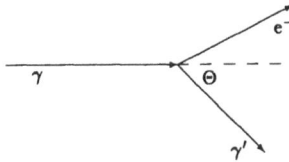

Bild 6.1: Beim Compton–Effekt wird ein einfallendes Photon (hier ein γ-Quant) an einem freien Elektron gestreut.

Lösung:

1. Wir betrachten ein ruhendes Elektron. Beim *Compton–Effekt* handelt es sich um ein freies Elektron oder zumindest muß seine Bindungsenergie sehr klein gegenüber der Energie des einfallenden Photons sein. Bei der Streuung verliert das Photon Energie. Deshalb bezeichnet man die Streuung als "inelastisch". Das gestreute Photon und das Elektron fliegen in verschiedene Richtungen davon.

   Der wesentliche Unterschied zum Photoeffekt ist, daß das Photon nach der Wechselwirkung mit dem Elektron noch vorhanden ist. Dies ist eine Konsequenz von Energie– und Impulserhaltung. Beim Photoeffekt ist das Elektron gebunden und Impuls und Energie des Photons können sich auf das Elektron <u>und</u> das Atom, das Molekül oder den Festkörper verteilen.

   Wir müssen also Energie– und Impulserhaltung betrachten, wenn wir die Comptonstreuung näher untersuchen wollen. Das einfallende Photon hat die Energie $E = h\nu$ und das Elektron hat zunächst nur die Ruheenergie $m_e c^2$. Nach dem Stoß hat das Photon die Energie $E' = h\nu'$ und das Elektron hat die Energie mc^2 mit der relativistischen Masse

$$m = \frac{m_e}{\sqrt{1 - (v/c)^2}}.$$

Die Gleichung für die relativistische Masse können wir umformen in

$$mc^2 = c\sqrt{m_e^2 c^2 + m^2 v^2} = c\sqrt{m_e^2 c^2 + p_e^2}.$$

Aufgrund der Energieerhaltung fordern wir

$$E + m_e c^2 = E' + mc^2 = E' + c\sqrt{m_e^2 c^2 + p_e^2}.$$

Diese Gleichung lösen wir nach p_e^2 auf, da uns die Impulserhaltung in Kürze ebenfalls eine Gleichung für p_e^2 liefern wird:

$$
\begin{aligned}
p_e^2 &= \frac{(E + m_e c^2 - E')^2}{c^2} - m_e^2 c^2 \\
&= \frac{1}{c^2}\left[E^2 + E'^2 + 2(E - E')m_e c^2 - 2EE'\right].
\end{aligned}
$$

Mit

$$\vec{p} = \frac{h\nu}{c} \quad \text{und} \quad \vec{p'} = \frac{h\nu'}{c}$$

ergibt sich aus der Impulserhaltung

$$\vec{p_e} = \vec{p} - \vec{p'}.$$

Durch Quadrieren dieser Gleichung kommt der Streuwinkel Θ ins Spiel:

$$p_e^2 = p^2 + p'^2 - 2\vec{p}\vec{p'} = \frac{1}{c^2}\left[E^2 + E'^2 - 2EE'\cos\Theta\right].$$

Wir haben jetzt zwei Gleichungen für p_e^2, deren rechte Seiten wir gleichsetzen können und wir erhalten

$$
\begin{aligned}
\frac{1}{c^2}\left[E^2 + E'^2 + 2(E - E')m_e c^2 - 2EE'\right] &= \frac{1}{c^2}\left[E^2 + E'^2 - 2EE'\cos\Theta\right] \\
\left[(E - E')m_e c^2 - EE'\right] &= \left[-EE'\cos\Theta\right] \\
E - E' &= \frac{EE'}{m_e c^2}(1 - \cos\Theta) \\
E - E' &= E'\epsilon(1 - \cos\Theta).
\end{aligned}
$$

Beim letzten Schritt haben wir als gebräuchliche Abkürzung die *reduzierte Photonenenergie* $\epsilon = E/(m_e c^2) = E/(511\,\text{keV})$ eingeführt. Da wir die kinetische Energie des Elektrons in Abhängigkeit von der Energie des einfallenden Photons haben wollen, lösen wir nach E' auf:

$$E' = \frac{E}{1 + \epsilon(1 - \cos\Theta)}.$$

Die kinetische Energie des Elektrons ist gegeben durch

$$T = mc^2 - m_e c^2 = E - E'.$$

Einsetzen von E' ergibt:

$$T = E - \frac{E}{1 + \epsilon\,(1 - \cos\Theta)}$$
$$= E\,\frac{\epsilon\,(1 - \cos\Theta)}{1 + \epsilon\,(1 - \cos\Theta)}.$$

Das ist die gesuchte Gleichung. Die Herleitung entspricht auch einer möglichen Vorgehensweise bei der Berechnung der Wellenlängenverschiebung des gestreuten Photons. Einsetzen von $E = hc/\lambda$ und $E' = hc/\lambda'$ führt zu dem Ergebnis

$$\Delta\lambda = \lambda' - \lambda = \lambda_C\,(1 - \cos\Theta)\,,$$

wobei $\lambda_C = h/(m_e c)$ die *Compton-Wellenlänge* des Elektrons ist.

2. Die Maximalenergie erhält ein Elektron offensichtlich für $\Theta = 180°$, also $\cos\Theta = -1$. Seine kinetische Energie ist dann

$$T_{\max} = E\,\frac{2\epsilon}{1 + 2\epsilon} = E\,\frac{1}{1 + (1/2\epsilon)}.$$

Entsprechend ist die minimale Energie des Photons $E'_{\min} = E - T_{\max}$:

$$E'_{\min} = \frac{E}{1 + 2\epsilon}.$$

Der Compton-Effekt tritt bei Streuung von Photonen einer Energie mehrerer hundert keV auf. Bei einer Energie von z.B. 200 keV ergibt sich also eine maximale Elektronenenergie von

$$T_{\max} = 200\,\frac{1}{1 + 511/400}\ \text{keV} \approx 87.8\,\text{keV}.$$

Bemerkung:
In der klassischen Elektrodynamik wird die Streuung einer elektromagnetischen Welle an einem geladenen Teilchen behandelt. Das Teilchen wird beschleunigt und strahlt mit derselben Frequenz wie die einfallende Strahlung. Dieser Prozess kann als Streuung der einfallenden Strahlung beschrieben werden. Er heißt *Thomson-Streuung*.
Die Streuung wird i.a. durch den differentiellen Streuquerschnitt beschrieben:

$$\frac{d\sigma}{d\Omega} = \frac{\text{Gestreute Energie in eine bestimmte Richtung pro Raumwinkel pro Zeit}}{\text{Einfallende Energie pro Fläche pro Zeit}}.$$

Für die Thomson-Streuung ergibt sich bei unpolarisierter einfallender Strahlung

$$\frac{d\sigma}{d\Omega} = \left(\frac{e^2}{mc^2}\right)^2 \frac{1}{2}\left(1 + \cos^2\Theta\right).$$

Thomson-Streuung beobachtet man nur bei niedrigen Energien der einfallenden Strahlung, z.B. bei Röntgenstrahlung an Elektronen. Der Grund dafür ist die Vernachlässigung des Impulses der einfallenden Strahlung.

Der Impuls der Photonen wird bei der Compton–Streuung berücksichtigt, die man als relativistisches Zweikörperproblem behandelt. Der Thomsonquerschnitt wird dadurch durch einen Faktor $(\nu'/\nu)^2$ erweitert, der durch die Compton Gleichung

$$\frac{\nu'}{\nu} = \frac{1}{1 + \epsilon\,(1 - \cos\Theta)}$$

gegeben ist. Dadurch nimmt der Streuquerschnitt relativ zum Thomsonquerschnitt bei großen Streuwinkeln ab.

Ein weiterer Schritt ist die Berücksichtigung des Elektronenspins durch die *Dirac–Gleichung*. Die Streuung durch das magnetische Moment des Elektrons erhöht den Streuquerschnitt bei großen Winkeln wieder ein wenig. Dieser Streuquerschnitt ist durch die *Klein–Nishina Formel*[1] gegeben.

6.1.6   Compton– und Photoeffekt

Aufgabe:

Ein Festkörper wird mit Lichtquanten der Energie 21.2 eV bestrahlt. Wie groß wäre der maximale Energieübertrag

1. auf die Elektronen beim Compton–Effekt?

2. auf die Photoelektronen beim Photoeffekt?

Lösung:

1. In Aufgabe 6.1.5 haben wir für die maximale kinetische Energie der Elektronen

$$T_{\max} = E\,\frac{2\epsilon}{1 + 2\epsilon} = E\,\frac{1}{1 + (1/2\epsilon)}$$

hergeleitet, mit der reduzierten Gammaenergie $\epsilon = E/(m_e c^2) = E/(511\,\mathrm{keV})$. Aus dieser Gleichung erhalten wir für Photonen der Energie 21.2 eV: $T_{\max} = 1.74\,\mathrm{meV}$.

Wir können in diesem Fall den Energieübertrag aus der Wellenlängenänderung aber auch noch auf eine andere Art als in Aufgabe 6.1.5 herleiten. Beim Compton–Effekt ändert sich die Wellenlänge der gestreuten Photonen um

$$\Delta\lambda = \lambda_C\,(1 - \cos\Theta)\,,$$

wobei λ_C die Comptonwellenlänge ist. Die größte Wellenlängenänderung ergibt sich also für Rückstreuung der Photonen, also $\Theta = 180°$. Da das Photon eine kleine Energie im Vergleich zur Ruheenergie des Elektrons hat, können wir seine Energie nach dem Stoß bzw. die Energieänderung, nach $\Delta\lambda$ entwickeln. Die Energie des Photons ist

$$E = h\nu = \frac{h\,c}{\lambda}$$

---

[1] Zeitschrift für Physik, **52** (1929) 853.

und daraus folgt

$$\Delta E = E - E' \approx \frac{\mathrm{d}E}{\mathrm{d}\lambda}\Delta\lambda + \cdots = -\frac{h\,c}{\lambda^2}\Delta\lambda = -\frac{E^2}{h\,c}\Delta\lambda = \frac{E^2}{h\,c}2\lambda_{\mathrm{C}}.$$

Wir setzen die Zahlenwerte ein und erhalten

$$\Delta E = \frac{21.2^2}{6.625 \cdot 6.242 \cdot 10^{-16} \cdot 2.99 \cdot 10^{8}} \cdot 2 \cdot 2.4262 \cdot 10^{-12}\,\mathrm{eV} = 1.75 \cdot 10^{-3}\,\mathrm{eV}.$$

2. Das Photon verliert seine gesamte Energie. Die kinetische Energie des Elektrons ist $21.2\,\mathrm{eV} - \phi_{\mathrm{B}}$, wobei ϕ_{B} die Bindungsenergie des Elektrons ist.

6.1.7　Energieauflösende γ–Detektoren

Aufgabe:

Verschiedene Detektoren kann man zur Energiebestimmung ionisierender Teilchen benutzen. Damit kann man die Energie von γ-Quanten indirekt mit Hilfe der Elektronen bestimmen, auf die sie Energie übertragen. Interpretieren Sie das folgende Impulshöhenspektrum unter der Annahme, daß im Detektor nur der innere Photoeffekt und der Compton-Effekt eine Rolle spielen und γ-Strahlung einer bestimmten Energie E_0 einfällt. Berücksichtigen Sie, daß der Detektor von einem abschirmenden Material umgeben ist.

Lösung:

Wir beziehen uns nur auf Bild 6.2. In Bild 6.2 sehen wir bei niedrigen Energien den

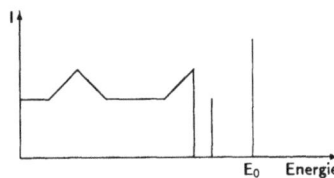

Bild 6.2:　Impulshöhenspektrum für γ-Quanten einer bestimmten Energie.

Compton–Untergrund, verursacht durch die Compton–Elektronen, auf die bis zu einer Maximalenergie Energie übertragen wird. Der Anstieg an der *Compton–Kante* spiegelt die Energieverteilung der Compton–Elektronen wider. Auf den niederenergetischen Peak kommen wir weiter unten zurück. Die gestreuten Photonen können natürlich ihrerseits wieder durch Photoeffekt Elektronen freisetzen oder, falls ihre Energie noch hoch genug ist, auch nochmal eine Compton–Streuung machen. Es besteht damit eine gewisse Wahrscheinlichkeit, daß ihre gesamte Energie im Detektor umgesetzt wird und somit muß eine Linie bei der Energie E_0 der einfallenden Photonen entstehen, welches die Linie bei der höchsten Energie in Bild 6.2 ist. Eine weitere Linie wird von Photoelektronen aus der K-Schale verursacht. Dabei wird nur das Photoelektronen nachgewiesen, nicht aber die folgende Röntgenstrahlung (Auffüllen des Lochs in der K-Schale), die ja mit einer gewissen Wahrscheinlichkeit aus dem Detektor entkommen kann. Man spricht deshalb auch vom *Photo-Escape-Peak* . Entkommt das Röntgenquant nicht, so bekommen wir wieder einen Beitrag zur Linie der vollen γ-Energie.

Hinzu kommen Linien die von dem Material, das den Detektor umgibt, verursacht werden. Dies kann z.B. eine Bleiabschirmung sein. Meist gibt es den sogenannten *Rückstreupeak*. Dieser Peak mit der niedrigsten Energie in Bild 6.2 wird durch aus dem Material in den Detektor rückgestreute (um $\Theta = 180°$) Photonen verursacht. Die Elektronen bleiben im Material zurück und so geht deren Energie für die Messung verloren. Die Rückstoßphotonen werden über Photoeffekt nachgewiesen. Der Peak befindet sich also etwa um den Betrag der Maximalenergie des Compton-Effekts unterhalb von E_0.

Genauso kann ein Photopeak entstehen durch Röntgenquanten, die nach einem Photoeffekt aus dem Material in den Detektor entkommen. Er ist hier nicht eingezeichnet.

Bemerkung:

Bei noch höheren γ-Energien muß zusätzlich noch die Paarbildung berücksichtigt werden. Das dabei entstehende Positron zerstrahlt wieder mit einem Elektron, wodurch zwei γ-Quanten mit einer Energie von jeweils 511 keV entstehen. Sie verursachen zwei weitere Escape-Peaks bei $E_0 - 511$ keV (ein Photon entkommt) und $E_0 - 1022$ keV (beide Photonen entkommen).

6.1.8 Wechselwirkungen zwischen Photonen und Nukleonen

Aufgabe:

Die Wechselwirkungen zwischen Photonen und Elektronen sind Photoeffekt, Compton-Effekt und Paarbildung. Photonen genügend hoher Energie können entsprechend auch mit Nukleonen wechselwirken. Geben Sie an, ab welchen Photonenenergien diese Wechselwirkungen möglich werden sollten.

Lösung:

Photoeffekt ist möglich, sobald die Energie der Photonen größer ist als die Bindungsenergie eines Nukleons im Kern, also $h\nu > 8$ MeV.

Compton-Effekt ist im Prinzip immer möglich, allerdings wird bei niedrigen Energien praktisch keine Energie übertragen, d.h. wir sind im Bereich der elastischen *Thompson-Streuung*. Erst sobald die Wellenlänge der Photonen in die Größenordnung der Compton-Wellenlänge der Nukleonen kommt, sind wir im Bereich der inelastischen Compton-Streuung. Das ist gleichbedeutend mit der Forderung, daß die Energie der Photonen in der Größenordnung der Ruheenergie der Nukleonen sein muß. Die Compton-Wellenlänge ist für das Proton $1.3214 \cdot 10^{-15}$ m. Damit ergibt sich als γ-Energie $hc/\lambda = 935.72$ MeV. Aus dem Energieargument ergibt sich erwartungsgemäß ein nur wenig verschiedener Wert (938.2 MeV).

Für die Paarbildung brauchen wir mindestens zwei Nukleonenmassen. Ein Proton hat eine Masse von $1836\,m_e$, d.h. wir brauchen Photonen einer Energie von $1.9\,\text{GeV}$.

6.1.9 Gravitationsrotverschiebung

Aufgabe:

1. Wie groß ist die relative Frequenzverschiebung $\Delta\nu/\nu$ eines Photons, das sich im Gravitationsfeld der Erde um die Strecke $s = 5\,\text{m}$ senkrecht zur Erdoberfläche nach oben bewegt?

2. Ist die Verschiebung beobachtbar

   (a) mit Photonen aus einem atomaren Übergang des Natriums ($\lambda = 589.6\,\text{nm}$, $\tau = 16.4\,\text{ns}$)?

   (b) mit γ-Quanten aus einem Kernübergang von ^{67}Zn ($E_\gamma = 93.32\,\text{keV}$, $T_{1/2} = 9.1\,\mu\text{s}$)?

3. Wieviele Linien müßte ein Gitter haben, um diese Verschiebung in erster Ordnung beobachten zu können. Diese Frage ist unabhängig vom Ergebnis der letzten Teilaufgabe.

Lösung:

1. Die potentielle Energie eines Photons in der Nähe der Erdoberfläche ist $U_{\text{pot}} = mgs$. Dabei ist $g = 9.81\,\text{m/s}^2$ die Fallbeschleunigung. Die Masse des Photons ist $m = h\nu/c^2$. In der Höhe s ist die Energie des Photons also

$$h\nu_{\text{s}} = h\nu - mgs = h\nu - h\,\Delta\nu \approx h\nu - \frac{h\nu}{c^2}gs.$$

Also ist

$$\frac{\Delta\nu}{\nu} = \frac{\Delta E}{E} = -\frac{gs}{c^2} = -\frac{9.81 \cdot 5}{(3 \cdot 10^8)^2} \frac{\left(\text{m/s}^2\right)\text{m}}{\left(\text{m/s}\right)^2} = 5.45 \cdot 10^{-16}.$$

2. (a) Die *Linienbreite* ergibt sich aus $\Delta E\,\tau \approx \hbar$.

$$\frac{\Delta E}{E} \approx \frac{\hbar\lambda}{\tau hc} = \frac{\lambda}{2\pi\tau c} = \frac{589.6 \cdot 10^{-9}}{2\pi \cdot 16.4 \cdot 10^{-9} \cdot 3 \cdot 10^8} \frac{\text{ms}}{\text{sm}} = 1.9 \cdot 10^{-8}.$$

Die Rotverschiebung ist also nicht beobachtbar, da die Emissionslinie zu breit ist.

(b) Hier ist die *Halbwertszeit* und nicht die *mittlere Lebensdauer* angegeben. Die Breite der Linie ist

$$\Delta E = \ln 2 \, \frac{\hbar}{T_{1/2}}.$$

Einsetzen der Zahlenwerte ergibt

$$\frac{\Delta E}{E_\gamma} = 5.4 \cdot 10^{-16}.$$

Die Rotverschiebung entspricht also in etwa einer Linienbreite, so daß sie beobachtbar ist.

3. Für die Auflösung eines Gitters gilt:

$$\frac{\Delta E}{E} = \frac{1}{N}.$$

Daraus ergibt sich:

$$N = 2 \cdot 10^{15}.$$

Dies kann praktisch nicht verwirklicht werden.

Bemerkung:

Nach dem *Einsteinschen Äquivalenzprinzip*[2] sind Masse m und Energie E eines physikalischen Systems gleichwertig. Genauer unterteilt man das *Einsteinschen Äquivalenzprinzip* in drei Aussagen

- Das *schwache Äquivalenzprinzip* fordert, daß die Raum–Zeit–Bahn eines Teilchens unabhängig von seiner Struktur und Zusammensetzung ist.

- Die *lokale Lorentzinvarianz* bedeutet, daß das Ergebnis eines Testexperiments von der Geschwindigkeit des frei fallenden Bezugssystems unabhängig ist.

- Die *Ortsunabhängigkeit* besagt, daß das Ergebnis eines Testexperiments unabhängig von Ort und Zeit der Durchführung ist.

Speziell für die letzte Aussage gelten Rotverschiebungsexperimente als grundlegende Tests. Weiterhin sind Rotverschiebungsexperimente auch bei der Suche nach einer 5. Kraft[3] von Interesse, da eine solche ebenfalls die Ursache einer anomalen Rotverschiebung sein könnte.

[2] A. Einstein, *Ann. Phys.* **35**, 898 (1911).
[3] R.J. Hughes, *Am. J. Phys.* **58**, 826 (1990).

6.2 Emission von Licht

6.2.1 Einleitung

Schwarzer Körper

Jeder Körper, der aufgeheizt wird, sendet *thermische Strahlung* aus. Die Intensität dieser Strahlung ist kontinuierlich verteilt und zwar im wesentlichen über die infraroten, sichtbaren und ultravioletten Teile des elektromagnetischen Spektrums.

Andererseits absorbiert ein Körper auch elektromagnetische Strahlung. Ein Körper, der jede auf ihn auftreffende elektromagnetische Strahlung <u>vollkommen</u> absorbiert, heißt *schwarzer Körper*. In diesem Abschnitt beschäftigen wir uns mit der thermischen Strahlung eines schwarzen Körpers, der sogenannten *schwarzen Strahlung*. Sie hat die folgende wichtige Eigenschaft:

> Die *schwarze Strahlung* ist unabhängig von den Materialeigenschaften des Strahlers.

Der Idealfall des schwarzen Körpers läßt sich durch einen hocherhitzten metallischen Hohlraum näherungsweise realisieren. Die Wände des Hohlraums müssen im thermischen Gleichgewicht mit der Strahlung sein. Er sendet dann *schwarze Strahlung* durch eine kleine Öffnung aus.

Die *Energiedichte* im Hohlraum $u(\nu, T)$ hängt nur von der Frequenz ν der Strahlung und der Temperatur T des schwarzen Körpers ab. Da wir sie nicht für eine definierte Frequenz messen können, sondern nur für ein Frequenzintervall $(\nu, \nu + d\nu)$, interessiert uns die *spektrale Energiedichte* $u(\nu, T)\, d\nu$.

Strahlungsfeldgrößen

Im folgenden werden hauptsächlich Größen angegeben, die das Strahlungsfeld kennzeichnen.

Vorsicht ist mit den Bezeichnungen geboten. In Aufgabe 2.2.3 haben wir schon die !
Strahlungsflußdichte kennengelernt. Diese Größe bezieht sich auf die Fläche, die die Strahlung empfängt. Hier behandeln wir hingegen den Strahler selbst.

Beim Studium verschiedener Lehrbücher werden Sie feststellen, daß für ein Flächenelement des Strahlers teils die Abstrahlung in ein Raumwinkelelement[4] $d\Omega$ (*Strahlungsdichte*) und teils die Abstrahlung in den Halbraum 2π (*spezifische Ausstrahlung*) angegeben wird. Diese Gleichungen unterscheiden um einen Faktor π (siehe Aufgabe 6.2.2).

---

[4] Hier kann man also den Raumwinkel einsetzen, unter dem der Sender den Empfänger "sieht". Für einen Empfänger im Abstand R mit der Fläche A_E ergibt sich

$$\Omega = \frac{A_E \cos \theta_E}{R^2}.$$

Dabei ist θ_E der Winkel, unter dem die Strahlung auf die Empfängerfläche trifft.
Der Raumwinkel ist dimensionslos. Es ist aber üblich ihm die "Einheit" *Steradiant* (sr) zuzuordnen.

Für die zweite Variante wird ein *Lambert–Strahler* (s.u.) vorausgesetzt[5]. **Achtung:** In den Lehrbüchern wird dies nicht immer eindeutig gesagt. Die Gleichungen in der folgenden Zusammenfassung geben, soweit sie die Ausstrahlung betreffen, ebenfalls die Ausstrahlung eines Lambert–Strahlers in den Halbraum (spezifische Ausstrahlung) an. In Aufgabe 6.2.6 wird zum Vergleich auch mit der anderen Variante gearbeitet. Tabelle 6.3 gibt eine Übersicht der Größen.

Tabelle 6.3: Größen, die sich auf das Strahlungsfeld eines Strahlers mit der Fläche A beziehen. Die Symbole werden in der Literatur nicht einheitlich verwendet. Größen, die sich auf eine Fläche beziehen, berücksichtigen i.a. nur die Strahlung in einen Halbraum. Der Begriff *Lambert–Strahler* wird weiter unten erklärt.

Größe	Symbol	Einheit	Bemerkung
Strahlungsleistung *oder*			
Strahlungsfluß	Φ	[W]	Leistung im Raumwinkel Ω
Strahlungsstärke	$I(\theta)$	[W sr^{-1}]	Lambert–Strahler: $I(\theta) = L\, A \cos\theta$
Strahlungsdichte	L	[W m^{-2}sr^{-1}]	$L = I(\theta = 0)/A$
Spezifische Ausstrahlung	M	[W m^{-2}]	Lambert–Strahler: $M = L\pi$

Gelegentlich findet man die Energiedichte und die Strahlungsfeldgrößen auch in Abhängigkeit von der Kreisfrequenz ω angegeben. Dazu sind $\omega = 2\pi\nu$ und $d\omega = 2\pi\, d\nu$ einzusetzen.

Das Lambertsche Kosinusgesetz

Die Strahlungsleistung $\Phi = I\Omega$ einer Fläche A ist nicht isotrop. In vielen Fällen gilt aber eine einfache Gleichung für die Winkelabhängigkeit der Strahlstärke

$$I(\theta) = L\, A \cos\theta. \tag{6.5}$$

Dieses Gesetz wurde von LAMBERT 1760 gefunden. Strahler, die es erfüllen, heißen *Lambert–Strahler*. Die Größe L heißt *Strahlungsdichte* (siehe Tabelle 6.3). Die Strahlungsdichte ist die Strahlungsleistung, die in Richtung der Flächennormalen in eine Raumwinkeleinheit abgestrahlt wird (Aufgabe 6.2.2).

Das Kirchhoffsche Strahlungsgesetz

Wir definieren zunächst den *Absorptionsgrad* α :

$$\alpha = \frac{\text{absorbierte Strahlungsenergie}}{\text{auffallende Strahlungsenergie}}. \tag{6.6}$$

Für den *schwarzen Körper* ist $\alpha = 1$. Das *Kirchhoffsche Strahlungsgesetz* besagt:

---

[5] Dies ist im Prinzip ein wichtiger Punkt. Allerdings setzt auch die Mehrzahl aller Aufgaben einen *Lambert–Strahler* voraus.

Das Verhältnis der Strahlungsdichte L zum Absorptionsgrad α eines beliebigen Temperaturstrahlers ist gleich der Strahlungsdichte L_S des schwarzen Körpers der gleichen Temperatur.

Insbesondere hängt dieses Verhältnis also nicht vom Material des Körpers ab. Der *Emissionsgrad* ε ist gegeben durch :

$$L = \varepsilon L_S. \tag{6.7}$$

Wir können das *Kirchhoffsche Strahlungsgesetz* damit auch wie folgt formulieren:

Bei einem beliebigen Temperaturstrahler ist der Emissionsgrad gleich dem Absorptionsgrad.

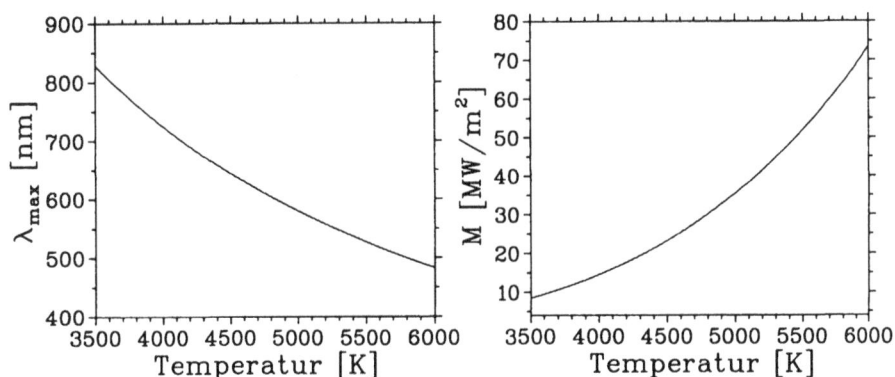

Bild 6.3: Das linke Bild zeigt die Abhängigkeit der Wellenlänge λ_{max} von der Temperatur des schwarzen Körpers (Wiensches Verschiebungsgesetz). Das rechte Bild zeigt die spezifische Ausstrahlung eines schwarzen Lambert–Strahlers nach dem Stefan–Boltzmannschen Strahlungsgesetz (Gleichung 6.8).

Das Stefan–Boltzmannsche Strahlungsgesetz

Die Gesamtemission, also das Integral der spektralen spezifischen Ausstrahlung $M_\nu(\nu, T)$ über alle Frequenzen, einer Oberflächeneinheit des schwarzen Körpers ist

$$M = \sigma T^4. \tag{6.8}$$

Dabei ist σ die *Stefan-* oder *Strahlungs-Konstante*

$$\sigma = \frac{\pi^2 k_B^4}{60 \hbar^3 c^2} = \frac{2\pi^5 k_B^4}{15\, h^3 c^2} = 5.6697 \cdot 10^{-8} \frac{W}{m^2 K^4}. \tag{6.9}$$

Allgemein gilt für einen schwarzen Körper die Proportionalität zu T^4. Gleichung 6.8 setzt aber auch noch einen *Lambert-Strahler* voraus. In Bild 6.3 ist die Gesamtemission nach dem Stefan-Boltzmannschen Gesetz dargestellt.

Das Wiensche Verschiebungsgesetz

Für die Wellenlänge λ_{max} der mit maximaler Intensität emittierten Strahlung eines schwarzen Körpers der Temperatur T gilt das *Wiensche Verschiebungsgesetz*

$$\lambda_{max} T = b = 2.897756 \cdot 10^{-3} \text{ m K}. \tag{6.10}$$

Die Konstante b ist die *Wiensche Konstante* (siehe Bild 6.3).

Das Wiensche Strahlungsgesetz

Das *Wiensche Strahlungsgesetz* für einen *Lambert-Strahler* lautet

$$M_\nu^{\mathrm{W}}(\nu, T) \approx \frac{2\pi h \nu^3}{c^2} \exp\left(-\frac{h\nu}{k_\mathrm{B} T}\right)$$

bzw.

$$M_\lambda^{\mathrm{W}}(\lambda, T) \approx \frac{2\pi h c^2}{\lambda^5} \exp\left(-\frac{hc}{\lambda k_\mathrm{B} T}\right) \tag{6.11}$$

und gilt für kurze Wellenlängen, also hohe Frequenzen.

Das Rayleigh–Jeans Gesetz

Für niedrige Frequenzen (große Wellenlängen) gilt das *Rayleigh–Jeans Gesetz*

$$M_\nu^{\mathrm{RJ}}(\nu, T) \approx \frac{2\pi \nu^2}{c^2} k_\mathrm{B} T$$

bzw.

$$M_\lambda^{\mathrm{RJ}}(\lambda, T) \approx \frac{2\pi c}{\lambda^4} k_\mathrm{B} T. \tag{6.12}$$

Auch hier ist wieder die *spezifische Ausstrahlung* eines *Lambert-Strahlers* angegeben. Das *Rayleigh-Jeans Gesetz* ergibt für kurze Wellenlängen immer höhere Energien. Dies bezeichnet man als *Ultraviolett-Katastrophe*.

Die Plancksche Strahlungsformel

Vollständig wird die schwarze Strahlung nur durch die *Plancksche Strahlungsformel* beschrieben. Die Herleitung[6] ergibt zunächst die *spektrale Energiedichte*

$$u(\nu, T) \mathrm{d}\nu = \frac{8\pi}{c^3} h \nu^3 \frac{1}{\exp\left(h\nu/(k_\mathrm{B} T)\right) - 1} \, \mathrm{d}\nu. \tag{6.13}$$

Division durch 4 (geometrischer Faktor[7]) und Multiplikation mit c ergibt die *spektrale spezifische Ausstrahlung* eines *Lambert-Strahlers* für den Halbraum 2π:

$$M_\nu(\nu, T) = \frac{2\pi}{c^2} \frac{h\nu^3}{\left(\exp\left(h\nu/(k_\mathrm{B} T)\right) - 1\right)}$$

---

[6] Die Herleitung folgt i.a. nicht der PLANCKS, sondern benutzt die Quantisierung des Strahlungsfeldes.

[7] Man betrachtet die Strahlung durch ein Loch im Hohlraum. Der Anteil der Strahlung, der das Loch treffen kann, sowie die Projektion der Lochfläche für Strahlung die nicht senkrecht auftrifft ergeben zusammen den Faktor 1/4.

bzw.

$$M_\lambda(\lambda, T) \;=\; \frac{2\pi hc^2}{\lambda^5} \, \frac{1}{\exp\left(hc/(\lambda k_B T)\right) - 1} \tag{6.14}$$

Bild 6.4 zeigt die Strahlungsflußdichte nach der Planckschen Strahlungsformel für verschiedene Temperaturen zusammen mit der Verschiebung des Maximums nach dem Wienschen Verschiebungsgesetz.

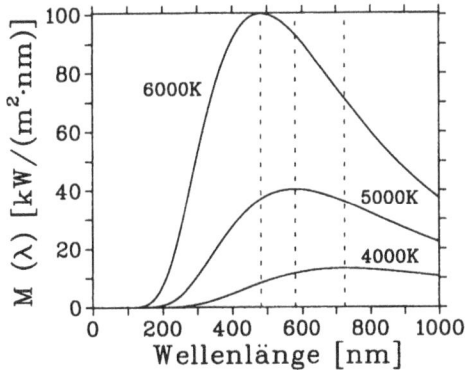

Bild 6.4:   Die spektrale spezifische Ausstrahlung nach dem Planckschen Strahlungsgesetz für verschiedene Temperaturen. Die spezifische Ausstrahlung ist die Fläche unter der Kurve. Ihre Einheit ist W/m². Die senkrechten Striche geben die Lage der Maxima nach dem Wienschen Verschiebungsgesetz für diese Temperaturen.

6.2.2   Lambert–Strahler

Aufgabe:

Die Fläche A sei ein *Lambert-Strahler*, der in Richtung der Flächennormalen die Strahlungsleistung L in eine Raumwinkeleinheit abstrahlt. Wie groß ist die Strahlungsleistung Φ im Halbraum über der Fläche?

Lösung:

Für den Lambert–Strahler ist die Strahlungsstärke I in Abhängigkeit vom Winkel θ zur Flächennormalen durch das *Lambertsche Kosinusgesetz* gegeben:

$$I(\theta) = L\,A\,\cos\theta,$$

wobei L die vorgegebene spezielle Strahlungsleistung (= Strahlungsdichte) ist.
Die Strahlungsleistung Φ in den ganzen Halbraum ist also

$$\Phi \;=\; \int_{Halbraum} I(\theta)\, d\Omega = \int_0^{2\pi} \int_0^{\pi/2} I(\theta) \sin\theta\, d\theta\, d\phi = L\,A\,2\pi \int_0^{\pi/2} \cos\theta\,\sin\theta\, d\theta$$

$$= L\,A\,2\pi\,\frac{1}{2}\int_0^{\pi/2}\sin(2\theta)\,\mathrm{d}\theta = L\,A\,2\pi\,\frac{1}{2}\frac{1}{2}\int_0^{\pi}\sin x\,\mathrm{d}x = L\,A\,2\pi\,\frac{1}{2}\frac{1}{2}2$$
$$= L\,A\,\pi.$$

Bemerkung:

Um diesen Faktor π unterscheiden sich Strahlungsformeln die die *Strahlungsdichte L* angeben von denen, die die *spezifische Ausstrahlung* $M = \pi L$ *für einen Lambert-Strahler* angeben.

6.2.3   Grenzfälle der Planckschen Strahlungsformel

Aufgabe:

Zeigen Sie, daß aus dem *Planckschen Strahlungsgesetz* für die *spezifische Ausstrahlung* eines *Lambert-Strahlers*

$$M_\lambda(\lambda, T) = \frac{2\pi h c^2}{\lambda^5}\frac{1}{\exp\left(h c/(\lambda k_{\mathrm{B}} T)\right) - 1}$$

für kurze Wellenlängen das *Wiensche Strahlungsgesetz*

$$M_\lambda^{\mathrm{W}}(\lambda, T) = \frac{2\pi h c^2}{\lambda^5}\exp\left(\frac{-h c}{\lambda k_{\mathrm{B}} T}\right)$$

und für lange Wellenlängen das *Rayleigh–Jeans Gesetz*

$$M_\lambda^{\mathrm{RJ}}(\lambda, T) = \frac{2\pi c}{\lambda^4} k_{\mathrm{B}} T$$

folgt.

Lösung:

Wir gehen vom *Planckschen Strahlungsgesetz* aus. Im Grenzfall kurzer Wellenlängen wird der Exponent im Nenner sehr groß und es gilt:

$$\exp\left(\frac{h c}{\lambda k_{\mathrm{B}} T}\right) \gg 1.$$

Wir können also die "1" im Nenner der Planckschen Strahlungsformel vernachlässigen und es ergibt sich das *Wiensche Strahlungsgesetz*

$$M_\lambda^{\mathrm{W}}(\lambda T) \approx \frac{2\pi h c^2}{\lambda^5}\exp\left(-\frac{h c}{\lambda k_{\mathrm{B}} T}\right).$$

Für lange Wellenlängen wird der Exponent klein und erlaubt die Entwicklung

$$\exp\left(\frac{h c}{\lambda k_{\mathrm{B}} T}\right) \approx 1 + \frac{h c}{\lambda k_{\mathrm{B}} T}.$$

Wir erhalten so das *Rayleigh–Jeans Gesetz*

$$M_\lambda^{\mathrm{RJ}}(\lambda, T) \approx \frac{2\pi h c^2}{\lambda^5}\frac{\lambda k_{\mathrm{B}} T}{h c} = \frac{2\pi c}{\lambda^4} k_{\mathrm{B}} T.$$

Bild 6.5 zeigt die drei Gesetze im Vergleich.

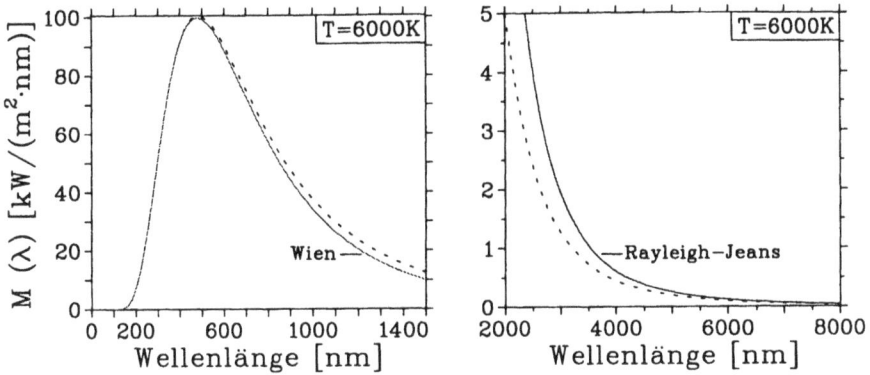

Bild 6.5: Die spektrale spezifische Ausstrahlung eines Lambert–Strahlers für $T = 6000\text{K}$ nach dem Planckschen Strahlungsgesetz (punktierte Kurven) und den beiden Näherungsformeln, dem Wienschen Strahlungsgesetz (kleine Wellenlängen) und dem Rayleigh–Jeans Gesetz (lange Wellenlängen).

6.2.4   Das Stefan–Boltzmannsche Strahlungsgesetz

Aufgabe:

Leiten Sie aus dem *Planckschen Strahlungsgesetz* für die spektrale spezifische Ausstrahlung $M_\lambda(\lambda, T)$ das *Stefan-Boltzmannsche Strahlungsgesetz* ab.
Hinweis:
Dies führt auf das Integral[8]

$$\int_0^\infty \frac{x^3}{\exp(x) - 1} = \frac{\pi^4}{15}.$$

Lösung:

Das *Stefan–Boltzmann Gesetz* erhält man durch Integration der *spektralen spezifischen Ausstrahlung* über alle Wellenlängen

$$M(T) = \int_0^\infty -M_\lambda(\lambda, T)\,\mathrm{d}\lambda = \int_0^\infty -\frac{2\pi hc^2}{\lambda^5} \frac{1}{\exp(hc/(\lambda k_B T)) - 1}\,\mathrm{d}\lambda.$$

Das Minuszeichen wird wegen $\mathrm{d}\lambda = -(c/\nu^2)\mathrm{d}\nu$ benötigt. M_λ und M_ν sind beide positiv, aber $\mathrm{d}\lambda$ und $\mathrm{d}\nu$ haben verschiedenes Vorzeichen.

---

[8] Die Auswertung des Integrals kann über eine Reihenentwicklung des Integranden erfolgen:

$$\frac{x^3}{\exp(x) - 1} = \frac{\exp(-x)\,x^3}{1 - \exp(-x)} = \exp(-x)\,x^3\,[1 + \exp(-x) + \exp(-2x) + \cdots] = \sum_{n=1}^\infty \exp(-nx)\,x^3.$$

Siehe dazu C. Kittel, *Physik der Wärme*, Oldenbourg Verlag.

Wir setzen

$$x = \frac{hc}{\lambda k_\mathrm{B} T}, \quad \lambda = \frac{hc}{x k_\mathrm{B} T} \quad \text{und} \quad \mathrm{d}\lambda = -\frac{hc}{x^2 k_\mathrm{B} T}\,\mathrm{d}x.$$

Damit erhalten wir

$$M = 2\pi \frac{hc^2 hc}{h^5 c^5} \frac{k_\mathrm{B}^5 T^5}{k_\mathrm{B} T} \int_0^\infty \frac{x^5}{x^2} \frac{1}{\exp\left(x\right) - 1}\,\mathrm{d}x = \frac{2\pi}{h^3 c^2} k_\mathrm{B}^4 T^4 \int_0^\infty \frac{x^3}{\exp\left(x\right) - 1}\,\mathrm{d}x.$$

Das Integral ist in der Aufgabe angegeben und somit ist

$$M = \frac{2\pi^5 k_\mathrm{B}^4}{15\,h^3 c^2}\,T^4 = \sigma T^4.$$

Bemerkung:
Es sei nochmals darauf hingewiesen, daß bei obigen Gleichungen ein *Lambert-Strahler* vorausgesetzt ist. Die *Strahlungs-Konstante* σ gilt also nur für einen solchen.

6.2.5   Oberflächentemperatur von Erde und Sonne

Aufgabe:

1. Außerhalb der Erdatmosphäre mißt man das Maximum des Sonnenspektrums bei einer Wellenlänge von $\approx 465\,\mathrm{nm}$. Bestimmen Sie daraus die Oberflächentemperatur der Sonne unter der Annahme, daß die Sonne ein schwarzer Körper ist.

2. Tatsächlich ist die Oberflächentemperatur der Sonne $T_\mathrm{S} \approx 5700\,\mathrm{K}$. Berechnen Sie nun die Oberflächentemperatur der Erde. Nehmen Sie dazu an, daß die Erde ein schwarzer Strahler im thermischen Gleichgewicht ist. Die Temperatur der Erdoberfläche sei Tag und Nacht gleich. Der Abstand Sonne–Erde ist $a \approx 150 \cdot 10^6\,\mathrm{km}$. Der Radius der Sonne ist $r = 6.96 \cdot 10^5\,\mathrm{km}$ und der der Erde $R \approx 6378\,\mathrm{km}$.

Lösung:

1. Wir wenden das *Wiensche Verschiebungsgesetz* an und erhalten

$$T = \frac{b}{\lambda_{\max}} \approx \frac{2.898 \cdot 10^6}{465}\,\mathrm{K} = 6232\,\mathrm{K}.$$

2. Als schwarzer Strahler im thermischen Gleichgewicht emittiert die Erde genausoviel thermische Strahlung wie sie von der Sonne empfängt. Es wird angenommen, daß die Oberfläche gleichmäßig warm ist. Die Erde nimmt dann mit ihrem Querschnitt πR^2 Strahlung auf und strahlt mit der gesamten Oberfläche $4\pi R^2$ ab.

Wir wenden das *Stefan-Boltzmannsche Gesetz* auf die Sonne an und erhalten so die *spezifische Ausstrahlung* pro Flächeneinheit. Wir multiplizieren mit der Sonnenoberfläche und dividieren durch die Fläche einer Kugel, deren Radius gleich dem Abstand Sonne–Erde ist. Dies ergibt die *Strahlungsflußdichte* auf der Erde. Das betrachtete Flächenelement steht dabei senkrecht auf die Strahlrichtung. Folglich erhalten wir den Strahlungsfluß, der auf die Erde trifft, indem wir diesen Wert mit der Querschnittsfläche[9] der Erde multiplizieren. Die Emission der Erde (Temperatur T) folgt ebenfalls aus dem *Stefan–Boltzmannschen Gesetz*, wobei wir jetzt mit der Oberfläche der Erde multiplizieren müssen. Durch Gleichsetzen von absorbierten und emittierten Strahlungsfluß erhalten wir

$$\sigma T_S^4 \frac{4\pi r^2}{4\pi a^2} \pi R^2 = \sigma T^4 4\pi R^2$$

$$T_S^4 \frac{r^2}{a^2} = 4T^4$$

$$T = \sqrt{\frac{r}{2a}} T_S = 274.35\,\text{K}.$$

In Tabelle 6.4 sind einige wissenswerte Grössen für die Sonne zusammengefaßt.

Tabelle 6.4: Die Sonne und ihre Wärmestrahlung.

mittlerer Abstand zur Erde	$149.6 \cdot 10^9$	m
Radius am Äquator	$6.96 \cdot 10^8$	m
Oberflächentemperatur	5700	K
abgestrahlte Gesamtleistung	$\approx 3.7 \cdot 10^{26}$	W
abgestrahlte Leistung pro m^2 Oberfläche	$6 \cdot 10^7$	W
Solarkonstante (Mittelwert)	$1.37 \cdot 10^3$	W/m^2

6.2.6   Solare Radiostrahlung

Aufgabe:

Von der Sonne trifft Radiostrahlung auf der Erde ein. Die Quelle dieser solaren Radiostrahlung ist die Sonnenkorona (Radius $r = 6.96 \cdot 10^5$ km, Temperatur $T = 10^6$ K). Schätzen Sie die auf der Erde eintreffende Strahlungsflußdichte E_e in einem Band der Breite 1 MHz bei der Wellenlänge $\lambda = 1$ m ab. Nehmen Sie dabei eine thermische Strahlungsverteilung und die Sonnenkorona als schwarzen Strahler an. Der mittlere Radius der Erdumlaufbahn ist $a \approx 1.5 \cdot 10^8$ km.

Lösung:

Aufgrund der Annahmen (thermische Strahlungsverteilung, schwarzer Strahler) können wir das Plancksche Strahlungsgesetz verwenden. Wir benutzen die Gleichung für die *spezifische Ausstrahlung*, die uns die Ausstrahlung pro Flächenelement des Strahlers in den Halbraum gibt. Wir können deshalb später über die Sonnenoberfläche integrieren.

---

[9] Also mit der Projektion der Halbkugel auf eine Fläche senkrecht zur Strahlrichtung.

Wir sind an einem Band[10] $\Delta\nu = 10^6\,\text{Hz}$ um $\lambda = 1\,\text{m}$, also um

$$\nu = \frac{c}{\lambda} = \frac{2.99 \cdot 10^8}{1}\,\text{Hz} = 299 \cdot 10^6\,\text{Hz}.$$

interessiert. Wegen

$$\frac{h\nu}{kT} = \frac{6.625 \cdot 10^{-34} \cdot 299 \cdot 10^6}{1.38 \cdot 10^{-23} \cdot 10^6} \approx 10^{-8} \ll 1$$

können wir $\exp\left(h\nu/(k_B T)\right)$ entwickeln und nach Einsetzen von $1 + h\nu/(k_B T)$ erhalten wir

$$M_\nu(\nu, T) = \frac{2\pi}{c^2} \frac{h\nu^3}{\left(\exp\left(h\nu/(k_B T)\right) - 1\right)}\,d\nu = \frac{2\pi}{c^2} \frac{h\nu^3}{h\nu/(k_B T)}\,d\nu = \frac{2\pi}{c^2} k_B T\,\nu^2.$$

Wir integrieren von $\nu_1 = 298.5 \cdot 10^6\,\text{Hz}$ bis $\nu_2 = 299.5 \cdot 10^6\,\text{Hz}$:

$$
\begin{aligned}
\int M_\nu(\nu, T)\,d\nu - M &= \frac{2\pi}{c^2} k_B T \int_{\nu_1}^{\nu_2} \nu^2\,d\nu \\
&\approx 0.97 \cdot 10^{-33} \frac{\text{W}}{\text{m}^2} \text{s}^3 \frac{1}{3} \nu^3 \Big|_{\nu_1}^{\nu_2} \\
&= 0.32 \left(299.5^3 - 298.5^3\right) \cdot 10^{-15} \frac{\text{W}}{\text{m}^2} \\
&\approx 85.8 \cdot 10^{-12} \frac{\text{W}}{\text{m}^2}.
\end{aligned}
$$

Dies ist die spezifische Ausstrahlung der Sonne im angegebenen Frequenzbereich. Die Strahlungsflußdichte auf der Erde erhalten wir durch Multiplikation mit der Sonnenoberfläche und durch Division durch die Oberfläche einer Kugel mit einem Radius, der dem Abstand Sonne–Erde entspricht:

$$\frac{4\pi r^2}{4\pi a^2} = \frac{r^2}{a^2} = \frac{(6.96 \cdot 10^5)^2}{(1.5 \cdot 10^8)^2} \frac{\text{km}^2}{\text{km}^2} = 21.5 \cdot 10^{-6}$$

Unser Ergebnis ist also

$$E_e \approx 21.5 \cdot 10^{-6}\, 85.8 \cdot 10^{-12} \frac{\text{W}}{\text{m}^2} \approx 1.85 \cdot 10^{-15} \frac{\text{W}}{\text{m}^2}.$$

Anderer Weg:
Zum Vergleich wollen wir hier noch einen Lösungsweg gehen, der von der *Planckschen Formel* für die *Strahlungsdichte*

$$L_\nu(\nu, T) = \frac{2}{c^2} \frac{h\nu^3}{\left(\exp\left(h\nu/(k_B T)\right) - 1\right)} \tag{6.15}$$

ausgeht. Diese Formel beinhaltet noch keine Winkelabhängigkeit der *Strahlungsstärke* I. Gemäß der Aufgabenstellung kann dafür das *Lambertsche Kosinusgesetz*

$$I(\theta) = L A \cos\theta$$

[10] Die Einheit [Hz] wird üblicherweise für die Frequenz ν und nicht für die Kreisfrequenz ω verwendet.

angenommen werden. Wir erkennen, daß es die Projektion $A \cos\theta$ der Sonnenoberfläche (Halbkugel) in Richtung der Ausstrahlung, also in Richtung der Erde, enthält. Dies ist aber gerade die Querschnittsfläche πr^2 der Sonne. Also ist die *Strahlungsstärke* in Richtung Erde

$$I = L\pi r^2.$$

Der *Strahlungsfluß* ist (*Strahlungsstärke·Raumwinkel*). Der Raumwinkel unter dem die Erde von der Sonne aus erscheint ist $\pi R^2/a^2$. Dabei haben wir ebenfalls die Halbkugel (Erde) auf die Querschnittsfläche projiziert. Für den Strahlungsfluß Φ ergibt sich also

$$\Phi = L\pi r^2 \frac{\pi R^2}{a^2}.$$

Die *Strahlungsflußdichte* erhalten wir nach Division durch die Querschnittsfläche der Erde. Wir fassen die Faktoren zusammen:

$$\pi r^2 \frac{\pi R^2}{a^2} \frac{1}{\pi R^2} = \pi \frac{r^2}{a^2}.$$

Wie erwartet bleibt uns der Faktor π, durch den sich die Gleichungen für Strahlungsdichte und spezifische Ausstrahlung unterscheiden und der Faktor r^2/a^2, den wir beim ersten Weg als Verhältnis von Kugelflächen erhalten haben. Die übrigen Rechenschritte entsprechen denen des ersten Lösungsweges.

6.2.7 Sonnenstrahlung

Aufgabe:

Die mittlere Strahlungsflußdichte der auf der Erde eintreffenden Sonnenstrahlung ist durch die Solarkonstante $S_S = 1.37 \cdot 10^3 \, \text{W/m}^2$ gegeben. Der Radius R der Erde beträgt ≈ 6378 km. Die Oberflächentemperatur der Sonne ist $T_S \approx 5700$ K. Berechnen Sie nur aus diesen Angaben und mit Hilfe der Strahlungs-Konstanten $\sigma = 5.6697 \cdot 10^{-8}$ $\text{W}/(\text{m}^2\text{K}^4)$ und der Wienschen Konstanten $b = 2.897756 \cdot 10^{-3} \, \text{m K}$ den auf der Erde eintreffenden Strahlungsfluß in einem Band $\Delta\lambda = 1$ nm um das Maximum des Sonnenspektrums. Nehmen Sie dabei eine thermische Strahlungsverteilung und die Sonne als schwarzen Strahler an. Der Atmosphäre der Erde wird vernachlässigt.

Hinweis: Die spezifische Ausstrahlung kann innerhalb des Bandes durch den Wert am Maximum genähert werden.

Lösung:

Das *Stefan-Boltzmannsche Gesetz* in der Form

$$M = \sigma T^4$$

gibt die spezifische Ausstrahlung eines *Lambert-Strahlers* in den Halbraum (Raumwinkel 2π) an. Laut Voraussetzung (Schwarzer Strahler, Lambert-Strahler) können wir die Solarkonstante also aus dem *Stefan-Boltzmann Gesetz* durch Multiplikation mit r^2/a^2 errechnen, wobei r der Radius der Sonne ist und a der Abstand Sonne–Erde. In diesem

Fall sind wir gerade an der Bestimmung dieses Verhältnisses interessiert, da uns von der Sonne nur die Temperatur gegeben ist. Wir erhalten

$$\frac{r^2}{a^2} = \frac{S_S}{\sigma T_S^4} = \frac{1.37 \cdot 10^3}{5.6697 \cdot 10^{-8} \cdot 5700^4} \frac{\text{W m}^2\text{K}^4}{\text{m}^2 \text{ WK}^4} \approx 22.89 \cdot 10^{-6}$$

Dieses Ergebnis werden wir weiter unten benötigen.

Aus der Temperatur der Sonne erhalten wir die Wellenlänge $\lambda_{\max}$ am Maximum der Strahlungsdichte mit dem *Wiensche Verschiebungsgesetz*

$$\lambda_{\max} = \frac{b}{T} = \frac{2.897756 \cdot 10^{-3}}{5700} \frac{\text{m K}}{\text{K}} = 508.4 \cdot 10^{-9}\,\text{m}.$$

Jetzt können wir die spezifische Ausstrahlung M_{Band} der Sonne im vorgegebenen Wellenlängenbereich mit Hilfe der *Planckschen Strahlungsformel* berechnen. Da die spezifische Ausstrahlung innerhalb des Intervalls gleich $\lambda_{\max}$ gesetzt werden darf, können wir die Integration durch eine Multiplikation mit $\Delta\lambda$ ersetzen und erhalten:

$$M_{\text{Band}} = \int_{\Delta\lambda} -M_\lambda(\lambda, T)\,\mathrm{d}\lambda \approx -\frac{2\pi hc^2}{\lambda_{\max}^5} \frac{1}{\exp\left(hc/(\lambda_{\max}k_B T)\right) - 1}\,(-\Delta\lambda).$$

Einsetzen der Zahlenwerte ergibt für das Argument der Exponentialfunktion:

$$A = \frac{hc}{\lambda_{\max}k_B T} = \frac{6.625 \cdot 10^{-34} \cdot 2.99 \cdot 10^8}{508.4 \cdot 10^{-9} \cdot 1.38 \cdot 10^{-23} \cdot 5700} \frac{\text{JsKm}}{\text{mJKs}} \approx 4.953$$

$$M_{\text{Band}} = \frac{2\pi \cdot 6.625 \cdot 10^{-34} \cdot (2.99 \cdot 10^8)^2 \cdot 1 \cdot 10^{-9}}{(508.4 \cdot 10^{-9})^5} \frac{1}{\exp(4.953) - 1} \frac{\text{Jsm}^3}{\text{m}^5\text{s}} = 77.9 \cdot 10^3 \frac{\text{W}}{\text{m}^2}.$$

Daraus läßt sich die Strahlungsflußdichte auf der Erde durch Multiplikation dem oben berechneten Faktor r^2/a^2 berechnen. Da aber nach dem Strahlungsfluß gefragt ist, müssen wir noch mit der Querschnittsfläche der Erde multiplizieren. Daraus folgt also:

$$\begin{aligned}
\Phi_{\text{Band}} &= \frac{r^2}{a^2}\pi R^2 M \\
&= 22.89 \cdot 10^{-6} \cdot \pi \cdot (6.378 \cdot 10^6)^2 \cdot 77.9 \cdot 10^3\,\text{W} = 1.783 \cdot \pi \cdot (6.378 \cdot 10^6)^2\,\text{W} \\
&= 2.28 \cdot 10^{14}\,\text{W}.
\end{aligned}$$

6.3   Materiewellen

6.3.1   Einleitung

De Broglie–Wellen

Auch Teilchen mit nicht verschwindender Ruhemasse zeigen Welleneigenschaften. Ein Teilchenstrahl, bei dem alle Teilchen den gleichen Impuls $\vec{p}$ und die gleiche Energie E (Ruheenergie + kinetische Energie) haben, ist einer ebenen monochromatischen Welle der Wellenlänge

$$\lambda = \frac{h}{p} \tag{6.16}$$

äquivalent. Wir nennen λ die *de Broglie–Wellenlänge* .
Die Eigenschaften der Teilchenwellen sind in Tabelle 6.5 zusammengestellt.

Tabelle 6.5: Welleneigenschaften von Teilchen mit Ruhemasse m_0 ungleich Null, Masse m und Geschwindigkeit $\vec{v}$.

Ruheenergie	Wellenlänge	Frequenz	Wellenvektor
$m_0 c^2$	$\lambda = h/(m\,|\vec{v}|)$	$\nu = E/h = mc^2/h$	$|\vec{k}| = 2\pi/\lambda$

Für nicht–relativistische Elektronen die durch die Spannung U (in Volt) beschleunigt wurden ist die *de Broglie–Wellenlänge*

$$\lambda = \frac{12.26}{\sqrt{U}} \ [\text{Å}] . \tag{6.17}$$

Offensichtlich ergeben 100 V Beschleunigungsspannung Wellenlängen im Å–Bereich. Die Elektronen haben dann eine Energie von 100 eV. Neutronen der Energie E (in eV) haben die *de Broglie–Wellenlänge*

$$\lambda = \frac{0.286}{\sqrt{E}} \ [\text{Å}] . \tag{6.18}$$

Thermische Neutronen haben ebenfalls Wellenlängen im Å–Bereich ($E \approx 1/40\,\text{eV}$). Einzelne Teilchen, die sich mit der Geschwindigkeit $\vec{v}$ bewegen, werden durch ein *Wellenpaket* beschrieben, das sich mit der *Gruppengeschwindigkeit* $\vec{v}$ bewegt (siehe Aufgabe 6.3.5). Die *Phasengeschwindigkeit* des Wellenpaketes ist

$$v_{\text{ph}} = \frac{\omega}{k} = \frac{c^2}{|\vec{v}|} . \tag{6.19}$$

Materiewellen zeigen also Dispersion[11].

---

[11] vgl. Abschnitt 2.3.

Schrödingergleichung

Aufgrund der Welleneigenschaften der Teilchen können mikroskopische Systeme durch *Wellengleichungen* beschrieben werden. In nicht–relativistischer Näherung ist dies die *Schrödingergleichung*. Die *Wellenfunktion* $\Psi(\vec{r},t)$, die ein Teilchen beschreibt, muß diese Gleichung erfüllen.

Bewegt sich das Teilchen im Potential V, so lautet die *Schrödingergleichung*

$$
\begin{aligned}
i\hbar\frac{\partial}{\partial t}\Psi(\vec{r},t) &= -\frac{\hbar^2}{2m}\vec{\nabla}^2\,\Psi(\vec{r},t) + V\,\Psi(\vec{r},t)\\
&= \left(-\frac{\hbar^2}{2m}\vec{\nabla}^2 + V\right)\Psi(\vec{r},t)\\
&= \mathcal{H}\,\Psi(\vec{r},t).
\end{aligned}
\tag{6.20}
$$

$\mathcal{H}$ heißt *Hamiltonoperator*. Die Größe $|\Psi(\vec{r},t)|^2$ ist die Wahrscheinlichkeit das Teilchen am Ort $\vec{r}$ zur Zeit t zu finden. Da das Teilchen irgendwo im Raum sein muß, muß die Wahrscheinlichkeit es irgendwo zu finden gleich 1 sein, also

$$
\int_{\text{ganzer Raum}} |\Psi(\vec{r},t)|^2\,d\vec{r} = 1.
\tag{6.21}
$$

Ist der Hamiltonoperator *zeitunabhängig*, so erhalten wir die zeitunabhängige Form der Schrödingergleichung, die uns die sogenannten *stationären Lösungen* liefert. Das sind Lösungen zu einer bestimmten Energie. Ein zeitunabhängiger Hamiltonoperator erlaubt die Separation der Variablen[12]. Wir können $\Psi(\vec{r},t)$ separieren in $\Psi(\vec{r})A(t)$. Damit erhalten wir

$$
\begin{aligned}
\Psi(\vec{r})\cdot i\hbar\frac{\partial A(t)}{\partial t} &= A(t)\cdot\mathcal{H}\Psi(\vec{r})\\
\frac{i\hbar}{A(t)}\frac{\partial A(t)}{\partial t} &= \frac{1}{\Psi(\vec{r})}\mathcal{H}\Psi(\vec{r}) = \text{const} = E
\end{aligned}
$$

Es muß sich eine Konstante ergeben, da eine Seite nur von t und eine nur von $\vec{r}$ abhängt. Somit haben wir die Schrödingergleichung in den zeitabhängigen Teil

$$
i\hbar\frac{\partial A(t)}{\partial t} = E\,A(t)
\tag{6.22}
$$

und den zeitunabhängigen Teil

$$
\mathcal{H}\Psi(\vec{r}) = E\,\Psi(\vec{r})
\tag{6.23}
$$

aufgeteilt. Gleichung 6.23 heißt *zeitunabhängige Schrödingergleichung*. Da sich aus ihr Zustände ergeben, deren <u>Aufenthaltswahrscheinlichkeitsdichten</u> $|\Psi(\vec{r})|^2$ zeitunabhängig sind, heißen diese Zustände *stationäre Zustände*. Da auch die Impulsverteilung zeitunabhängig ist, ist das Ergebnis einer Orts– oder Impulsmessung an einem solchen System unabhängig vom Zeitpunkt der Messung.

---

[12] Die linke Seite der Gleichung 6.20 wirkt nur auf t, während die rechte nur auf $\vec{r}$ wirkt.

Man sollte aber nicht vergessen, daß die Gesamtwellenfunktion auch einen zeitabhängigen Anteil $A(t)$ hat, für den man die Lösung sofort angeben kann:

$$A(t) = \exp\left(\frac{-iEt}{\hbar}\right). \tag{6.24}$$

Wie man sieht handelt es sich bei Gleichung 6.23 um ein Eigenwertproblem. Freie Teilchen können jeden Energiewert haben. Es handelt sich also um ein kontinuierliches Energiespektrum. Wird ein Teilchen dagegen durch ein Potential auf ein bestimmtes Volumen beschränkt, so erhalten wir für diese gebundenen Zustände ein diskretes Energiespektrum, d.h. es sind nur bestimmte Energieeigenwerte möglich.
Mehr über die Schrödingergleichung und den Formalismus der Quantenmechanik ist in Aufgabe 6.3.3 und 6.3.4 zusammengestellt.

Heisenbergsche Unschärferelationen

Für mikroskopische Systeme gelten die *Heisenbergschen Unschärferelationen*. In Tabelle 6.6 sind die Unschärferelationen für Impuls und Ort sowie für Energie und Zeit zusammengefaßt. In den Lehrbüchern werden diese meist ausgehend von einem Wellenpaket abgeleitet. Dabei wird oft $2\pi \approx 1$ gesetzt, so daß sich "verschiedene" Unschärferelationen ergeben. Beachten Sie, daß es keine Unschärferelation zwischen z.B. x und p_y gibt.

Tabelle 6.6: Die Heisenbergschen Unschärferelationen für Ort und Impuls sowie für Energie und Zeit.

$$\begin{array}{ll} \Delta x\,\Delta p_x \gtrsim h & \Delta t\,\Delta\omega \gtrsim 2\pi \\ \Delta y\,\Delta p_y \gtrsim h & \Delta t\,\Delta E \gtrsim h \\ \Delta z\,\Delta p_z \gtrsim h & \end{array}$$

In der Quantenmechanik werden wir eine strengere Formulierung der Unschärferelationen kennenlernen. Es wird sich zeigen, daß für die Unsicherheiten zweier kanonisch konjugierter (kartesischer) Größen p_i und q_i eines R-dimensionalen quantenmechanischen Systems gilt:

$$\Delta p_i \cdot \Delta q_i \geq \frac{1}{2}\hbar. \tag{6.25}$$

Die Unschärfen der Größen p_i und q_i berechnen sich dabei nach:

$$\Delta p_i = \sqrt{<p_i>^2 - <p_i^2>} \quad \text{und} \quad \Delta q_i = \sqrt{<q_i>^2 - <q_i^2>}. \tag{6.26}$$

$\hbar/2$ ist also z.B. die absolute untere Grenze für das Produkt $\Delta x\,\Delta p_x$.
Bemerkung:
Wichtig ist es sich klarzumachen, daß man die zeitliche Entwicklung einer Wahrscheinlichkeitsfunktion zwischen zwei Beobachtungen zwar berechnet, es aber völlig unmöglich ist, anschaulich zu beschreiben, was zwischen den beiden Beobachtungen geschieht.
Die Wahrscheinlichkeitsfunktion genügt einer Bewegungsgleichung, die ihre Änderung mit der Zeit vollkommen bestimmt, aber keine Beschreibung des Systems in Raum und Zeit liefert.

Eine Bestimmung in Raum und Zeit ist nur durch die Beobachtung möglich. Dadurch wird aber die Wahrscheinlichkeitsfunktion verändert.

6.3.2   Klassische Teilchen

Aufgabe:

Eine Kugel (Masse $m = 3\,\text{g}$) bewege sich mit einer Geschwindigkeit $v = 0.02 \pm 0.001\,\text{m/s}$.

1. Berechnen Sie die *de Broglie-Wellenlänge* λ der Kugel.

2. Berechnen Sie die prinzipielle Unsicherheit in der Ortsbestimmung für die Kugel.

Lösung:

1. Die *de Broglie-Wellenlänge* der Kugel ist

$$\lambda = \frac{h}{mv} = \frac{6.6 \cdot 10^{-34}}{0.0030.02}\,\text{m} \approx 1 \cdot 10^{-29}\,\text{m}.$$

Die Wellenlänge ist also um viele Größenordnungen kleiner als ein Atomdurchmesser, so daß die Beobachtung von Wellenphänomenen unmöglich ist.

2. Gemäß der Aufgabe beträgt die Ungenauigkeit der Geschwindigkeitsmessung $\Delta v = 2 \cdot 0.001\,\text{m/s} = 0.002\,\text{m/s}$. Nach der Heisenbergschen Unschärferelation ergibt sich also:

$$\Delta x \approx \frac{h}{\Delta(mv)} = \frac{h}{m\Delta v} = \frac{6.6 \cdot 10^{-34}}{0.003 \cdot 0.002}\,\text{m} \approx 1 \cdot 10^{-28}\,\text{m}.$$

Dies ist ebenfalls weit weniger als ein Atomdurchmesser und somit nicht meßbar.

Wir haben also unsere Erfahrung bestätigt: Die Kugel verhält sich wie ein klassisches Objekt.

6.3.3   Die Schrödingergleichung I

Aufgabe:

Für eine *de Brogliesche Materiewelle* gilt

$$\vec{p} = \hbar \vec{k} \quad \text{und} \quad E = \frac{\hbar^2}{2m}\vec{k}^2 + V = \hbar\omega,$$

wobei E die Gesamtenergie ist.

1. Zeigen Sie, daß aus der Wellengleichung

$$-\nabla^2\Psi = \frac{1}{v_{\text{ph}}}\frac{\partial^2\Psi}{\partial t^2} = 0$$

für eine ebene Welle mit fester Frequenz ω die stationäre Schrödingergleichung

$$-\frac{\hbar^2}{2m}\nabla^2\Psi + V\Psi = E\Psi$$

folgt.

2. Leiten Sie aus der stationären Schrödingergleichung die zeitabhängige Form ab, indem Sie E eliminieren.

Lösung:

1. Die Phasengeschwindigkeit ist gegeben durch

$$v_{\text{ph}} = \frac{\omega}{k} = \frac{\hbar\omega}{\hbar k} = \frac{E}{p} = \frac{E}{\sqrt{2m(E-V)}}.$$

Die zweite Ableitung der ebenen Welle

$$\Psi \propto \exp\left(-i\omega t + i\vec{k}\vec{r}\right)$$

nach der Zeit ergibt

$$\frac{\partial^2\Psi}{\partial t^2} = -\omega^2\,\Psi = \frac{E^2}{\hbar^2}\Psi.$$

Damit erhalten wir aus der Wellengleichung

$$-\nabla^2\Psi - \frac{E^2}{\hbar^2 v_{\text{ph}}^2}\Psi = -\nabla^2\Psi - \frac{E^2\,2m(E-V)}{\hbar^2 E^2}\Psi = 0.$$

Daraus folgt die stationäre Schrödingergleichung

$$-\frac{\hbar^2}{2m}\nabla^2\Psi + (V-E)\Psi = 0$$

oder

$$-\frac{\hbar^2}{2m}\nabla^2\Psi + V\Psi = E\Psi.$$

Obiger Weg entspricht im Prinzip SCHRÖDINGERS Vorgehen. Mit seiner Wellentheorie konnte er die diskreten Zustände der Quantenmechanik mit Eigenschwingungen identifizieren. Die Strahlungsfrequenzen der Übergänge zwischen zwei Zuständen waren für Schrödinger Schwebungsfrequenzen.

2. Die erste zeitliche Ableitung einer ebenen Welle ergibt

$$\frac{\partial \Psi}{\partial t} = -i\omega\Psi = -i\frac{E}{\hbar}\Psi.$$

Also ist

$$i\hbar\Psi = E\Psi$$

und die zeitabhängige Schrödingergleichung hat die Form

$$\left(-\frac{\hbar^2}{2m}\nabla^2 + V\right)\Psi = i\hbar\frac{\partial}{\partial t}\Psi.$$

Bemerkung:
Beachten Sie, daß wir so eine Wellengleichung gefunden haben, deren Lösungen automatisch die Relation

$$\hbar\omega = \frac{\hbar^2 k^2}{2m}$$

für Materiewellen erfüllen.
Teilchen müssen allerdings als Wellenpakete dargestellt werden. Diese laufen mit der Zeit auseinander. Die einzige Ausnahme ist der harmonische Oszillator. Die Wellengruppen führen in diesem Fall periodische Bewegungen aus und laufen nicht auseinander.

6.3.4 Die Schrödingergleichung II

Aufgabe:

In der Quantenmechanik werden die klassischen Meßgrößen durch Operatoren ersetzt. Es gilt:

$$\vec{p} \rightarrow \frac{\hbar}{i}\nabla \quad \text{und} \quad E \rightarrow i\hbar\frac{\partial}{\partial t}.$$

Diese Operatoren werden auf die Wellenfunktion Ψ angewandt.

1. Leiten Sie die zeitabhängige Schrödingergleichung ab, indem Sie die Energie-Impuls–Beziehung aus der klassischen Mechanik benutzen und die entsprechenden Größen durch ihre Operatoren ersetzen.

2. Wie lautet der quantenmechanische Hamiltonoperator $\mathcal{H}$ für ein Teilchen im Potential $V(\vec{r})$. Der Hamiltonoperator hat als Eigenwerte die möglichen Energien des Teilchens.

3. Für ein Elektron im Coulomb–Potential eines Kerns mit $Z = 1$ (Wasserstoffatom) lautet die Wellenfunktion des Grundzustands

$$\Psi = \frac{2}{\sqrt{4\pi}}\left(\frac{1}{r_B}\right)^{3/2}\exp\left(-\frac{r}{r_B}\right).$$

Überprüfen Sie, ob Ψ die zeitunabhängige Schrödingergleichung

$$\left(-\frac{\hbar^2}{2m}\nabla^2 + V(r)\right)\Psi = E\Psi$$

löst.

Hinweis: Der Grundzustand des Wasserstoffatoms hat die Gesamtdrehimpuls-quantenzahl $l = 0$. Daraus ergibt sich eine kugelsymmetrische Aufenthaltswahr-scheinlichkeitsdichte $|\Psi|^2$. Deshalb können wir zur Vereinfachung die Winkelan-teile im Laplaceoperator außer acht lassen.

Lösung:

In der klassischen Mechanik können wir Ort und Impuls eines Körpers eindeutig vor-hersagen. Dazu benötigen wir Ort und Impuls des Anfangzustandes und die Bewe-gungsgleichung. In der Quantenmechanik ist das nicht möglich. Entsprechend der Hei-senbergschen Unbestimmtheitsrelationen sind Ort und Impuls nicht gleichzeitig exakt bestimmbar, da sie kanonisch konjugierte Variable sind.

In Schrödingers Wellenmechanik wird durch die Schrödingergleichung die zeitliche Ent-wicklung einer Wahrscheinlichkeitsfunktion beschrieben. Raum–zeitliche Aussagen sind prinzipiell unmöglich. Erst durch eine Messung wird ein Zustand des Systems bestimmt, was aber natürlich die zeitliche Entwicklung der Wahrscheinlichkeitsfunktion stört.

Obwohl das folgende Beispiel in vielen Lehrbüchern zu finden ist, wollen wir hier doch noch einmal die prinzipielle Meßunsicherheit anhand der Ortsbestimmung eines kleines Teilchen diskutieren. Wir benutzen dazu ein Mikroskop. Damit kann der Ort mit einer Unsicherheit in der Größenordnung der Wellenlänge des benutzten Lichts bestimmt werden. Also ist

$$\Delta x \approx \lambda.$$

Natürlich können wir die Lichtwellenlänge immer kleiner machen, womit aber ein merk-licher Impuls in der Größenordnung

$$\Delta p_x \approx \frac{h}{\lambda}$$

auf das beobachtete Teilchen übertragen wird. Daraus folgt, daß die Unbestimmtheit des Ortes mit der Unbestimmtheit des Impulses gemäß

$$\Delta x \, \Delta p_x \approx h$$

verknüpft ist (siehe Tabelle 6.6).

Betrachten wir für ein System von Meßpunkten die Koordinaten x_k und die Impulse p_k, so gilt in der klassischen Mechanik

$$\frac{\partial x_k}{\partial t} = \frac{\partial H}{\partial p_k} \quad \text{und} \quad \frac{\partial p_k}{\partial t} = -\frac{\partial H}{\partial x_k}.$$

Dabei ist die Hamiltonfunktion H eine Funktion der x_k und p_k. In der klassischen Mechanik sind alle x_k und p_k Größen mit einem Zahlenwert. Ein klassisches System ist also determiniert.

In der Quantentheorie können x_k, p_k nur innerhalb der Unschärferelation angegeben werden. Für die Zukunft können nur Wahrscheinlichkeitsaussagen gemacht werden. Der Ausdruck

$$|\Psi (x, y, z)|^2 \, dx \, dy \, dz$$

gibt die Wahrscheinlichkeit dafür an, ein Teilchen im Volumenelement (dx, dy, dz) an der Stelle (x, y, z) zu finden.

Häufig sind Wellenfunktion wie hier als Funktion des Ortes angegeben (*Ortsdarstellung*). Betrachten wir nur $\Psi(x)$ so ist $|\Psi(x)|^2 dx$ die Wahrscheinlichkeit das Teilchen zwischen x und $x + dx$ zu finden und der Ortsmittelwert ist

$$\bar{x} = \int_{-\infty}^{\infty} \Psi^*(x) \, x \, \Psi(x) \, dx = \int_{-\infty}^{\infty} x \, \Psi^2(x) \, dx$$

wobei die Wellenfunktion gemäß

$$\int_{-\infty}^{\infty} |\Psi(x)|^2 \, dx = 1$$

normiert sein muß. Wir haben jetzt x nicht mehr im Sinn einer Variablen benutzt der ein Zahlenwert zugeordnet werden kann, sondern als *Ortsoperator*. Ein Operator gibt eine Rechenvorschrift an, die auf eine Wellenfunktion wirkt. Im Fall des Ortsoperator besagt sie, daß die Wellenfunktion (in der Ortsdarstellung) mit x zu multiplizieren ist. Etwas komplizierter sieht die Sache mit dem *Impulsoperator* aus, wenn wir unsere Wellenfunktion im Ortsraum darstellen[13]. Den Mittelwert des Impuls erhalten wir aus

$$\bar{p} = \int_{-\infty}^{\infty} \Psi^*(x) \left(\frac{h}{i} \frac{\partial}{\partial x} \right) \Psi(x) \, dx.$$

Beachten Sie, daß die Operatoren, so wie wir sie hier verwenden, zeitunabhängig sind. Die Zeitabhängigkeit steckt in den Wellenfunktionen. Man nennt dies das *Schrödingerbild*.

1. Klassisch gilt

$$\frac{p^2}{2m} = E.$$

Für E und p setzen wir die entsprechenden Operatordarstellungen ein und wenden sie auf die Wellenfunktion an

$$\left(\frac{1}{2m} \left(\frac{\hbar}{i} \right)^2 \right) \nabla^2)\Psi = -\frac{\hbar^2}{2m} \nabla^2 \Psi = i\hbar \frac{\partial}{\partial t} \Psi.$$

Dies ist die Schrödingergleichung für freie Teilchen. Unsere Vorgehensweise spiegelt die Korrespondenz zwischen klassischer Mechanik und Quantenmechanik wider:

Den klassischen physikalischen Größen sind in der Quantenmechanik (hermitesche) Operatoren zugeordnet[14]. Die quantenmechanischen Relationen entsprechen den quantenmechanischen.

---

[13] Würden wir die Wellenfunktion im Impulsraum darstellen, so hätte natürlich der Impulsoperator die einfache Form einer Multiplikation mit p und der Ortsoperator wäre komplizierter.

[14] ...und den Poisson-Klammern die Kommutatoren.

2. Der Hamiltonoperator ist

$$\mathcal{H} = -\frac{\hbar^2}{2m}\nabla^2 + V(\vec{r}).$$

Ist er, wie hier, zeitunabhängig, so läßt sich die Schrödingergleichung in eine zeitabhängige und eine zeitunabhängige Gleichung separieren. Die Eigenwerte des Hamiltonoperators sind dann die Energien der stationären Zustände des Teilchens.

3. Da es sich um ein kugelsymmetrisches Problem handelt, verwenden wir den Laplaceoperator in Kugelkoordinaten, wobei wir die winkelabhängigen Anteile nicht berücksichtigen müssen (siehe Aufgabe 1.2.2):

$$\nabla^2\Psi = \frac{1}{r}\frac{\partial^2}{\partial r^2}(r\Psi) = \frac{\partial^2}{\partial r^2}\Psi + \frac{2}{r}\frac{\partial}{\partial r}\Psi.$$

Mit der Wellenfunktion

$$\Psi = \frac{2}{\sqrt{4\pi}}\left(\frac{1}{r_B}\right)^{3/2}\exp\left(-\frac{r}{r_B}\right)$$

erhalten wir

$$\frac{\partial}{\partial r}\Psi = \frac{2}{\sqrt{4\pi}}\left(\frac{1}{r_B}\right)^{3/2}\left(-\frac{1}{r_B}\right)\exp\left(-\frac{r}{r_B}\right)$$

$$\frac{\partial^2}{\partial r^2}\Psi = \frac{2}{\sqrt{4\pi}}\left(\frac{1}{r_B}\right)^{3/2}\left(-\frac{1}{r_B}\right)^2\exp\left(-\frac{r}{r_B}\right).$$

Also ist

$$\begin{aligned}\left(-\frac{\hbar^2}{2m_e}\nabla^2 + V(\vec{r})\right)\Psi &= -\frac{\hbar^2}{2m_e}\frac{2}{\sqrt{4\pi}}\left(\frac{1}{r_B}\right)^{3/2}\left[\frac{1}{r_B^2} - \frac{2}{r}\frac{1}{r_B}\right]\exp\left(-\frac{r}{r_B}\right) + V(r)\Psi\\ &= \left(-\frac{\hbar^2}{2m_e}\frac{1}{r_B^2} + \frac{\hbar^2}{2m_e}\frac{2}{r_B}\frac{1}{r} + V(r)\right)\Psi\\ &= E\Psi.\end{aligned}$$

Bemerkung:

Im Wasserstoffatom bewegt sich ein Elektron im Coulombpotential des Kerns:

$$V(r) = -\frac{1}{4\pi\varepsilon_0}\frac{e^2}{r}.$$

In Abschnitt 7.1 werden wir das *Bohrsche Atommodell* kennenlernen. Dieses Atommodell ordnet dem Elektron eine Kreisbahn zu. Im Grundzustand ist der Radius der Bahn der sog. *Bohrsche Radius*

$$r_B = \frac{4\pi\varepsilon_0}{e^2}\frac{\hbar^2}{m_e}, \tag{6.27}$$

der ja auch in obiger Wellenfunktion vorkommt. Um die Energie des Grundzustandes zu berechnen, ersetzen wir im oben gefundenen Ausdruck den Radius r durch den *Bohrschen Radius* r_B. Wir erhalten:

$$E = -\frac{\hbar^2}{2m_e}\frac{1}{r_B^2} + \frac{\hbar^2}{2m_e}\frac{2}{r_B}\frac{1}{r} - \underbrace{\frac{e^2}{4\pi\varepsilon_0}}_{\displaystyle \frac{\hbar^2}{m_e}\frac{1}{r_B}}\frac{1}{r}$$

$$= -\frac{\hbar^2}{2m_e}\frac{1}{r_B^2} = -E_R \approx -13.6\,\text{eV}.$$

E_R ist die *Rydbergenergie*. Das Vorzeichen der Energie ist negativ, da der Nullpunkt der Energie so gewählt ist, daß alle gebundenen Zustände negative Energien haben. Die Rydbergenergie ist also die Ionisierungsenergie des Wasserstoffatoms.

6.3.5 Wellenpakete

Aufgabe:

In der Quantenmechanik werden Teilchen als Wellenpakete beschrieben. Beim Ansatz einer gaußförmigen Impulsverteilung

$$\phi(p) = C\exp\left[-\frac{(p - p_0)^2 d^2}{\hbar^2}\right]$$

ergibt eine Überlagerung ebener Wellen in der Ortsdarstellung ebenfalls ein Gaußpaket (Fouriertransformation). Im eindimensionalen Fall ergibt sich die Aufenthaltswahrscheinlichkeitsdichte zu

$$|\Psi(x,t)|^2 = \frac{1}{d\sqrt{2\pi(1 + \Delta^2)}}\exp\left[-\frac{(x - vt)^2}{2d^2(1 + \Delta^2)}\right]\quad\text{mit}\quad \Delta = \frac{t\hbar}{2md^2}.$$

1. Berechnen Sie die zeitabhängige Ortsunschärfe.

2. Gegeben ist ein makroskopischer Körper (Masse $1\,g$). Geben Sie einen sinnvollen Wert für die Ortsunschärfe an (Begründung) und berechnen Sie nach welcher Zeit sich diese aufgrund des "Zerfließens" des Wellenpakets verdoppelt hat.

Hinweis:

$$\int_{-\infty}^{\infty}\exp\left(-ax^2\right)\mathrm{d}x = \sqrt{\frac{\pi}{a}}\quad\text{und}\quad \int_{-\infty}^{\infty}x^2\exp\left(-ax^2\right)\mathrm{d}x = \frac{\sqrt{\pi}}{2a^{3/2}}.$$

Lösung:

1. Die Ortsunschärfe ist gegeben durch

$$\langle \Delta x \rangle^2 = \langle (x - \langle x \rangle)^2 \rangle.$$

Bei der Berechnung des Mittelwerts des Ortes nutzen wir aus, daß $|\Psi(x,t)|^2$ symmetrisch bezüglich $x = vt$ ist und daß es normiert ist:

$$
\begin{aligned}
\langle x \rangle &= \int_{-\infty}^{\infty} x \frac{1}{d\sqrt{2\pi(1+\Delta^2)}} \exp\left[-\frac{(x-vt)^2}{2d^2(1+\Delta^2)} \right] dx \\
&= \int_{-\infty}^{\infty} (x-vt) |\Psi(x,t)|^2 \, dx + \int_{-\infty}^{\infty} vt \, |\Psi(x,t)|^2 \, dx \\
&= vt \int_{-\infty}^{\infty} |\Psi(x,t)|^2 \, dx \\
&= vt.
\end{aligned}
$$

Wir können jetzt die Ortsunschärfe berechnen

$$
\begin{aligned}
\langle \Delta x \rangle^2 &= \langle (x - \langle x \rangle)^2 \rangle \\
&= \int_{-\infty}^{\infty} (x-vt)^2 |\Psi|^2 \, dx \\
&= \frac{1}{d\sqrt{2\pi(1+\Delta^2)}} \int_{-\infty}^{\infty} (x-vt)^2 \exp\left[-\frac{(x-vt)^2}{2d^2(1+\Delta^2)} \right] dx \\
&= \frac{1}{d\sqrt{2\pi(1+\Delta^2)}} \frac{\sqrt{2\pi}}{2} \sqrt{8d^6(1+\Delta^2)^3} \\
&= d^2(1+\Delta^2).
\end{aligned}
$$

2. Die Ortsunschärfe ist durch die mögliche Meßgenauigkeit gegeben. Bei Verwendung von Licht also in der Größenordnung einer Wellenlänge ($\approx 10^{-10}$ m).

Zur Zeit $t = 0$ ist $\langle \Delta x \rangle^2 = d^2$. Zu späteren Zeiten ist die Ortsunschärfe durch Δ bestimmt. Für eine grobe Abschätzung untersuchen wir, wann Δ ungefähr 1 ist.

$$\Delta = \frac{t\hbar}{2md^2} = \frac{1.05 \cdot 10^{-34}}{2 \cdot 1 \cdot 10^{-3}} \frac{t}{d^2} \frac{Js}{kg} = 0.525 \cdot 10^{-31} \frac{t}{d^2} \frac{Js}{kg}.$$

Daraus folgt mit $\Delta = 1$

$$t = \frac{d^2}{0.525 \cdot 10^{-31}} \frac{s}{m^2} = \frac{10^{-20}}{0.525 \cdot 10^{-31}} \, s \approx 10^{11} \, s.$$

Wir stellen also fest, daß das Auseinanderlaufen der Wellenpakete für unser tägliches Leben kein Problem darstellt.

6.3.6   Elektronen im Kern

Aufgabe:

Können Elektronen im Kern gebunden sein? Vergleichen Sie dazu die Energie eines Elektrons, das auf das Kernvolumen ($d \approx 1\,\text{fm}$) beschränkt ist, mit der Bindungsenergie eines Nukleons ($8\,\text{MeV}$).

Lösung:

Wir berechnen den Impuls des Elektrons mit Hilfe der *Heisenbergschen Unschärferelation*, wobei wir für Δx den Kerndurchmesser ($1\,\text{fm}$) einsetzen .

$$\Delta p \approx \frac{h}{\Delta x} = \frac{6.625 \cdot 10^{-34}\,\text{Js}}{1 \cdot 10^{-15}\,\text{m}} = 6.625 \cdot 10^{-19}\,\frac{\text{kg} \cdot \text{m}}{\text{s}}.$$

Dividieren wir diesen Wert durch die Elektronenruhemasse ($m_e = 9.1091 \cdot 10^{-31}\,\text{kg}$), so erhalten wir eine Geschwindigkeit, die deutlich über der Lichtgeschwindigkeit liegt ($\approx 7 \cdot 10^{11}\,\text{m/s}$). Wir müssen im weiteren also <u>relativistisch</u> rechnen. Die Energie des Elektrons erhalten wir dann aus der relativistischen Beziehung

$$
\begin{aligned}
E &= \sqrt{(\Delta p)^2 c^2 + (m_e c^2)^2} \\
&= \sqrt{6.625^2 \cdot 10^{-38} \cdot 2.99^2 \cdot 10^{16} + (9.1091 \cdot 10^{-31} \cdot 2.99^2 \cdot 10^{16})^2}\ \text{J} \\
&= \sqrt{3.929 \cdot 10^{-20} + (81.436 \cdot 10^{-15})^2}\ \text{J} \\
&\approx 1.982 \cdot 10^{-10}\text{J} = 1.239 \cdot 10^9\,\text{eV}.
\end{aligned}
$$

Da die Energie über der Bindungsenergie eines Nukleons liegt, könnte das Elektron nicht einmal mit Hilfe der starken Wechselwirkung im Kern gebunden sein.

7. Aufbau der Atome

7.1 Das Bohrsche Atommodell

7.1.1 Einleitung

Die wichtigsten Informationen über den Aufbau der Atome erhält man aus der Analyse ihrer Spektren. In Abschnitt 6.2 haben wir schon das kontinuierliche Spektrum eines *schwarzen Strahlers* kennengelernt. Im Gegensatz dazu bestehen die Spektren der Atome aus einzelnen *Linien* (*Linienspektren*). In PHYSIK IV werden wir noch die sog. *Bandenspektren* kennenlernen. Sie sind typisch für Moleküle und bestehen aus Gruppen eng benachbarter Spektrallinien.

Energieniveaus

Atome emittieren und absorbieren elektromagnetische Strahlung bestimmter Frequenzen. Diese Frequenzen sind die *Spektrallinien*. Die Gesamtheit der Linien, das *Spektrum*, ist charakteristisch für das emittierende Atom.

Für die Frequenzen der Spektrallinien des Wasserstoffatoms findet man die einfache Formel

$$\nu = \left(\frac{1}{n_1^2} - \frac{1}{n_2^2}\right)\nu_H \;,\; n_2 > n_1 \;,\; \nu_H = 3.2881 \cdot 10^{15}\,\text{Hz}. \tag{7.1}$$

Die Linien lassen sich in "Gruppen" oder "Serien" einteilen, die jeweils zu einem festen Wert n_1 gehören. Die *Balmer-Serie* liegt im sichtbaren Bereich und wurde deshalb zuerst entdeckt. Die wichtigsten Serien sind in Tabelle 7.1 zusammengestellt.

Tabelle 7.1: Serien des Wasserstoffspektrums.

Name	n_1	*Bereich*	λ_{max} [Å]	$n_2 \to n_1$
Lyman–Serie	1	Ultraviolett	1216	$(2 \to 1)$
Balmer–Serie	2	Sichtbar	6563	$(3 \to 2)$
Paschen–Serie	3	Infrarot	18751	$(4 \to 3)$
Brackett–Serie	4	Infrarot	40500	$(5 \to 4)$
Pfund–Serie	5	Infrarot	74000	$(6 \to 5)$

Aus den Spektrallinien folgt, daß die Atome nur bestimmte stationäre Energiezustände annehmen können. Wir sprechen von *diskreten Energieniveaus*. Die Energie eines Atoms ist also *quantisiert*. Die Aussendung eines Photons der Frequenz ν bedeutet eine Änderung der Energie um $h\nu$. Also gilt für die Energie E_a des Anfangszustandes und die Energie E_e des Endzustandes

$$h\nu = E_a - E_e. \tag{7.2}$$

Bemerkung:
Der Rückstoß beim der Emission des Photons ist bei atomaren Übergängen vernachlässigbar. Dies gilt nicht bei Kernübergängen (vgl. Mößbauer–Effekt).

Das Bohrsche Modell des Wasserstoffatoms

Aus den experimentellen Erfahrungen sind verschiedene Atommodelle entstanden. Ein bedeutendes Modell ist das *Bohrsche Atommodell*. Die von NIELS BOHR vorgeschlagenen Quantenbedingungen standen am Anfang der *älteren Quantentheorie* (siehe Abschnitt 5.2).
Die wichtigsten Vereinfachungen in diesem Modell sind die folgenden:

- Der Kern ist in Ruhe.

- Das Elektron bewegt sich auf Kreisbahnen um den Kern.

- Quantenmechanik und klassische Mechanik werden gleichzeitig benutzt.

  Vorsicht: Die Vorstellung von Elektronenbahnen ist grundlegend falsch. Man sollte sich das Atom nicht als Planetensystem vorstellen. Eine solche Vorstellung steht im Widerspruch zur Quantenmechanik und behindert das Verständnis unnötig.

Die klassische Bahn des Elektrons ergibt sich aus dem Gleichgewicht von Coulombanziehung und Zentrifugalkraft. BOHR postulierte eine stabile Bahn unter der Bedingung, daß der Bahndrehimpuls des Elektrons ein ganzzahliges Vielfaches der *Planckschen Konstanten* $\hbar = h/(2\pi)$ ist, also

$$m_e vr = n\hbar. \tag{7.3}$$

Die Zahl n ist eine *Quantenzahl*. Man spricht von einer *Quantisierungsbedingung*.
Das Elektron kann sich also nur auf *diskreten Bahnen* bewegen. Die Energieniveaus sind

$$E = -E_R \frac{1}{n^2}. \tag{7.4}$$

E_R ist die *Rydbergenergie*:

$$E_R = \frac{1}{(4\pi\varepsilon_0)^2} \frac{m_e e^4}{2\hbar^2} = \frac{m_e e^4}{8\varepsilon_0^2 h^2} = \frac{\hbar^2}{2m_e} \frac{1}{r_B^2} \approx 13.6\,\mathrm{eV}. \tag{7.5}$$

Unter der *Rydbergkonstanten* R_∞ versteht man die Wellenzahl[1]

$$R_\infty = \frac{m_e e^4}{8\varepsilon_0^2 h^3} \approx 1.0974 \cdot 10^7 \,\frac{1}{\mathrm{m}} = \frac{E_R}{\hbar c}. \tag{7.6}$$

---

[1] Oft findet man "Rydberggrößen" durch ∞ gekennzeichnet. Das drückt aus, daß zur Herleitung ein ruhendes, unendlich schweres Proton angenommen wurde. Entsprechend wird, falls die Kernmasse berücksichtigt wurde, die zugehörige Konstante meist mit R_H bezeichnet (siehe Aufgabe 7.1.5).

Die *Bohrsche Quantisierungsbedingung* versuchte DE BROGLIE zu erklären. Die Zuordnung einer *de Broglie-Wellenlänge* erfordert, daß der klassische Bahnumfang ein ganzzahliges Vielfaches n der *de Broglie-Wellenlänge* ist[2]. Das ergibt eine stehende Welle und mit einer stehenden Welle ist kein Ladungstransport möglich und somit kann das Elektron keine elektromagnetische Strahlung emittieren.

Das *Bohrsche Atommodell* wird in Aufgabe 7.1.2 genauer behandelt. In Aufgabe 7.1.3 wird gezeigt, wie die hier eingeführten Größen mit Hilfe der *Feinstrukturkonstanten* ausgedrückt werden können.

Wasserstoffähnliche Systeme

Nach BOHR ist die Energie des Grundzustandes der Atome oder Ionen mit nur einem Elektron durch

$$E_1 = -Z^2 E_R \tag{7.7}$$

gegeben. Dabei ist Z die Kernladung.

Hinzu kommt in jedem Fall eine Korrektur aufgrund der Mitbewegung des Kerns. Dazu müssen wir aber nur die Elektronenmasse m_e durch die reduzierte Masse μ ersetzen.

Das Bohrsche Atommodell läßt sich auch auf *Myonenatome* und auf *Myonium* anwenden. Im ersten Fall bewegt sich ein Myon ($m_\mu \approx 206 m_e$) sehr nahe am Kern. Die Übergangsenergien sind entsprechend sehr hoch (harte Röntgenstrahlung). Im zweiten Fall besteht das "Atom" aus einem Myon und einem Elektron (siehe Aufgabe 7.1.6). Ein weiteres Beispiel sind *Rydberg-Atome*. Bei ihnen befindet sich ein Elektron in einem sehr hohen Energieniveau (n in der Größenordnung 100). Aufgrund des großen Bahndurchmessers sieht das Elektron einen "effektiven" Atomkern mit der Ladung $Z = 1$.

Erweiterung des Bohrschen Atommodells – Ausblick

Höherauflösende Spektrometer zeigen, daß die Linien der oben erwähnten Serien aus mehreren Komponenten bestehen. SOMMERFELD führte deshalb eine zweite Quantenzahl ein. Heute wissen wir, daß diese Quantenzahl die *Bahndrehimpulsquantenzahl* l ist. Für den Bahndrehimpuls des Elektrons erhalten wir die Eigenwerte

$$\left|\vec{l}\right| = \sqrt{l(l+1)}\,\hbar \quad \text{mit} \quad l = 0, 1, 2 \ldots (n-1).$$

Zunächst bedeutet dies aber nur, daß es für ein bestimmtes n verschiedene Möglichkeiten der räumlichen Verteilung des Elektrons gibt. Man sagt, das Niveau mit der Quantenzahl n ist n-fach[3] entartet.

Außer dem Bahndrehimpuls müssen wir auch noch den Eigendrehimpuls des Elektrons, also seinen *Spin* berücksichtigen Dieser koppelt mit dem Bahndrehimpuls zum Gesamtdrehimpuls $\left|\vec{j}\right|$. Die Spin-Bahn-Kopplungsenergie hat eine Korrektur der Energieniveaus zur Folge. Eine weitere Korrektur ergibt sich aus der relativistischen Massenänderung des Elektrons. Die Berechnung dieser (Feinstruktur-)Korrekturen wurde

---

[2] Sonst würde sich die Welle ja gewissermaßen selbst auslöschen.
[3] Da es n verschiedene Werte der Quantenzahl l gibt.

von DIRAC durchgeführt. Es ergibt sich eine relative Verschiebung der Energien in der Größenordnung α^2 (α=Feinstrukturkonstante). Es zeigt sich, daß beim Wasserstoffatom die Feinstrukturenergie von j nicht aber von l abhängt. Daraus ergibt sich eine Aufspaltung eines Zustandes n nach den möglichen Gesamtdrehimpulsen.

Wir kennen jetzt also schon vier Quantenzahlen. Zu einer bestimmten *Hauptquantenzahl n* gibt es verschiedene Elektronenzustände, die durch die *Bahndrehimpulsquantenzahl l*, die *Spinquantenzahl s* und die *Gesamtdrehimpulsquantenzahl j* gekennzeichnet sind. Es ist üblich alle Elektronenzustände mit festem n als Schale aufzufassen, die man mit K, L, M... bezeichnet.

Röntgenstrahlung

In Röntgenröhren entsteht Röntgenstrahlung beim Auftreffen von beschleunigten Elektronen auf Metallanoden. Die Beschleunigungsspannungen liegen in der Größenordnung von 10 kV. Typische Anodenmaterialien sind Kupfer und Molybdän.

Durch das Abbremsen der Elektronen im Anodenmaterial entsteht das kontinuierliche *Bremsstrahlungsspektrum*, welches bei bestimmten Photonenenergien von scharfen Linien überlagert ist, die charakteristisch für das verwendete Anodenmaterial sind.

Im Rahmen des *Bohrschen Atommodells* konnte die *charakteristische Röntgenstrahlung* zufriedenstellend erklärt werden. Sie entsteht, wenn die beschleunigten Elektronen genügend Energie haben, um Rumpfelektronen aus den Atomen des Anodenmaterials herauszuschlagen. Beim Auffüllen dieses "Loches" aus höheren Energieniveaus entsteht die *charakteristische Röntgenstrahlung*. Die Gesamtheit der Linien, die beim Auffüllen eines Loches in der K-Schale entstehen, heißt *K-Serie*. Die langwelligste Linie der K-Serie entsteht beim Übergang von $n = 2$ auf $n = 1$ und heißt K_α-*Linie*. Für sie ergibt das *Moseleysche Gesetz* eine Frequenz

$$\nu_{K_\alpha} = \frac{3}{4} R_\infty c (Z - 1)^2 \,. \tag{7.8}$$

Näheres darüber in Aufgabe 7.1.8.

Die Wellenlänge der Röntgenstrahlung liegt im Bereich der Atomabstände in Kristallgittern. MAX VON LAUE hatte als erster die Idee Kristallgitter als Beugungsgitter für Röntgenstrahlung zu verwenden. WILLIAM LAWRENCE BRAGG[4] (1890–1971) erklärte die Röntgenbeugung durch die Reflexion der Röntgenstrahlung an den *Netzebenen* des Kristalls. Die reflektierten Strahlen interferieren und man erhält Reflexe unter der Bedingung

$$2d \sin \theta = k\lambda \quad k = 1, 2, 3, \ldots \,. \tag{7.9}$$

Unterschied zum Reflexionsgesetz

Dabei ist d der Abstand der Netzebenen und λ die Wellenlänge der Röntgenstrahlung. Die ganze Zahl k gibt die Ordnung des Reflexes an. Der Winkel θ wird zwischen Einfallsrichtung des Strahls und Netzebene gemessen. Für ihn wird oft der Begriff "Glanzwinkel" verwendet.

---

[4] Sein Vater, WILLIAM HENRY BRAGG (1862–1942), hat sich ebenfalls mit Röntgenstrahlung beschäftigt. Beide zusammen entwickelten die *Drehkristallmethode* zur Kristallstrukturbestimmung.

7.1.2 Das Bohrsche Atommodell des Wasserstoffs

Aufgabe:

1. Zeigen Sie, daß die Energieniveaus im Bohrschen Atommodell durch

$$E = -E_R \frac{1}{n^2}, \text{ mit } E_R = \frac{1}{(4\pi\varepsilon_0)^2} \frac{m_e e^4}{2\hbar^2}$$

gegeben sind. Quantisieren Sie dazu die Kreisbahn eines klassischen Elektrons im Coulombfeld des Kerns mit Hilfe der de Broglie–Wellenlänge.

2. Der Radius der niedrigsten Bahn ist der *Bohrsche Radius* r_B. Berechnen Sie diesen.

3. Berechnen Sie die Geschwindigkeit des Elektrons für $n = 1$ und $n \to \infty$.

Lösung:

Das von NIELS BOHR im Jahre 1913 vorgeschlagene Atommodell nimmt wie das *Rutherfordsche Atommodell* an, daß sich die Elektronen auf Kreisbahnen um den Kern bewegen, wobei Coulombkraft und Zentrifugalkraft im Gleichgewicht sind. Da dieses Modell nach der klassischen Physik aufgrund der Abstrahlung elektromagnetischer Wellen keine stabilen Bahnen erlaubt, hat es BOHR durch drei Postulate[5] ergänzt:

- Die klassischen Bewegungsgleichungen gelten, aber es sind nur bestimmte diskrete Bahnen erlaubt.

- Diese Bahnen werden durch die Quantelung des Bahndrehimpulses $\vec{l} = \vec{r} \times \vec{p}$ festgelegt.

- Die Bewegung des Elektrons auf diesen Bahnen erfolgt strahlungslos. Übergänge zwischen den Bahnen führen zu Emission und Absorption von elektromagnetischer Strahlung.

1. Die Energie des Elektrons auf der klassischen Kreisbahn ist

$$E = \frac{1}{2}m_e v^2 + \left(-\frac{1}{4\pi\varepsilon_0} \frac{e^2}{r} \right).$$

Die Coulombkraft muß gleich der Zentrifugalkraft sein

$$\frac{1}{4\pi\varepsilon_0} \frac{e^2}{r^2} = m_e \frac{v^2}{r} \rightsquigarrow \frac{1}{4\pi\varepsilon_0} \frac{e^2}{r} = m_e v^2. \qquad \textbf{A}$$

---

[5] Es gab zu dieser Zeit ja noch keine Formulierung der Quantenmechanik aus denen sich diese Aussagen hätten ableiten lassen.

Daraus erhalten wir für die Energie

$$E = -\frac{1}{4\pi\varepsilon_0}\frac{e^2}{2r}.$$

Das negative Vorzeichen bedeutet, daß es sich um einen gebundenen Zustand handelt. Der nächste Schritt ist die Berechnung des Bahnradius r.

Die *de Broglie–Wellenlänge* des Elektrons ist

$$\lambda = \frac{h}{m_e v}.$$

Die Länge der Elektronenbahn muß ein ganzzahliges Vielfaches der *de Broglie–Wellenlänge* sein:

$$2\pi r = n\lambda = n\frac{h}{m_e v}, \quad n = 1, 2, 3 \dots.$$

Wir lösen nach v auf, quadrieren, setzen in **A** ein und erhalten

$$r = 4\pi\varepsilon_0\frac{h^2}{(2\pi)^2 e^2 m_e}n^2 = \frac{\varepsilon_0 h^2}{\pi e^2 m_e}n^2. \tag{7.10}$$

Damit ergibt sich für die Energie

$$E = -\frac{1}{4\pi\varepsilon_0}\frac{e^2}{2}\frac{1}{r} = -\frac{1}{4\pi\varepsilon_0}\frac{e^2}{2}\frac{\pi e^2 m_e}{\varepsilon_0 h^2}\frac{1}{n^2} = -\frac{(2\pi)^2}{(4\pi\varepsilon_0)^2}\frac{m_e e^4}{2h^2}\frac{1}{n^2} = -\frac{1}{(4\pi\varepsilon_0)^2}\frac{m_e e^4}{2\hbar^2}\frac{1}{n^2}.$$

Auch die Geschwindigkeit des Elektrons ist an dieser Stelle leicht zu berechnen:

$$v = \frac{1}{4\pi\varepsilon_0}\frac{2\pi e^2}{h}\frac{1}{n} = \frac{1}{2\varepsilon_0}\frac{e^2}{h}\frac{1}{n}. \tag{7.11}$$

2. Einsetzen in Gleichung 7.10 mit $n = 1$ ergibt

$$r_B = 5.29 \cdot 10^{-11}\,\text{m}. \tag{7.12}$$

3. Für $n \to \infty$ folgt $v \to 0$. Damit geht, wie erwartet, die Energie gegen Null.

Für $n = 1$ ergibt sich

$$\frac{v}{c} = \frac{1}{4\pi\varepsilon_0}\frac{2\pi e^2}{hc} \approx \frac{1}{137.03604}. \tag{7.13}$$

Das ist die *Feinstrukturkonstante*. Sie ist $\propto e^2$ und ein Maß für die Stärke der elektromagnetischen Wechselwirkung (siehe Aufgabe 7.1.3).

7.1.3 Bohrsche Bahn im Wasserstoff

Aufgabe:

1. Wieviele Comptonwellenlängen haben in der niedrigsten Bahn des Wasserstoffs Platz?

2. Das Ergebnis der ersten Teilaufgabe ist der Kehrwert einer berühmten Konstanten aus der Atomphysik. Welcher?

3. Geben Sie die Rydbergenergie mit Hilfe dieser Konstanten und der Ruheenergie des Elektrons an.

Lösung:

1. Die *Comptonwellenlänge* des Elektrons ist

$$\lambda_c = \frac{h}{m_e c}.$$

Der Umfang der niedrigsten Bahn ($n = 1$) des Wasserstoffatoms ist

$$2\pi r_B = 2\pi \frac{h^2 \varepsilon_0}{\pi m_e e^2}.$$

Wir dividieren die Bahnlänge durch die Comptonwellenlänge und erhalten

$$\frac{2\pi r_B}{\lambda_c} = \frac{2h^2 \varepsilon_0 m_e c}{m_e e^2 h} = \frac{2h\varepsilon_0 c}{e^2} \approx 137.$$

Es haben also ≈ 137 Comptonwellenlängen in der niedrigsten Wasserstoffbahn Platz.

2. Unser Ergebnis ist gerade der Kehrwert der *Feinstrukturkonstante*:

$$\alpha = \frac{e^2}{2h\varepsilon_0 c}. \tag{7.14}$$

3. Die Rydbergenergie ist

$$E_R = -\frac{(2\pi)^2}{(4\pi\varepsilon_0)^2} \frac{m_e e^4}{2h^2} = \frac{1}{4} \frac{1}{\varepsilon_0^2} \frac{m_e e^4}{2h^2}.$$

Wir erweitern mit c^2, da ja die Ruheenergie vorkommen soll, also

$$E_R = \frac{1}{8} \frac{1}{\varepsilon_0^2} \frac{e^4}{h^2 c^2} m_e c^2 = \frac{1}{2} \alpha^2 m_e c^2.$$

Bemerkung:

Ursprünglich wurde die *Feinstrukturkonstante* α von ARNOLD SOMMERFELD bei der Berechnung der Feinstruktur des Spektrums des Wasserstoffatoms eingeführt. Es zeigt sich, daß sie eine Grundkonstante der *Quantenelektrodynamik* (QED) ist. Die Feinstrukturkonstante ist die Kopplungskonstante, die angibt, wie stark Elektronen an das elektromagnetische Feld gekoppelt sind, oder, anders ausgedrückt, wie stark die Wechselwirkung von Elementarladungen ist.

Wir können die bisher erarbeiteten atomaren Größen sehr elegant mit der Feinstrukturkonstanten schreiben. Dazu benötigen wir noch die *Comptonwellenlänge* , die die natürliche Längeneinheit der Quantenelektrodynamik ist:

$$\lambda_C = \frac{h}{mc}. \tag{7.15}$$

Damit erhalten wir:

$$
\begin{array}{lll}
\text{Rydbergenergie} & E_R = & \frac{1}{2}\alpha^2 m_e c^2 \\
\text{Bohrscher Radius} & r_B = & 2\pi\lambda_C/\alpha \\
\text{Bohrsche Geschwindigkeit} & v_B = & \alpha c.
\end{array} \tag{7.16}
$$

Zuletzt wollen wir noch die Wellenlänge λ der Strahlung bei atomaren Übergängen abschätzen. Die Übergangsenergien sind in der Größenordnung von $\approx \alpha^2 m_e c^2$. Damit ergibt sich

$$\lambda = \frac{c}{\nu} = \frac{hc}{E} \approx \frac{hc}{\alpha^2 m_e c^2} = \frac{h}{\alpha^2 m_e c} = \frac{\lambda_C}{\alpha^2} = 2\pi\frac{r_B}{\alpha} \approx 1000 \cdot r_B.$$

7.1.4 Korrespondenzprinzip

Aufgabe:

Die Übergänge des Wasserstoffatoms bei großen Quantenzahlen sollten klassisches Verhalten zeigen. Betrachten Sie die Bahn mit $n = 1000$. Welche Frequenz würde klassisch abgestrahlt. Was ergibt der Übergang $n = 1000$ auf $n = 999$?

Lösung:

Die Geschwindigkeit des Elektrons auf der n–ten stationären Bahn folgt aus der Quantisierungsbedingung (siehe Aufgabe 7.1.2)

$$v_n = \frac{h}{2\pi m_e}\frac{n}{r_n},$$

wobei r_n der Radius der n–ten Bahn ist:

$$r_n = \frac{h^2 \varepsilon_0}{\pi m_e e^2}n^2.$$

Daraus können wir die Frequenz berechnen

$$\nu = \frac{1}{T} = \frac{v_n}{2\pi r_n}$$

$$
\begin{aligned}
&= \frac{1}{2\pi}\frac{h}{2\pi m_e}\frac{n}{r_n}\frac{1}{r_n} = \frac{1}{2\pi}\frac{h}{2\pi m_e}n\frac{\pi^2 m_e^2 e^4}{h^4\varepsilon_0^2}\frac{1}{n^4} = \frac{1}{4}\frac{m_e e^4}{h^3\varepsilon_0^2}\frac{1}{n^3} \\
&= 2R_\infty c\frac{1}{n^3}.
\end{aligned}
$$

Einsetzen der Zahlenwerte ergibt:

$$
\nu = 2 \cdot 3.2899 \cdot 10^{15} \cdot \frac{1}{10^9}\frac{1}{s} = 6.5798 \cdot 10^6 \frac{1}{s}.
$$

Der quantenmechanische Übergang ergibt die Frequenz

$$
\begin{aligned}
h\nu &= \Delta E = E_m - E_n = E_R\left(\frac{1}{m^2} - \frac{1}{n^2}\right) = R_\infty c\left(\frac{1}{m^2} - \frac{1}{n^2}\right) \\
&= 3.2899 \cdot 10^{15}\left(\frac{1}{999^2} - \frac{1}{1000^2}\right)\frac{1}{s} = 3.2899 \cdot 10^{15} \cdot 2 \cdot 10^{-9}\frac{1}{s} \\
&= 6.5798 \cdot 10^6 \frac{1}{s}.
\end{aligned}
$$

Bemerkung:
Das läßt sich natürlich auch allgemeiner zeigen:

$$
\begin{aligned}
\nu &= R_\infty c\left(\frac{1}{n^2} - \frac{1}{(n+1)^2}\right) = R_\infty c\frac{n^2 + 2n + 1 - n^2}{n^2(n+1)^2} \\
&\approx 2R_\infty c\frac{1}{n^3}.
\end{aligned}
$$

Dies entspricht dem klassisch errechneten Ausdruck.

7.1.5 Linienspektrum des Heliumions

Aufgabe:

Die Frequenzen der Spektrallinien in der *Balmer*–Serie von Wasserstoff ($Z = 1$) sind durch

$$
\hbar\omega_m = E_m - E_2 = E_R\left(\frac{1}{2^2} - \frac{1}{m^2}\right)
$$

gegeben. Dabei ist E_R die *Rydberg-Energie*.
Im Spektrum von ionisiertem Helium (*Helium-Funkenspektrum*) findet man eine Serie von Spektrallinien bei der jede zweite Linie nahezu mit einer Balmer-Linie des Wasserstoffs zusammenfällt, während die anderen dazwischen liegen.

1. Wie kommt diese Serie des Heliumions zustande?

2. Wodurch ist der Unterschied in den Frequenzen bei den "fast zusammenfallenden" Linien zu erklären?

Lösung:

1. Bei Erweiterung des Bohrschen Atommodells auf andere Einelektronensysteme, wie z.B. dem Heliumion He$^+$, muß zunächst die Kernladung Z in die Gleichung für die Übergangsenergien

$$\hbar\omega_m = E_m - E_2 = E_R Z^2 \left(\frac{1}{2^2} - \frac{1}{m^2}\right)$$

eingesetzt werden. Dadurch ergibt sich ein Faktor 4 für das Heliumion im Vergleich zum Wasserstoffatom. Nehmen wir zunächst an, daß bestimmte Linien der Balmer und der Heliumion Serien gleich sein sollen, so müssen wir die Bedingung

$$\frac{4}{n^2} - \frac{4}{m'^2} = \frac{1}{2^2} - \frac{1}{m^2}$$

erfüllen. Wir sehen, daß dies für Übergänge auf das Niveau $n = 4$ des Heliumions möglich erfüllt ist, falls $m' = 2m$. Also fallen alle geradzahligen Linien $\omega_{m'}$ des Heliumions mit Wasserstofflinien zusammen.

2. Bei der genauen Berechnung der Frequenzen bzw. der Energieniveaus muß die Mitbewegung des Kerns berücksichtigt werden. Die Rydberg-Energie ist dann durch

$$E_H = \frac{1}{(4\pi\varepsilon_0)^2} \frac{\mu e^4}{4\pi\hbar^3 c}$$

gegeben. Dabei ist

$$\mu = \frac{m_e}{(1 + m_e/M)} = \frac{m_e M}{m_e + M}$$

die reduzierte Masse ($m_e \ldots$ Elektronenmasse, $M \ldots$ Kernmasse). Die Masse des Heliumkerns ist größer, also ist die reduzierte Masse größer und somit auch die Rydbergenergie des Heliumions. Folglich haben die Linien des Heliumions etwas kürzere Wellenlängen als die des Wasserstoffatoms.

Die angesprochene Serie des Heliumions heißt übrigens *Pickering–Serie*.

7.1.6   Myonium

Aufgabe:

Ein Myonium-"Atom" besteht aus einem Myon (μ^+) und einem Elektron. Berechnen Sie

1. die Energie des Grundzustands.

2. die Energie der kurzwelligsten Lyman–Linie.

Das Myon ist einfach positiv geladen und hat eine Masse $m \approx 206 m_e$.

Lösung:

1. Da die beteiligten Ladungen denen im Wasserstoffatom entsprechen, kommt der Unterschied in den Energieniveaus nur über die reduzierte Masse

$$\mu = \frac{m_e}{(1 + m_e/M)} = \frac{m_e M}{m_e + M} = \frac{206 m_e^2}{207 m_e} = \frac{206}{207} m_e$$

in die Rydberg-Energie

$$E_H = \frac{1}{(4\pi\varepsilon_0)^2} \frac{\mu e^4}{4\pi\hbar^3 c}.$$

Also ist die Energie des Grundzustands

$$E_g = -13.6 \frac{206}{207} \, \text{eV} = -13.53 \, \text{eV}.$$

2. Die Lyman-Serie enthält alle Übergänge auf das Niveau $n = 1$, also auf den Grundzustand. Die Energie der kurzwelligsten Lyman-Linie entspricht im Betrag also der Grundzustandsenergie, also $h\nu = 13.53 \, \text{eV}$. Die Linie kann auch gemäß

$$E = E_g \left(\frac{1}{1^2} - \frac{1}{\infty} \right)$$

berechnet werden.

7.1.7   Röntgenspektroskopie

Aufgabe:

Eine charakteristische Röntgenlinie von Kupfer, die K_α-Linie, hat eine Wellenlänge $\lambda = 0.154 \, \text{nm}$. Diese Strahlung soll zur Messung des Netzebenenabstands von Kochsalz (NaCl) benutzt werden. Die Divergenz des Röntgenstrahls beträgt $0.5°$ und die Lebensdauer eines Lochs in der K-Schale beträgt $1 \cdot 10^{-15} \, \text{s}$. Für den Netzebenenabstand von NaCl ergibt sich $d = 2.81 \, \text{Å}$. Wie groß ist der Meßfehler aufgrund der Strahleigenschaften?

Lösung:

Wir verwenden die Bragg-Bedingung

$$m\lambda = 2d \sin\theta$$

für $m = 1$, um den Braggwinkel θ zu berechnen. Wir erhalten

$$\sin\theta = \frac{\lambda}{2d} = \frac{0.154}{0.562} = 0.274 \rightsquigarrow \theta = 15.90° = 0.278 \, \text{rad}.$$

Die Messung des Netzebenenabstands

$$d = \frac{\lambda}{2\sin\theta} \quad \text{für} \quad m = 1$$

wird zum einen durch die Winkelverteilung (Divergenz) des einfallenden Strahls und zum anderen durch die Breite der Linie (Lebensdauer) beeinflußt. Der Fehler in d ist also

$$\Delta d = \sqrt{\left(\frac{\partial d}{\partial\lambda}\right)^2 \Delta\lambda^2 + \left(\frac{\partial d}{\partial\theta}\right)^2 \Delta\theta^2}.$$

Wir berechnen zunächst

$$\frac{\partial d}{\partial\lambda} = \frac{1}{2\sin\theta} = \frac{\lambda}{\lambda 2\sin\theta} = \frac{d}{\lambda} \quad \text{und} \quad \frac{\partial d}{\partial\theta} = -\frac{\lambda}{2\sin^2\theta}\cos\theta = -d\frac{\cos\theta}{\sin\theta} = -d\cot\theta.$$

Damit erhalten wir

$$\Delta d = \sqrt{\left(d\frac{1}{\lambda}\right)^2 \Delta\lambda^2 + (d\cot\theta)^2 \Delta\theta^2} = d\sqrt{\left(\frac{1}{\lambda}\right)^2 \Delta\lambda^2 + \cot^2\theta\,\Delta\theta^2}.$$

Wir betrachten jetzt die Beiträge unter der Wurzel. $\Delta\theta$ ist gerade die angegebene Divergenz, also ist dieser Beitrag

$$\cot(\theta)\,\Delta\theta = \cot(0.278)8.73\cdot 10^{-3} = 3.059\cdot 10^{-2}.$$

$\Delta\lambda$ können wir aus der Lebensdauer abschätzen. Für eine Lorentzlinie ist

$$\Delta\nu_{\text{FWHM}} = \frac{1}{2\pi\tau}.$$

Mit

$$\lambda = \frac{c}{\nu} \quad \text{bzw.} \quad \Delta\lambda = -\frac{c}{\nu^2}\Delta\nu$$

erhalten wir

$$\frac{\Delta\lambda}{\lambda} = -\frac{\lambda}{c}\Delta\nu = -\frac{\lambda}{c}\frac{1}{2\pi\tau} \approx 8.2\cdot 10^{-5}.$$

Wir sehen also, daß die Breite der Röntgenlinie im Vergleich zum Winkelfehler vernachlässigbar ist.

Der Meßfehler ist somit gegeben durch:

$$\Delta d = d\cot\theta\,\Delta\theta = 0.086\text{Å}.$$

7.1.8 Röntgenstrahlung

Aufgabe:

Sie analysieren die Röntgenstrahlung einer Röntgenröhre mit einem LiF–Kristall (Netzebenabstand $d = 0.4026\,\text{nm}$). Sie beobachten einen Bragg–Peak 1. Ordnung unter einem Winkel von $\theta \approx 11.04°$, den Sie als K_α–Linie identifizieren. Aus welchem Metall ist die Anode der Röntgenröhre gefertigt?

Lösung:

Wird ein Elektron aus einer inneren Schale entfernt, so entsteht beim Auffüllen dieses Loches durch äußere Elektronen die charakteristische Röntgenstrahlung. Übergänge, die auf der gleichen inneren Schale enden bilden zusammen eine *Serie*. Die K_α–Linie entsteht beim Übergang von der L– auf die K–Schale. Offensichtlich wird dabei für das "Leuchtelektron" die Kernladung noch durch das zweite K–Elektron abgeschirmt. Nehmen wir eine effektive Kernladung $Z - 1$ an, so ergibt sich nach dem *Bohrschen Atommodell* eine Übergangsfrequenz

$$\nu_{K_\alpha} = R_\infty c \left(\frac{1}{1^2} - \frac{1}{2^2} \right) (Z - 1)^2 = R_\infty c \frac{3}{4} (Z - 1)^2 \, .$$

Dies ist das *Moseleysche Gesetz*. Es wurde von MOSELEY 1913 aufgrund der experimentellen Daten gefunden.

Unser Ziel ist die Bestimmung der Kernladungszahl Z. Dazu benötigen wir zunächst die Frequenz der Röntgenstrahlung. Für den Peak 1. Ordnung lautet die Bragg–Bedingung

$$\lambda = 2d \sin \theta \, .$$

Einsetzen des Netzebenenabstandes d und des Winkels θ ergibt:

$$\lambda = 2 \cdot 0.4026 \cdot \sin \left(11.04^\circ \right) \text{nm} \approx 0.1542 \, \text{nm} \, .$$

Daraus erhalten wir die Frequenz

$$\nu = \frac{c}{\lambda} \approx 1.94 \cdot 10^{18} \frac{1}{\text{s}} \, .$$

Jetzt benutzen wir das Moseleysche Gesetz:

$$\begin{aligned} \nu = R_\infty c \frac{3}{4} (Z - 1)^2 \rightsquigarrow Z & = \sqrt{ \frac{4\nu}{3 R_\infty c} + 1 } \\ & = \sqrt{ \frac{4 \cdot 1.94 \cdot 10^{18}}{3 \cdot 1.0974 \cdot 10^7 \cdot 2.99 \cdot 10^8} \frac{\text{ms}}{\text{ms}} + 1 } \\ & \approx 28.08 + 1 \approx 29 \, . \end{aligned}$$

Die Anode besteht also aus Kupfer.

Bemerkung:
Ersetzt man $(Z - 1)^2$ durch $(Z - \sigma)^2$, wobei σ eine *Abschirmkonstante* ist, so erhält man auch die anderen Linien der K–Serie in guter Näherung.

Sachwortverzeichnis

Abbé–Zahl, 54, 105, 106
Aberration
    chromatische, 105
    monochromatische, 104
Abschirmkonstante, 213
Absorptionsbänder, 54
Absorptionsgrad, 178
Achromat, 105, 106, 110
Achromatisches Linsensystem, 110
Airy–Scheibchen, 118, 133
Ampère–Maxwellsche Gesetz, 35
Anomaler Zeemaneffekt, 160
Antenne, 139
    Horn–, 139
    Yagi–, 139
Aplanat, 105
Äquatorialebene, 104
Astigmatismus, 105
Atommodell
    Bohr, 160
    Rutherford, 160
    Thomson, 160
Atomspektren, 159
außerordentlicher Strahl, 142
Auflösungsvermögen, 132
Austrittsarbeit, 165, 167
axiale Vergrößerung, 88

Balmer, 159
Balmer–Serie, 201
Beleuchtungsstärke, 40
Beste Form, 104, 112
Bestrahlungsstärke, 40, 42, 168
Beugung, 116
Beugungs–Scheibchen, 133
Bildfeldwölbung, 105
Bohrsche Postulate, 205
Bohrscher Radius, 197, 205
Bohrsches Atommodell, 160, 197, 202
Brackett–Serie, 201
Bragg–Bedingung, 204, 213

Brechungsgesetz, 65, 68
Brechungsindex, 33
Brechungsmatrix, 89
Breit–Wigner–Resonanzkurve, 59
Bremsstrahlung, 204
Brennpunkt, 83
Brennweite, 83
Brewster Fenster, 144
Brewstersches Gesetz, 66, 76
Brewsterwinkel, 66, 76, 145
Brille, 9

Cauchysche Formel, 54
Clausius–Mosotti–Gleichung, 52
Coddingtonscher Formfaktor, 113
Coddingtonscher Positionsfaktor, 113
Compton–Effekt, 158, 165, 169, 172
Compton–Kante, 173
Compton–Untergrund, 173
Compton–Wellenlänge, 166, 171, 208
Cornu Spirale, 117
Cotton–Mouton–Effekt, 143

de Broglie–Wellen, 163
de Broglie–Wellenlänge, 189, 192, 203
Dichroismus, 143, 144
dicke Linse, 83, 86
Dielektrikum, 37
Dielektrische Verschiebung, 32, 37
Dielektrizitätskonstante, 32, 37
    statische, 50
Diracsche Delta–Funktion, 24
Dispersion, 16, 46, 49, 189
    anomale, 54
    normale, 53
Dispersionsrelation, 33
Distorsion, 105
Doppelbrechung, 142
Doppelspalt, 119, 121, 122
Drude–Modell, 62
Dualität, 159

dünne Linse, 83, 85

Einfallsebene, 65
Elektrisches Feld, 32
Emissionssgrad, 179
Energiequanten, 158
Energiestromdichte, 40
Euler–Gleichung, 18

Faradaysches Induktionsgesetz, 34
Farbvergrößerungsfehler, 105
Feinstruktur, 203
Feinstrukturkonstante, 161, 203, 206–208
Feld
    skalares Feld, 34
    Vektorfeld, 34
Feldkonstante
    elektrische, 32
    magnetische, 32, 38
Fermatsches Prinzip, 80
Flintglas, 105
Fourier–Integral, 23
Fourier–Reihe, 19, 23, 24
    einer Rechteckfunktion, 25
    einer Sägezahnfunktion, 26
Fourier–Transformation, 23, 27
    einer exponentiell gedämpften Schwin-
      gung, 30
    einer Gaußfunktion, 31
    eines Rechteckpulses, 29
Franck–Hertz Versuch, 161
Fraunhofer Achromat, 106
Fraunhofersche Beugung, 116
Fraunhofersche Linien, 11, 53, 106, 157
Fresnelsche Beugung, 116
Fresnelsche Gleichungen, 66, 71
Fresnelsche Integrale, 117

Gaußsche Linsenformel, 85
Gaußsche Optik, 82
Gaußscher Satz, 34, 35
Geometrische Optik, 80
Gesamtdrehimpuls, 203
Gitter, 120, 123
Gitterkonstante, 120
Glanzwinkel, 204
Glen–Thompson Prisma, 147
Gravitationsrotverschiebung, 175
Grenzgegenspannung, 166

Gruppengeschwindigkeit, 16, 46, 189

Halbwertszeit, 176
Hamiltonoperator, 190
Hauptebene, 83
Hauptpunkte, 83
Hauptquantenzahl, 204
Hauptstrahl, 104
Heisenbergsche Unschärferelation, 191, 200
Huygens–Fresnelsches Prinzip, 116
Huygensches Okular, 112

Impulsoperator, 196
Influenzkonstante, 32
Interferenzfilter, 131
Interferenzkontrast, 125
Interferenzrefraktometer, 128
Interferometer, 125

J–J–Kopplung, 162
Jamin–Interferometer, 128

K_α–Linie, 204
K–Serie, 204
Kardinalelemente, 83
kartesisches Ovoid, 85
Kathodenstrahlen, 159
Kerr–Effekt, 143
Kirchhoffsche Beugungstheorie, 117
Kirchhoffsches Strahlungsgesetz, 178
Klein–Nishina Formel, 172
Knotenpunkte, 83
Kohärenz, 123, 125
    räumliche, 124
    zeitliche, 124
Kohärenzlänge, 123
Kohärenzzeit, 123
Koma, 104
Komplementaritätsprinzip, 159
Kontrast, 125
Konvergenzverhältnis, 83
Kopenhagener Deutung, 164
Korpuskulartheorie, 14
Korrespondenzprinzip, 208
Kronglas, 105
Kugelkoordinaten, 17
Kugelwellen, 18

Lambert–Strahler, 178, 181
Lambertsches Kosinusgesetz, 178

Laplace–Operator, 17
Larmorpräzession, 160
Laser, 124, 144
laterale Vergrößerung, 88
Lebensdauer, 176
Lenzsche Regel, 34
Lichtbrechung, 70
Lichtdruck, 44
Lichtgeschwindigkeit, 12
Lichtleiter, 73
Lichtquanten, 158
Lichtteilchen, 14
linearer Response, 37
Linienbreite, 30, 123, 126
Linse
    beste Form, 104, 112
    dünne, 85
    dicke, 86
    sphärische, 85
Linsenscheitel, 82
Linsenschleiferformel, 85
Linsensystem, 86
    achromatisches, 110
    aus dünnen Linsen, 97, 99
    aus dicken Linsen, 100
longitudinale Vergrößerung, 88
Lorentz–Beziehung, 52
Lorentzkugel, 52
Lorentzlinie, 59
Lux, 40
Lyman–Serie, 201

Magnetfeld, 32, 38
Magnetisierendes Feld, 32, 38
Magnetisierung, 38
Malussches Gesetz, 143, 145
Materiewellen, 163, 189
Matrizenmechanik, 162
Matrizenmethode, 88, 98, 100, 102
Maxwellbeziehung, 49
Maxwellgleichungen, 32, 34
    makroskopische, 37
    mikroskopische, 37
Meridionalebene, 104
Metall, 61
Michelson–Interferometer, 125
Modendispersion, 74
Moseleysches Gesetz, 161, 204, 213

Myonenatome, 203
Myonium, 203

Nabla–Operator, 34
natürliche Linienbreite, 30
Newtonsche Ringe, 130
Nicolsches Prisma, 147
Normaler Zeemaneffekt, 160

Öffnungsfehler, 104
Operatoren, 194
optische Achse, 82, 142
optische Aktivität, 143
optischer Weg, 80
ordentlicher Strahl, 142
Orientierungspolarisation, 55
Ortsdarstellung, 196
Ortsoperator, 196
Ortsunschärfe, 199
Oszillatorstärke, 51

Paarbildung, 174
Paraboloid–Antenne, 139
paraxiale Optik, 82
Paschen–Back Effekt, 160
Paschen–Serie, 201
Pauli Prinzip, 162
Permeabilitätskonstante, 32, 38
Petzval Fläche, 105
Pfund–Serie, 201
Phasengeschwindigkeit, 16, 33, 46, 189
Phasenverschiebungs–Plättchen, 150
Photo–Escape–Peak, 174
Photoeffekt, 158, 165, 166, 173
Photometrische Größen, 40
Photonen, 165
Photonenimpuls, 165
Plancksches Strahlungsgesetz, 158, 180, 182
Plancksches Wirkungsquantum, 165
Planparallele Glasplatte, 70
Plasmafrequenz, 52, 61
Plasmaschwingungen, 61
Plasmon, 64
Polardiagramm, 139
Polarisation, 33
    durch Reflexion, 66
    durch Transmission, 66
    elektrische, 37
    elektronische, 55

ionische, 55
magnetische, 38
Orientierungs-, 55
Polarisationsgrad, 76
Polarisationswinkel, 76
Polarisierbarkeit
elektronische, 50
Poynting-Vektor, 39
Pulfrich-Refraktometer, 74
Pulsbreite, 48
Pyrex, 13

Quantenelektrodynamik, 159, 165, 208
Quantenzahl, 202, 204
Quantisierungsbedingung, 202
Quellstärke, 18

Radioastronomie, 138
Raumwinkel, 177
ray-tracing, 88
Rayleigh-Jeans Gesetz, 158, 180
Rayleigh-Kriterium, 132, 135
reduzierte Gammaenergie, 166
reduzierte Photonenenergie, 170
reelles Bild, 82
Reflektor, 106
Reflexion
äußere, 72
externe, 76
innere, 72
interne, 76
Reflexionsgesetz, 65, 68
Reflexionsgrad, 66, 77
Reflexionskoeffizient, 66
Refraktometer, 74, 122, 128
Resonanzfrequenz, 58
Resonanznenner, 58
Retardation Plates, 150
Röntgenstrahlung, 161, 204
Röntgenstrahlung, 158
Rotverschiebung, 175
Russel-Saunders-Kopplung, 162
Rutherfordsches Atommodell, 160, 205
Rydberg-Atome, 203
Rydbergenergie, 198, 202
Rydbergkonstante, 202

Sagittalebene, 104
Schalenstruktur, 204

Scheitelpunkt, 82
Schmidt-Spiegel, 13
Schnittweite, 83
Schrödingerbild, 196
Schrödingergleichung, 190, 193, 195
freie Teilchen, 196
zeitunabhängig, 190
schwarze Strahlung, 157, 177
schwarzer Körper, 157, 177
Schwebungen, 46
Seidelsche Linsenfehler, 104
Sellmeier Beziehung, 54
Signalgeschwindigkeit, 47
Skalares Feld, 34
Snelliussches Brechungsgesetz, 65
Solarkonstante, 45, 187
Sonne
Strahlungsdruck, 44
Sonnenspektrum, 184
spektrale Energiedichte, 177, 180
Spektrallinien, 201
spezifische Ausstrahlung, 177
Sphärische Aberration, 104
sphärische Linsen, 85
Spiegelteleskop, 10, 106
Spin, 162, 203
stationäre Lösungen, 190
stationäre Zustände, 190
Stefan-Boltzmannsches Strahlungsgesetz, 179, 183, 184, 187
Stefan-Konstante, 179
Stigmatische Abbildung, 81
Stokesscher Satz, 36
Strahlenoptik, 80, 82
Strahlungsdichte, 177, 178, 181
Strahlungsdruck, 40, 165, 168
Strahlungsfeldgrößen, 40, 177
Strahlungsfluß, 178, 185
Strahlungsflußdichte, 40, 41, 43, 44, 185
Strahlungsgesetz
Kirchhoff, 178
Planck, 180
Rayleigh-Jeans, 180
Stefan-Boltzmann, 179, 183, 184
Wien, 180
Strahlungskonstante, 179
Strahlungsstärke, 178
Superpositionsprinzip, 15

Suszeptibilität
    elektrische, 37
    magnetische, 38
Systemmatrix, 88

Tangentialebene, 104
Teilchencharakter, 165
Teleobjektiv, 99
Teleskop, 9
thermische Strahlung, 177
Thomson-Streuung, 171
Thomsonsches Atommodell, 160
Totalreflexion, 67, 72, 73
Transfermatrix, 88
Transmissionsgrad, 66, 77
Transmissionskoeffizient, 66
transversale Vergrößerung, 88

Ultraviolett-Katastrophe, 180
Unschärferelation, 24, 48, 164, 191

Vektorfeld, 34
Vektormodell, 161
Vergrößerung, 88, 93
Verschiebungsgesetz
    Wiensches, 180, 184
Verzeichnung, 105
virtuelles Bild, 82, 92
Vorzeichenkonvention, 84

Wahrscheinlichkeitswelle, 163
Wellen, 14
    ebene, 15
    harmonische, 15
    Kugelwellen, 18
    longitudinale, 16
    monochromatische, 16
    transversale, 16, 33
Wellenfunktion, 190
    Ortsdarstellung, 196
Wellengleichung, 15, 190
    elektromagnetische Wellen, 33
    in Kugelkoordinaten, 16
Wellenmechanik, 163
Wellenpaket, 189, 198
Wellenprofil, 14
Wellenvektor, 15, 33
Wiensche Konstante, 180
Wiensches Strahlungsgesetz, 158, 180

Wiensches Verschiebungsgesetz, 158, 180, 184, 188
Winkelvergrößerung, 83
Wollaston-Prisma, 147

Yagi-Antenne, 139

Zeemaneffekt, 159
    anomaler, 160
    normaler, 160
Zweischalenfehler, 105

Die Standardwerke für einen
Start-Ziel-Sieg im Physikstudium

Richard P. Feynman/
Robert B. Leigthon/
Matthew Sands

**Feynman
Vorlesungen
über Physik**

Deutschsprachige
Ausgabe

**Band 1: Mechanik,
Strahlung, Wärme**
2. Auflage 1991. 752 Seiten,
342 Figuren, 28 Tabellen,
DM 78,-/öS 609,-/sFr 86,-
ISBN 3-486-21874-3

**Band 2: Hauptsächlich
Elektromagnetismus
und Struktur der Materie**
2. Auflage 1991. 851 Seiten,
483 Abbildungen, 18 Ta-
bellen.
DM 78,-/öS 609,-/sFr 86,-
ISBN 3-486-22058-6

**Band 3: Quanten-
mechanik**
2. Auflage 1992. 503 Seiten,
DM 72,-/öS 562,-/sFr 79,50
ISBN 3-486-22194-9

Charles Kittel

**Einführung in die
Festkörperphysik**

9., verbesserte Auflage
1991. 733 Seiten, 428 Ab-
bildungen, 60 Tabellen.
134 Aufgaben.
DM 98,-/öS 765,-/sFr 108,-
ISBN 3-486-22018-7

Charles Kittel/
Herbert Krömer

Physik der Wärme

4., verbesserte Auflage
1993. 464 Seiten, 137 Ab-
bildungen, 23 Tabellen.
140 Aufgaben.
DM 92,-/öS 718,-/sFr 101.50
ISBN 3-486-22478-6

Charles Kittel/
Ch. Y. Fong

**Quantentheorie der
Festkörper**

3. Auflage 1989. 518 Seiten,
96 Abbildungen. 113 Auf-
gaben mit Lösungen.
DM 98,-/öS 765,-/sFr 108,-
ISBN 3-486-21420-9

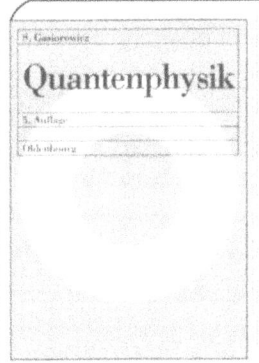

Stephen Gasiorowicz

Quantenphysik

5., verbesserte Auflage
1989. 502 Seiten, 95 Ab-
bildungen, 3 Tabellen,
231 Aufgaben.
DM 96,-/öS 749,-/sFr 106.-
ISBN 3-486-21469-1

Herbert Graewe

**Atom- und
Kernphysik**

Grundlagen, Elementar-
teilchen, Atomhülle,
Atomkern

4., überarbeitete und
erweiterte Auflage 1988.
606 Seiten, 92 Abbildun-
gen.
DM 68,-/öS 531.-/sFr 75,-
ISBN 3-486-20410-6

**Fordern sie unser
umfassendes Verzeichnis
Mathematik/Physik/
Chemie an!
R. Oldenbourg Verlag
Postfach 80 13 60
81613 München**

Oldenbourg

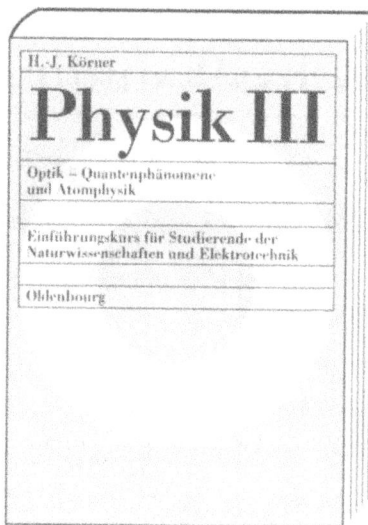